AF670771

PROJEKTE *für Holzwerker*

Christopher Schwarz u.a.

Praktische Werkstattmöbel

Von der ersten Werkzeugkiste bis zur Hobelbank nach Maß

HolzWerken

Impressum

Nachdruck 2022

Die deutsche Ausgabe ist um zwei Beiträge gekürzt: ‚Eine Hobelbank für 250 Euro' und ‚Werkzeughalter an der Wand' sind bereits in der Veröffentlichung *„Hobelbänke – Grundlagen, Bauanleitungen und eine Fundgrube an Ideen"* veröffentlicht. Dieser Titel erschien 2014 bei *HolzWerken*.

Übersetzung:
Michael Auwers

Produktion: Buchdruck Zentrum, Prüm
Printed in Europe

ISBN 978-3-86630-598-4
Best.-Nr. 20592

HolzWerken
Ein Imprint von Vincentz Network GmbH & Co. KG
Plathnerstr. 4c, 30175 Hannover
www.holzwerken.net

Weitere Materialien kostenlos online verfügbar!

http://www.holzwerken.net/bonus

Ihr exklusiver Bonus an Informationen!
Ergänzend zu diesem Buch bietet Ihnen *HolzWerken* Bonus-Materialien zum Download an.
Scannen Sie den QR-Code oder geben Sie den Buch Code unter www.holzwerken.net/bonus ein und erhalten Sie kostenfreien Zugang zu Ihren persönlichen Bonus-Materialien!

Buch-Code: TE1031

Inhalt

Einleitung

In meiner Zeit als Redakteur einer Holzzeitschrift war ich in einigen der beeindruckensten Werkstätten der Welt zu Gast – und auch in einigen der schlichtesten. Da ich auch nur ein Mensch bin, fällt es mir leichter, mich an die Werkstätten zu erinnern, die schöner waren als das Haus, in dem ich lebe. Ich habe mehr als eine Werkstatt gesehen, in denen auf hundert Quadratmetern oder mehr gearbeitet wurde, deren Holzlager mit einem Hebekran mit Fernbedienung ausgestattet war und die über eine Bibliothek verfügten, in dem man Bücher über das Holzwerken lesen oder Videos zum Thema ansehen konnte. Ich gönne diesen Handwerkern die Traumwerkstätten, die sie sich eingerichtet haben. Jeder von ihnen hat sich seine Werkstatt mit seiner harten Arbeit, Entschlossenheit und Begeisterung verdient. An dieser Stelle möchte ich allerdings darauf hinweisen, dass die Qualität eines Möbelstücks vollkommen unabhängig von dem physischen Raum ist, in dem es entstand. Als Beweis mag Rob Millard dienen, der in Ohio als Möbeltischler seinen Lebensunterhalt verdient (seine Möbel im Federal-Stil findet man leicht im Internet). Er arbeitet in einem Keller, der eigentlich kaum wie eine Werkstatt aussieht. Die meisten seiner Maschinen und Elektrowerkzeuge stammen aus dem Baumarkt. Seine Hobelbank ist nichts Besonderes. Und die geweißten Wände aus Betonschalsteinen lassen eher an ein Gefängnis als an einen Raum denken, in dem Möbelstücke entstehen, die das Herz erfreuen. Aber genau das geschieht dort. Falls Sie auf der Suche nach einem Buch sind, dass Ihnen hilft, die absolute Traumwerkstatt einzurichten, ist dies nicht das richtige Buch für Sie. Falls Sie auf die schnellste und effektivste Weise zu einer Werkstatt kommen möchten, damit Sie das machen können, was wirklich Spaß macht – Möbel bauen –, dann sollten Sie weiterlesen.

Eine Tradition der Praxistauglichkeit

In den vergangenen 20 Jahren hat die amerikanische Zeitschrift Popular Woodworking Magazine immer wieder Einrichtungsgegenstände für Werkstätten vorgestellt, die in der pragmatischen Tradition standen, die für professionelle Möbeltischler vom 18. Jahrhundert bis in die Gegenwart kennzeichnend ist.

Natürlich braucht man eine gute Hobelbank, weil sie die Arbeit erleichtert. Man braucht aber kein Schaustück mit Schellackpolitur, das alle tischlerischen Fähigkeiten des Erbauers unter Beweis stellt. Eine solche aufwendige Bank leistet keine besseren Dienste als die einfachen Hobelbänke, die in den letzten 300 Jahren gewerblich eingesetzt wurden. Deshalb stellen wir in diesem Buch eine Bank vor, die sich schnell und mit preiswertem Holz herstellen lässt. Sie beruht auf den sorgfältigen Detailverbesserungen, die im Laufe der Jahrhunderte von Menschen vorgenommen wurden, deren Produktivität darüber entschied, ob sie Essen auf dem Tisch hatten oder nicht. Wir zeigen auch die grundlegenden Hilfsmittel, mit denen die Arbeit an der Bank etwas leichter wird. Auch sie sind nicht für die Liebhaber aufwendiger Vorrichtungen gedacht, es sind einfache Geräte, die sich seit Hunderten von Jahren bewährt haben. Die gleiche praktische Philosophie zeigt sich auch in dem Buchabschnitt, der von der Aufstellung der Maschinen handelt. In den meisten Holzwerkstätten stehen einige Maschinen und es gibt altbewährte Regeln, die besagen, in welcher Reihenfolge ein Werkstück bearbeitet werden sollte. Deshalb ist die richtige Aufstellung der Maschinen eine der wichtigsten Aufgaben des Holzwerkers. Es gibt auch einige Ergänzungen, die man für seine Maschinen anfertigen kann, um mit ihnen leichter Möbel bauen zu können. Als hilfreich für jede Werkstatt haben sich ein mobiler, verstaubarer Handoberfräsentisch, ein Ständer für die Kapp- und Gehrungssäge und ein Abnahmetisch für die Tischkreissäge erwiesen. Die hier vorgestellten Modelle lassen sich zudem zusammenklappen, wenn sie nicht benötigt werden, sodass man in einem kleineren Raum mehr unterschiedliche Arbeiten ausführen kann. Schließlich stellt sich auch noch die Frage nach Stauraum und Lagermöglichkeiten. Man braucht sie. Wenn man das Rohholz, die Handwerkzeuge, ja sogar die Nägel und Schrauben nicht übersichtlich aufbewahrt, verbringt man in der Werkstatt die meiste Zeit damit, das Schleifpapier zu suchen, das schöne Stück Ahorn, das man aufgehoben hatte, oder die 40-mm-Kreuzschlitzschrauben. Deshalb ist ein guter Teil dieses Buches der Aufgabe gewidmet, all' die kleinen und großen Teile zu ordnen, die man braucht, um Möbel zu bauen. Aber auch diese Werkstücke sind praxisorientiert. Ein Lagerregal für Rohholz entsteht aus einigen Stücken Vierkantholz und Rohr. Ein fahrbarer Werkzeugkasten lässt sich aus einigen Platten Sperrholz bauen. Ein Wandregal für die Schrauben, Nägel und Beschläge ist schnell zusammengenagelt.

Darüber hinaus haben wir auch noch einige schöne (aber dennoch praktische) Werkzeugtruhen und -schränke für Handwerkzeuge eingeschlossen. Auch sie stehen in einer Jahrhunderte alten Tradition: In einer althergebrachten Tischlerwerkstatt waren die Werkzeugtruhe oder der Werkzeugschrank das Einrichtungsstück, bei dem der Erbauer mit Fug und Recht seine Kunstfertigkeit beweisen konnte. So zeigten die ausgefalleneren Holzarten oder die kleinen Einlegearbeiten deutlich: „Hey! Ich bin ein Meister meines Fachs." Ja, das funktioniert. Meine eigene Kellerwerkstatt beruht auf den in diesem Buch dargestellten Prinzipien – einige der Werkstücke aus dem Buch verwende ich immer wieder bei der Arbeit. Meine Werkstatt ist recht klein – etwa 4,5 x 6 m –, und ich muss mir den Platz noch mit der Heizung und einer Unmenge an Rohren und Leitungen teilen. Dennoch kann ich problemlos auch größere Werkstücke bewältigen – etwa eine 3 Meter lange Schrankwand –, weil meine Maschinen im richtigen Dreieck angeordnet sind, mein Rohholz flach an der Wand gelagert ist und meine Schrauben und Beschläge leicht erreichbar und gut organisiert aufbewahrt sind. Wünsche ich mir eine schönere und größere Werkstatt? Vielleicht. Es ist schwierig, nicht mit Neid auf die Traumwerkstätten zu blicken, die man in Zeitschriften und Büchern sieht. Muss meine Werkstatt aber größer oder schöner sein, um in ihr Stühle, Schränke, Tische oder Betten zu bauen? Nein. Meine Werkstatt leistet ihre Dienste. Das kann Ihre auch, mit Hilfe der Werkstücke und Ideen aus diesem Buch.

Christopher Schwarz
Fort Mitchell, Kentucky
Januar 2017

Als ich nach Amerika kam, hatte ich eine wunderbare Ehefrau, zwei Koffer und 50 Dollar. Oh Mann, wo sollte ich anfangen.

Jeder Mann braucht eine Grundausstattung an Werkzeug, vor allem, wenn er mit Holz arbeiten möchte. Ich hatte nur wenig Geld. Als ich in Amerika anfing, bekam ich trotz meines Meistertitels nur einen geringen Lohn, was mit meinen mangelnden Sprachkenntnissen begründet wurde. Gottseidank behandelte mich mein erster Chef nicht gut. Sonst würde ich vermutlich heute noch für ihn arbeiten!

Ich begann Werkzeug zu kaufen und baute diese Werkzeugtruhe. Mein erstes Werkzeug war eine 30-cm-Zinkensäge. Man braucht ein Streichmaß; ich baute es mir selbst. Außerdem kaufte ich mir einen Gliedermaßstab mit 2 m Länge.

Eine Woche später kaufte ich in dem gleichen Geschäft einen Satz Stechbeitel in den Breiten 4 mm, 6, m, 10 mm, 16 mm, 20 mm und 24 mm, Ich kaufte einen kombinierten Arkansas-Schleifstein mit einer groben und einer sehr feinen Seite. Der Verkäufer empfahl mir Schärföl; ich sagte ihm, ich würde Petroleum verwenden.

Es ging immer weiter: Ein No.-4-Putzhobel von Stanley, ein Hirnholzhobel mit niedrigem Schnittwinkel, eine kleine Handsäge, zwei Hämmer und zwei Klüpfel – einen drechselte ich, der andere ist rechteckig. Auf einem Flohmarkt fand ich eine alte No.-7-Raubank von Stanley. Immer wieder erkundigte ich mich, wo man altes Werkzeug bekommen könne. Ich ging zu Treffen von Werkzeugsammlern und zu Verkaufsveranstaltungen für Werkzeuge. Ich stieß auf schöne Stanley-Hobel mit Griffen aus Palisander und Beschlägen aus Messing, und bald begann ich, sie auch zu sammeln.

Aber zurück zur Grundausstattung. Um mit Holz zu arbeiten, braucht man Winkel: einen großen Zim-

Kapitel Eins

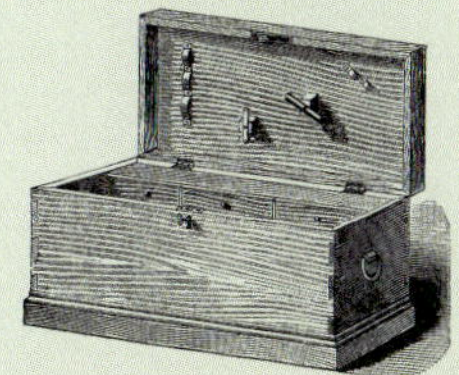

Werkzeug: Die Erstausstattung

Frank Klausz

mermannswinkel und ein paar kleinere mit 15 oder 20 cm Länge. Außerdem eine Ahle, ein Kittmesser mit einer 25 mm breiten, biegsamen Klinge und Schraubendreher. Man benötigt mindestens fünf Schlitzschraubendreher und drei für Kreuzschlitzschrauben – der Schraubendreher sollte immer die richtige Größe für die Schraube haben. Raspeln: Eine No.-50-Modellbauerraspel von Nicholson und eine Bastard-Raspel, eine Schlichtfeile, außerdem eine Ziehklinge und einen Ziehklingenstahl; Nagelversenker und eine Kombizange. Sie werden auch Schleifklötze benötigen: einen mit Korkbelag, um Holz zu schleifen, einen mit Filzbelag für das Schleifen von Oberflächen.

So wie Ihre Fähigkeiten als Holzwerker wachsen, so wird auch Ihre Werkzeugausstattung wachsen. Falls Sie furnieren möchten, benötigen Sie eine Furniersäge, einen Abroller für Furnierklebeband und eine kleine Andruckrolle. Falls man mit gekrümmten Werkstücken arbeiten möchte, sollten ein Schiffs- und ein Schweifhobel vorhanden sein. Ich könnte endlos weiter machen.

Das Werkzeug für die Holzbearbeitung hat enorme Fortschritte gemacht. Heute bekommt man hochwertige und schöne Werkzeuge von Herstellern wie Lie-Nielsen Toolworks und Veritas/Lee Valley. Zudem kann man einige dieser Qualitätswerkzeuge direkt nach dem Kauf ohne weitere Zurichtung verwenden. Meine erste Zinkensäge musste dagegen aufwendig nachgearbeitet werden, bevor ich sie verwenden konnte. Ich musste sie schärfen und die Schränkung verringern. Die Zinkensägen von Lie-Nielsen und Adria sind fertig geschärft und können sofort benutzt werden.

Um Vergnügen an der Arbeit mit Holz zu finden, muss man scharfe Werkzeuge haben. Die Investition in einige gute Schleifsteine mit mindestens zwei oder drei verschiedenen Körnungen lohnt sich. Beim Kauf von Stechbeiteln sollte man Wert auf einen guten Hersteller legen. Ich habe etwa zehn verschiedene Marken getestet; das beste Preis-Leistungs-Verhältnis boten meines Erachtens die Irwin Blue Chip Chisels (früherer Markenname: Marples).

Allerdings ist das obere Griffende bei ihren Stechbeiteln abgerundet und zu glatt. Ich ziehe es vor, das Ende zu begradigen. Dazu nehme ich mit der Raspel oder dem Elektroschleifer etwa 10 mm vom Griff ab.

Neben den grundlegenden Werkzeugen ist das wichtigste Hilfsmittel in der Werkstatt jedoch die Hobelbank. Vor allem für Handarbeit ist eine stabile Bank wie meine unabdingbar. An ihr lässt sich das Holz für jede Arbeit einspannen. Mit einer solchen Hobelbank macht die Arbeit wirklich Spaß.

Eine einfache Werkzeugtruhe

Eine Werkzeugtruhe muss weder groß noch aufwendig sein. Diese kleine Truhe hat mir in den vergangenen 20 Jahren gute Dienste geleistet, sowohl neben der Hobelbank als auch unterwegs bei auswärtigen Arbeiten.

Versuchen Sie Ihre Werkzeugtruhe nicht größer zu machen als unbedingt notwendig. Mein Exemplar war zwar für die ersten 20 Jahre gut, wenn ich sie aber nochmal bauen würde, wäre ich bestrebt, sie etwas kleiner zu machen. So oder so sollte die Truhe Ihren persönlichen Werkzeugsatz aufnehmen können.

Einige Details zur Konstruktion: Die Seiten, das Vorderstück und die Rückwand meiner Werkzeugtruhe sind aus Weymouths-Kiefer. An den Ecken sind sie mit Schwalbenschwanzzinkungen verbunden. Sie können aber auch andere Verbindungen wählen. Fingerzinken sind eine gute Alternative. Gehrungen würden auch funktionieren. Es gibt viele verschiedene Methoden, einen Kasten zu bauen.

Der Deckel und der Boden meiner Truhe bestehen aus 12 mm starken Sperrholzplatten, die einfach oben und unten an die senkrechten Teile angeleimt und zusätzlich mit einigen Nägeln angeheftet sind. Falls Sie aufwendiger arbeiten möchten, können Sie den Deckel und Boden auch in eine Nut oder einen Falz einlegen.

Der waagerechte Zwischenboden aus 12 mm starkem Sperrholz, der die Schubladen und den offenen Teil der Truhe trennt, ist in eine Nut in den Wänden eingelegt. Die Werkzeughalter sind an den Seiten und der Rückwand befestigt. Das ließe sich auch vereinfachen. Man könnte Leimklötze in der Truhe anbringen, auf denen man den Zwischenboden anleimt. Wichtig ist, dass der Zwischenboden an den Seiten und hinten nicht bis ganz an die Wände heranreicht. Dann können längere Werkzeuge wie Stechbeitel und Schraubendreher bis ganz nach unten zum Boden der Werkzeugtruhe reichen. Aus dem gleichen Grund sind meine Schubladen auch nicht so tief wie die Truhe selbst.

Die Schubladen in meiner Truhe sind vorne und hinten gezinkt, aber auch dort können Sie einfachere Verbindungen verwenden. Um Platz zu sparen, habe ich die Böden aus 6-mm-Sperrholz nicht in die Schubladen eingenutet, sondern an der unteren Innenkante der Schublade einen Falz angeschnitten und den Boden dort eingelegt.

Meine Truhe steht auf vier Füßen, die mit Nägeln am Korpus befestigt sind. So steht die Truhe auch auf unebenem Untergrund sicher. Man kann stattdessen auch Möbelgleiter verwenden oder die Füße ganz fortlassen.

Es ist Ihre Werkzeugtruhe. Sie treffen die Entscheidungen.

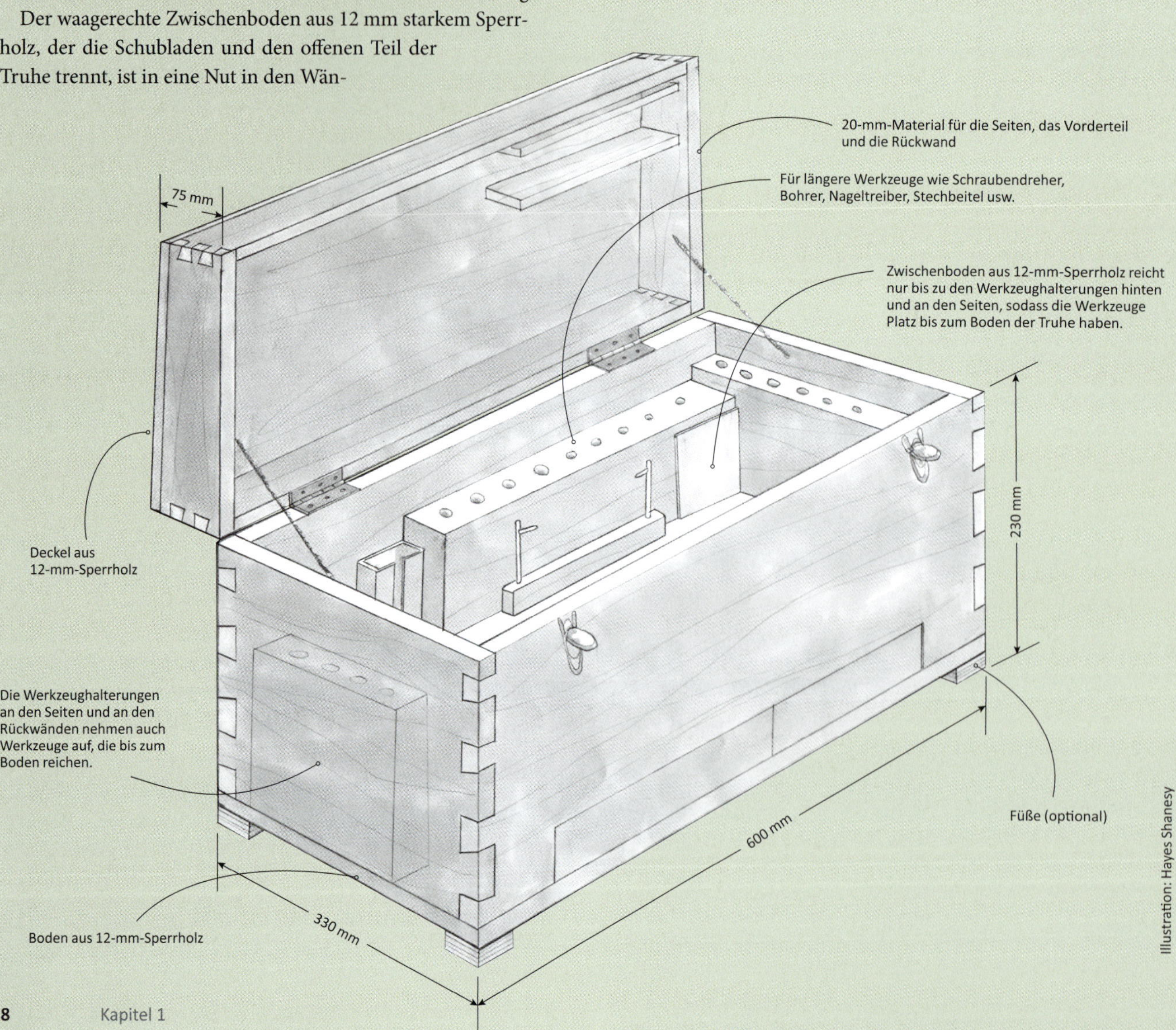

Illustration: Hayes Shanesy

Die Werkzeuggrundausstattung

Im Folgenden finden Sie eine Liste der Werkzeuge, die für gute Arbeit mit Holz notwendig sind. Man kann sie aus einer Vielzahl von Quellen beziehen, vom örtlichen Baumarkt, über den spezialisierten Werkzeughandel und im Versandhandel.

- Sechs Stechbeitel, Kanten angeschrägt, 4 mm, 6 mm, 10 mm, 16 mm, 20 mm und 24 mm. Schleifstein mit zwei Körnungen (nicht abgebildet)
- Modellbauerraspel, Halbrund-Bastardraspel, Schlichtfeile
- Ziehklinge und Ziehklingenstahl
- Putzhobel (230 mm Sohlenlänge), Raubank (560 mm Sohlenlänge), Hirnholzhobel mit flachem Schnittwinkel
- Klauenhammer, 450 g, Feinmechanikerhammer, Nagelversenker
- Tischlerklüpfel, 450 g, für schwere Stemmarbeiten, kleinerer gedrechselter Klüpfel zum Stechen von Schwalbenschwanzzinkungen und für andere leichte Arbeiten
- Furniersäge, kleiner Kantenroller
- Ahle
- Schleifklotz mit Korkbelag, Filzklotz
- Schraubendreher. Kreuzschlitz in den Größen 0, 1 und 2, sowie mindestens fünf einfache Schlitzschraubendreher in abgestuften Größen
- 250-mm-Zinkensäge. Ich arbeite gerne mit einer Säge für Schnitte mit der Faser und einer Zahnteilung von 15 bis 16 TPI (Zähne pro Zoll). Die Griffform spielt keine Rolle. Falls Sie lieber mit japanischen Zinkensägen arbeiten, ist das auch kein Problem.
- Großer Zimmererwinkel aus Stahl, 200-mm-Tischlerwinkel, 300-mm-Kombiwinkel, Gliedermaßstab. Bandmaß (nicht abgebildet)
- Streichmaß
- Kombizange, Spitzzange

Kapitel Zwei

Der ‚Schmetterlings-Sägebock'

Don Williams

Ob ich nun in der Werkstatt arbeite, Reparaturen im Haus durchführe oder dort größere Umbauten vornehme, immer benötige ich einen leichten, aber stabilen Arbeitstisch. Seit vielleicht 2000 Jahren ist das Mittel der Wahl ein Brett, das man über zwei Sägeböcke legt. Allerdings wird mein Geduldsfaden immer kürzer, je älter ich werde. Ich habe zwar eine ganze Anzahl von Sägeböcken, aber meine Unzufriedenheit mit ihnen nimmt kontinuierlich zu.

Böcke mit festen Beinen sind schwer, und es ist umständlich, sie von Ort zu Ort zu bringen. Die Klappversionen aus Kunststoff sind leichter zu verwenden, aber längst nicht so stabil und belastbar. Einige meiner kleinen Böcke mit Querfüßen sind besser, aber die Füße verhaken sich immer, wenn die Böcke verstellt werden, also lasse ich sie lieber gleich in der Werkstatt.

Außerdem sind zwei Sägeböcke für viele Arbeiten zu viel, während ein einzelner zu wenig ist. Wie wäre es mit anderthalb Sägeböcken? Manchmal ist eine Klappwerkbank ausreichend, aber auch sie ist nicht genau das, was mir vorschwebt.

Meine Kreativität wurde durch diese ganzen Bedenken angefeuert und ich machte mich auf den Weg, der schließlich zum ‚Schmetterling' führen sollte – einem kräftigen, flexiblen und zusammenklappbaren Hilfsmittel, um Werkstücke zu halten, das fast genau den erwünschten anderthalb Sägeböcken entspricht. Der erste Prototyp entstand vor einigen Jahren, seitdem habe ich Grundidee und Ausführung immer wieder modifiziert, bis ich genau das hatte, was ich haben wollte.

Ein klappbarer Sägebock ist an sich ja schon ganz gut. Wie wäre es aber, wenn er zwei Ausleger hätte, sodass man ihn auf der gleichen Stellfläche zu zwei Sägeböcken erweitern könnte? Das ist das Prinzip des ‚Schmetterlings'.

Wie die meisten meiner Hilfsmittel und Ausstattungsstücke für die Werkstatt ist auch dieser Entwurf mit leicht erhältlichem Material und wenigen Werkzeugen zu verwirklichen. Für das Beispiel, das ich hier zeige, habe ich eine Platte 12-mm-Birkensperrholz verwendet (mein liebster Holzwerkstoff, es sollte auch der Ihre sein!), eine Handkreissäge, eine Bohrmaschine, eine kleine Handsäge und ein paar einfache Scharniere und Metallrohlinge verwendet.

Für die Klappstreben, mit denen die Ausleger befestigt werden, habe ich Aluminiumflachprofile, Kupfernieten (aus dem Eisenwarenhandel oder im Internet zu beziehen), einen Hammer mit runder Schlagfläche und ein Stück Eisenbahnschiene als Amboss verwendet, auf dem ich die Scharniere mit den Klappstreben vernietet habe.

Wie bei vielen derartigen Werkstücken kann man auch hier die Abmessungen und Details auf die eigenen Wünsche abstimmen.

Dieser ‚Schmetterling' ist nur einer von mehreren, die ich mit unterschiedlichem Maßen gebaut habe.

Es ist sehr wichtig, dass die vier Platten gleich groß sind. Die hier übereinandergelegten Stücke sind genau 760 x 760 mm groß, abzüglich der Sägefuge. Die Ecken werden einfach mit einem Drahtstift zusammengeheftet, damit sich die Platten beim Sägen nicht verschieben.

Die meisten Schnitte lassen sich mit der Handkreissäge an einer Anlage oder Führungsschiene ausführen. Große Aussparungen reduzieren das Gewicht deutlich, man sollte aber bedenken, dass sich dadurch auch die Belastbarkeit des Sägebocks verringert.

Am Anfang: vier Quadrate

Ausgangspunkt dieses Werkstücks war eine Sperrholzplatte mit den Maßen 1500 x 1500 mm. Da der ‚Schmetterling' aus vier gleichen Teilen hergestellt wird, kann man die Platte einfach vierteln, um einen Sägebock zu erhalten, der etwa 750 mm hoch, 750 mm breit und 750 mm tief ist.

Wenn man die vier Teile auf das gleiche Maß zugeschnitten hat, werden sie für den zweiten Schritt zusammengeheftet, um die senkrechten und waagerechten Teile anzureißen und zuzuschneiden, indem man die entsprechenden Aussparungen in der Mitte schneidet. Hier wird es etwas umständlich, weil die Reststücke aus der Mitte als Platten dienen sollen, die ich als Arbeitsfläche auf den

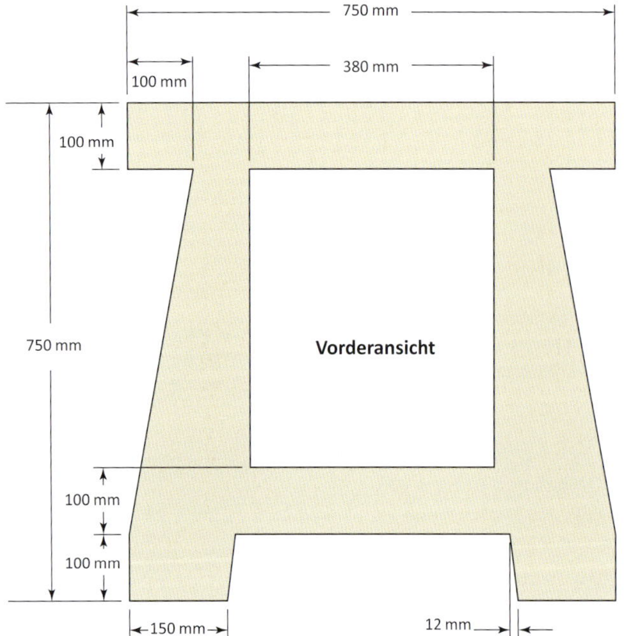

Sägen Sie die Schnitte mit der Handsäge zu Ende (es ginge natürlich auch mit der elektrischen Stichsäge.

Die beiden mittleren Teile werden mit Klavierband verbunden, um den Sägebock spielfrei öffnen zu können.

An den äußeren Teilen werden Aufschraubscharniere angebracht, um sie nach außen schwenken zu können. Die Schwerkraft sorgt dafür, dass sie gespreizt bleiben, wenn man den ‚Schmetterling' als normalen Sägebock verwendet.

Kaltnietung

Die Kaltnietung ist eine einfache und fast perfekte Methode, um zwei flache Metallstücke miteinander zu verbinden. Ein Niet ist eine Metallstange, die in ein Loch des gleichen Durchmessers gesteckt wird, das durch die beiden zu verbindenden Teile führt. Der Niet ragt an beiden Seiten etwas heraus (im Idealfall um eine Entfernung, die seinem halben Durchmesser entspricht). Diese Enden werden dann zu den pilzförmigen sogenannten Setzköpfen gehämmert, um die Teile formschlüssig zu verbinden.

Falls Sie keine Kupfer- oder Messingnieten zur Hand haben, können Sie auch eine Messingstange oder Maschinenschrauben aus Messing verwenden, die Sie im Beschlaghandel bekommen. Wenn Sie Maschinenschrauben verwenden, müssen Sie das Gewinde abfeilen, weil der Niet die beiden Teile der Klappstrebe zu fest verbindet und sie sich nicht mehr leicht zusammenfalten lässt. Schneiden Sie die Streben mit der Metallsäge auf Maß.

Bevor Sie die Niete hämmern, sollten Sie sie ausglühen. Legen Sie sie einfach auf eine Kochplatte, schalten Sie diese auf höchste Stufe, und warten Sie, bis die Niete sich vollkommen blau-grau verfärbt haben. Vor der Weiterverwendung vollkommen abkühlen lassen! Stecken Sie den Niet in das vorgebohrte Loch und hämmern Sie auf einem Amboss die beiden vorstehenden Enden zu einer pilzförmigen Kappe.

Bock legen kann. Diese Platten sollte so breit sein wie der Sägebock. Ich benötigte also zwei Stücke mit 375 mm Breite für jeden Flügel des ‚Schmetterlings'.

Die mittlere Aussparung an jeder Stütze wird mit der Handkreissäge an einer festgespannten Führungsleiste ausgesägt und mit der Handsäge nachgearbeitet. Man kann sich diesen Schritt auch ersparen und die einzelnen Platten von 750 x 750 mm als Ganzes belassen. Man erhält dann einen sehr viel belastbareren, aber auch sehr viel schwereren Bock.

Wenn die Mittelteile der Platten ausgeschnitten worden sind, hebt man das Stück zur Probe einmal an, um zu sehen, ob und gegebenenfalls wie viel Material man noch entfernen muss, um das gewünschte Gewicht zu erzielen. Ich habe an den senkrechten Kanten Verjüngungen angeschnitten und an den Unterkanten aller vier Elemente Fußausschnitte angebracht, um zu einem Gewicht zu kommen, das meinen Vorstellung entsprach. Falls man noch mehr Gewicht einsparen möchte, kann man es wie ich bei einem früheren Modell machen und mit der Lochsäge Material an den Kanten entfernen.

Die beiden Mittelteile werden um 380 mm ausgestellt und ein Stück Restholz wird angeheftet, um diese Entfernung beizubehalten.

Das Werkstück wird auf eine ebene Fläche gestellt und die oberen Kanten werden so ausgerichtet, dass sie fluchten. Wenn man die Teile dann mit Leisten fixiert, kann man die Länge der Streben bestimmen.

Die aus den Mitten der Platten geschnittenen Stücke kann man bei Bedarf als Arbeitsfläche verwenden.

Wenn jedes der vier Elemente so bearbeitet worden ist, können sie provisorisch zusammengebaut werden. Die Oberkanten der beiden mittleren Teile werden mit Klavierband verbunden, um sicherzustellen, dass sich das fertige Werkstück nicht verziehen kann. Die beiden äußeren Teile werden mit den jeweils benachbarten Mittelteilen an den Unterkanten durch einfache Scharniere verbunden.

Auf Distanz bleiben

Den so entstandenen 'Schmetterling' legt man flach zusammen und reißt auf der Vorder- und Rückseite jeweils die halbe Höhe an. Dieses Maß ist entscheidend, um die Klappstreben herzustellen und anzubringen.

Dann werden die mittleren Elemente auf das gewünschte Maß ausgestellt und mit angehefteten Holzleisten fixiert. Stellen Sie das gesamte Werkstück kopfüber auf eine ebene Fläche und stellen Sie die äußeren Elemente um genau das gleiche Maß aus wie die Fußstücke. Es ist wichtig, diese Anordnung sorgfältig auf einer vollkommen ebenen Fläche auszurichten und zu überprüfen.

Schneiden Sie anhand der zuvor angebrachten Markierungen für die halbe Höhe die Aluminiumflachprofile zu, aus denen die Klappstreben angefertigt werden. Ich stelle die Drehstifte für diese Klappstreben am liebsten durch vernieten her (siehe „Kaltnieten“ auf Seite 13).

Klappstreben und Arbeitsplatten

Ich verwende einen Stechzirkel, um die Maße für die Klappstreben präzise zu ermitteln und zu übertragen, markiere die Lage der Nietlöcher mit einem Körner und bohre dann die Löcher. Die beiden Löcher, die mit einer Niete verbunden werden, bleiben unverändert; die anderen beiden (an den Enden) können je nach verwendeter Schraube versenkt oder ebenfalls einfach belassen werden.

Die fertigen Klappstreben werden dann einfach an der Markierung der halben Höhe an den Kanten der vier Elemente angeschraubt. Ich ziehe es vor, die äußeren Enden der Außenstreben zuerst anzuschrauben und dann ihre inneren Enden und die Außenenden der Mittelstrebe im gleichen Loch zu befestigen, wobei die Mittelstrebe oben zu liegen kommt.

Damit ist der 'Schmetterling' im Wesentlichen fertig. Das fertige Stück ist erstaunlich belastbar. Dieses Exemplar kann Hunderte von Pfund tragen, wenn das Gewicht mittig aufgelegt wird.

◄ Die Klappstreben bestehen aus Aluminiumband (12 x 6 mm) oder einem ähnlichen Material und werden mit Nieten zusammengehalten.

Die Auflagen, die als Arbeitsfläche dienen, lagert man in den Aussparungen der Beine. Sie werden durch Drehschieber gehalten, die sich auf Achsen aus einfachen Schrauben drehen.

Kapitel Drei

Einfacher Sägebock

Christopher Schwarz

Die meisten Holzwerker, die sich das erste Mal mit dem Stuhlbau beschäftigen, lassen sich durch die vielen Verbindungen einschüchtern, mit denen die Beine, Quer- und Längsstreben, Rück- und Armlehnen verbunden werden. Es kann auch in der Tat recht kompliziert werden, wenn man versucht, alles mit Hilfe der Trigonometrie auszuarbeiten. Wenn man sich jedoch ein Beispiel an anderen Stuhlbauern nimmt (wie ich es vor über 10 Jahren tat), dann gibt es auch einfache Methoden, einen Stuhl zu entwerfen und herzustellen, ohne sich mit Mathematik abplagen zu müssen.

Legen Sie also Ihren Taschenrechner beiseite und nehmen Sie stattdessen einige Reststücke Nadelholz, kräftigen Stahldraht aus dem Baumarkt und eine Spitzzange. Wir entwerfen und bauen jetzt aus fünf Stücken Holz einen einfachen Sägebock mit dreidimensionalen Winkeln.

Ausgestellte Beine und die Fachbegriffe

Wenn Stuhlbauer von den Winkeln der Stuhlteile sprechen, verwenden sie die Begriffe Neigung und Spreizung. Neigung ist die Abweichung der Beine von der Senkrechten nach vorne und hinten (die Vorderbeine sind nach vorne, die Hinterbeine nach hinten geneigt), Spreizung die Abweichung zur Seite – alle vier Beine sind nach außen gespreizt.

Ich mache mir nicht die Mühe, diese Winkel zu beschreiben oder zu messen, es sei denn, ich erkläre anderen Holzwerkern, was mit ihnen gemeint ist.

Stattdessen verwende ich den sogenannten „kombinierten Winkel", mit dem die Neigung und Spreizung zugleich beschrieben werden. Man kann diesen Winkel trigonometrisch berechnen, aber für jene, denen Mathematik ein Buch mit sieben Siegeln ist, gibt es eine einfachere Methode, sich mit den kombinierten Winkeln der Stuhlbeine auseinanderzusetzen.

▲ Hier sieht man, wie ich die Position der Beine in dem Modell meines Sägebocks im Maßstab 1:2 angerissen habe.

◄ Die Schmiege ist auf 15° eingestellt und wird auf der Unterseite dieses Sägebocks an der Sichtlinie ausgerichtet. Der Winkel, der sich dabei ergibt, erlaubt einem, die Löcher für die Beine mit nur einer angerissenen Linie und einer Einstellung der Schmiege zu bohren.

◄ Die Drähte des Modells sollten gerade und kräftig genug sein, dass man sie in die Löcher auf der Unterseite der Holzplatte eintreiben kann.

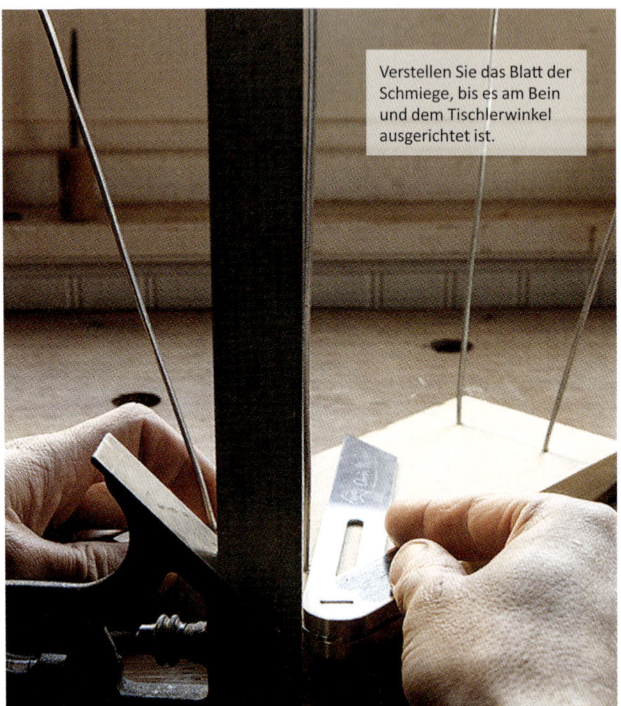

▲ Drehen Sie das Modell, bis das Bein im Vergleich zum Tischlerwinkel senkrecht zu stehen scheint. Verstellen Sie die Schmiege, bis sie am Bein und Tischlerwinkel ausgerichtet ist. Halten Sie den Kopf still, sie werden überrascht sein, wie präzise diese Methode ist.

Die Neigung von 14° wird an der Schmiege eingestellt und die Drähte werden dann mit der Zange am Holz entsprechend gebogen.

Man misst den kombinierten Winkel nicht in der Seiten- oder Vorderansicht des Stuhls. Stattdessen sieht man sich den Stuhl so an, dass das Stuhlbein überhaupt nicht im Winkel zu stehen scheint.

Wenn Ihnen das zu abstrakt ist, versuchen Sie es so: Setzen Sie sich auf den Fußboden, und stellen Sie einen Stuhl vor sich. Drehen Sie den Stuhl, bis das Bein, das Ihnen am nächsten ist, genau im rechten Winkel steht. Stellen Sie sich vor, eines Ihrer Augen wäre mit einem Laser ausgestattet, der einen Lichtstrahl durch das Bein bis in die Sitzfläche schießen könnte. Dieser Laserstrahl ist das, was Stuhlbauer als ‚Sichtlinie' bezeichnen – eine gedachte Linie, die durch das Stuhlbein bis in die Sitzfläche zielt. Wenn man eine Schmiege an diese gedachte Linie anlegt, kann man das Stuhlbein leicht im Raum platzieren.

Unterseite der Auflage

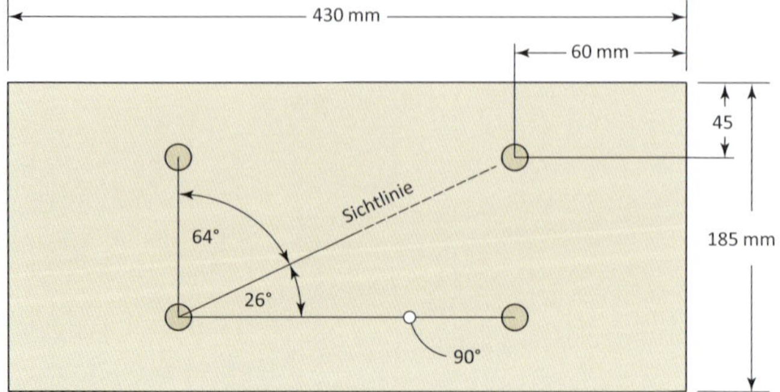

Reißen Sie mit der Schmiege die Sichtlinien auf der Unterseite des Modells an. Dann haben Sie es fast geschafft.

Sie haben auf diese Weise den kombinierten Winkel ermittelt. In Verbindung mit der Sichtlinie können Sie jetzt sehr leicht solche Sägeböcke bauen.

Einfacher Sägebock

Anz.	Bezeichnung	Länge	Breite	Dicke	Material
1	Auflage	430	185	50	Kiefer
4	Bein	560	45	45	Eiche

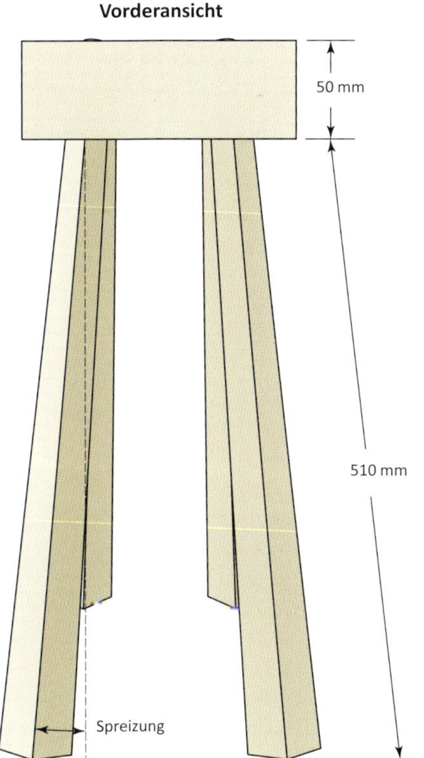

Die meisten Baupläne für Stühle im Windsor-Stil geben Anweisungen für das Anreißen der Sichtlinien und die Winkel, auf welche die Schmiege eingestellt werden muss. Wie ist es aber, wenn man selbst einen Stuhl entwerfen möchte? Oder wenn man mit den gleichen Verbindungen einen Tisch oder Hocker bauen möchte?

Ein Modell bauen

Wenn ich einen Stuhl entwerfe, stelle ich ein einfaches Modell in halber Größe aus Restholz und biegsamem Draht her. So kann ich mir auch ein Bild davon machen, wie die Bauteile aussehen werden, wenn ich um den Stuhl herumgehe. Vom Modell kann ich dann auch alle kombinierten Winkel und Sichtlinien abnehmen, ohne eine einzige mathematische Gleichung lösen zu müssen. Dieses Verfahren habe ich zuerst im phantastischen „Das große Buch vom Stuhlbau" von Drew Langsner kennengelernt. Ich habe seine Methode dann modifiziert, sodass sie vollkommen ohne Mathematik auskommt. Wir wollen sie im Folgenden anwenden, um einen Sägebock zu bauen.

Sägen Sie ein Stück 20 mm starkes Nadelholz auf die halbe Größe des fertigen Sägebocks zu. Die Auflage wird 50 x 190 x 430 mm messen, im Modell hat sie also die Maße 25 x 95 x 215 mm. Nach dem Zuschnitt entscheidet man, wo die Beine sitzen sollen, und markiert ihre Lage am Modell. Jedes Bein befindet sich 60 mm vom Ende des Modells und 45 mm von der Längskante. Diese Maße können auch nach Augenmaß festgelegt werden. Schneiden Sie dann vier Stücke steifen Draht auf 250 mm Länge zu. (Anstatt Draht zu kaufen, kann man auch Kleiderbügel aus Draht als Rohmaterial verwenden.) Diese Drahtstücke repräsentieren die Beine des fertigen Sägebocks. Bohren Sie ein passendes Loch für jedes 'Bein' Ihres Modells, und kleben Sie die Drahtstücke mit Epoxidkleber ein. Jetzt kommt der Teil, der Spaß macht. Stellen Sie mit einem Geo-Dreieck Ihre Schmiege auf einen Winkel von 7° ein. Visieren Sie das Modell von der Schmalseite des Auflagebrettes her an. Wir wollen das die Vorderansicht nennen. Biegen Sie mit der Spitzzange die Drahtbeine, sodass sie alle 7° vom Auflagebrett gespreizt sind. Versuchen Sie dabei die Neigung nicht zu verändern. Wenn alle vier Beine der Einstellung der Schmiege entsprechen, verstellen Sie den Winkel der Schmiege auf 14°. Damit wird die Neigung festgelegt. Sehen Sie sich das Modell von der Seite an und biegen Sie die Beine mit der Spitzzange auf einen Winkel von 14°. Vielleicht müssen Sie noch etwas nachjustieren, bis die Beine alles gleichmäßig geneigt und gespreizt sind.

Stellen Sie das Modell auf die Beine, und sehen Sie sich das Ergebnis an. Es ist überraschend leicht, zu erkennen, ob ein Winkel nicht richtig aussieht. Biegen Sie die Drähte so lange nach, bis sie alle gleich aussehen und der Sägebock stabil wirkt.

Die Sichtlinie und den kombinierten Winkel ermitteln

Drehen Sie das Modell wieder kopfüber. Stellen einen Tischlerwinkel auf die Werkbank, sodass das Blatt nach oben weist. Drehen Sie das Modell, bis eines der Beine im rechten Winkel zum Tischlerwinkel zu stehen scheint. Legen Sie den Schenkel der Schmiege an der Längskante des Modells an, und verstellen Sie das Blatt, bis es sowohl mit dem Drahtbein als auch mit dem Blatt des Tischlerwinkels fluchtet. (Halten Sie dabei den Kopf still.)

Arretieren Sie die Schmiege auf diesen Winkel. So haben Sie die Sichtlinie ermittelt. Legen Sie die Schmiege auf die Unterseite des Modells, sodass sie an einem der Beine anliegt, und reißen Sie eine Linie an. Dies ist die Sichtlinie (die übrigens etwa 64° beträgt).

Ermitteln Sie jetzt den kombinierten Winkel. Lösen Sie die Schmiege, und legen Sie ihren Schenkel auf die Sichtlinie. Verstellen Sie das Blatt, bis es dem Winkel des Beins entspricht. Arretieren Sie die Schmiege. Dies ist der kombinierte Winkel – er sollte etwa 15° betragen.

Den Sägebock bauen

Wenn man diesen einfachen Sägebock an einem Tag baut, prägt man sich diese Konzepte ein und erhält zugleich ein gutes Hilfsmittel für die Werkstatt. Zudem lernt man die Grundlagen der Zapfen-

Die Beine müssen nicht verjüngt werden. Sie sehen aber deutlich weniger wie Besenstiele aus, wenn man es tut. Ich verwende für die Arbeit die Raubank und Kurzraubank.

Mit einem Zapfenschneider ist die Herstellung dieser Verbindung so leicht wie das Anspitzen eines (sehr großen) Bleistifts.

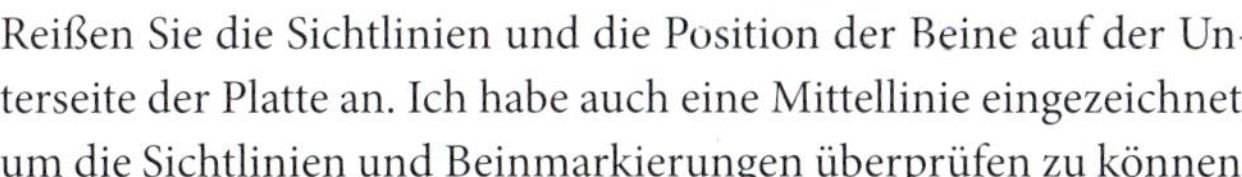

Reißen Sie die Sichtlinien und die Position der Beine auf der Unterseite der Platte an. Ich habe auch eine Mittellinie eingezeichnet, um die Sichtlinien und Beinmarkierungen überprüfen zu können.

Bitten Sie einen Helfer zu kontrollieren, ob Sie parallel zum Blatt der Schmiege bohren. Nach einiger Übung geht es auch ohne Hilfe.

verbindungen kennen, die bei Stühlen im Windsor-Stil angewendet werden.

Ich habe für die Auflage Pappel verwendet und Eiche für die Beine. Man kann auch andere Holzarten verwenden, aber ich empfehle eine weiche Art für die Auflage und eine harte für die Beine. Die Auflage misst 50 x 190 x 430 mm. Schneiden Sie die Beine auf 45 x 45 x 560 mm zu, und geben Sie ihnen an der Tischkreissäge oder mit dem Hobel einen achteckigen Querschnitt. Schneiden Sie Verjüngungen an die Beine an, sodass ihre oberen Enden 30 x 30 mm messen.

Schneiden Sie dann die Zapfen an den oberen Beinenden an. Arbeiten Sie grob mit dem Schweifhobel oder an der Drechselbank vor. Die Zapfen sollten 70 mm lang sein, am Grund einen Durchmesser von 28 mm und an der Spitze einen Durchmesser von 15 mm haben.

Schneiden Sie die endgültige Form mit einem 15-mm-Zapfenschneider an. Diese preiswerten Werkzeuge gibt es von verschiedenen Herstellern. Sie funktionieren nach dem Prinzip des Bleistiftspitzers.

Die Auflage

Markieren Sie anhand des Modells die Lage der Beine am Sägebock, und reißen Sie mit der Schmiege die Sichtlinien (64°) an. Stellen Sie die Schmiege dann auf den kombinierten Winkel von 14° ein. Spannen Sie die Schmiege an der Sichtlinie und an Ihrer Werkbank an.

Setzen Sie einen 15-mm-Schlangenbohrer in Ihre Bohrwinde ein, und stellen Sie sich so auf, dass Ihre Füße senkrecht zur Sichtlinie stehen. Setzen Sie die Spitze des Bohrers auf die Markierung für das Beinloch, und neigen Sie die Bohrwinde zum zusammengesetzten Winkel. Bohren Sie, bis der Vorschneider des Schlangenbohrers auf der anderen Seite der Auflage durchstößt. Ziehen Sie den Bohrer heraus, drehen Sie die Auflage um und bohren Sie das Loch von der Oberseite der Auflage fertig.

Schneiden Sie jetzt das Bohrloch konisch nach, sodass es zum Zapfen passt. Es gibt entsprechende Flankenräumer für diese Arbeit, die in der Bohrwinde, der Ständerbohrmaschine oder der elektrischen Bohrmaschine verwendet werden können. Schneiden Sie die 15-mm-Löcher nach, bis die Spitze des Flankenräumers gerade die Austrittsöffnung auf der Oberseite ausfüllt.

Der Ausräumer und der Zapfenschneider mit Verjüngung vom Hersteller Lee Valley weisen die gleiche Flankenneigung auf, was Verbindungen im Stil der Windsor-Stühle zu einem Kinderspiel macht.

Durch die Verkeilung von oben wird dies eine besonders dauerhafte Verbindung.

Zusammenbau

Ordnen Sie jedes Bein einem Bohrloch zu und nummerieren Sie die Beine und Löcher entsprechend. Die Jahresringe im Hirnholz der Beine sollen parallel zum Faserverlauf der Auflage liegen. Drehen Sie die Beine also in den Zapfenlöchern, bis sie richtig ausgerichtet sind, und bringen Sie eine Markierung an, damit Sie sie nach der Leimangabe wieder genauso einstecken können.

Nehmen Sie die Beine aus den Löchern und sägen Sie in das obere Ende einen 25 mm tiefen Schlitz als Aufnahme für einen Keil aus Eichenholz. Diese Schlitze müssen quer zum Faserverlauf in der Auflage liegen (also parallel zu den Jahresringen im Hirnholz der Beine), damit die Auflage nicht reißt, wenn man die Keile eintreibt.

Geben Sie Glutinleim (der sich wieder lösen lässt) auf die Verbindungsflächen an und treiben Sie die Beine mit dem Klüpfel in die Zapfenlöcher. Drehen Sie dann den Sägebock um, geben Sie Leim an die Keile und treiben Sie sie in die Schlitze in den Beinen.

Verputzen Sie die verkeilten Verbindungen, wenn der Leim trocken ist, und längen Sie die Beine gleichmäßig ab.* Ich lackiere meine Sägeböcke; da sie sich so gut eignen, um Möbel für die Oberflächenbehandlung aufzustellen, sind sie meist auf die Dauer sowieso mit Farbe und Lack bedeckt.

Mehr gibt es zum Thema kombinierte Winkel nicht zu sagen – die einzigen Berechnungen, die man vornehmen muss, drehen sich um die Zahl der weiteren Dinge, die man mit dieser Fähigkeit bauen kann.

*) Ein englischsprachiges Video dazu finden Sie unter popularwoodworking.com/article/video-level-the-feet-of-a-chairor-sawbench

Gutes Holz für Rundholzmöbel

Viele Holzwerker haben nur eingeschränkten Zugriff auf spaltbares Grünholz. Als ich also begann, Rundholzmöbel wie diese Sägeböcke zu bauen, ging ich von der Annahme aus, dass man dafür Holz im örtliche Holzhandel oder Baumarkt kaufen würde. Das wären dann also in den USA Beine aus Roteiche und Sitzflächen aus Tulpenbaum.

Tulpenbaum ist ein weiches, preiswertes Holz, das in Amerika in den meisten Sägewerken in Stärken bis zu 100 mm zu bekommen ist. Es ist nicht leicht zu spalten. Es ist mit Handwerkzeug recht gut zu bearbeiten und lässt sich gut lackieren. Insofern ist es das perfekte Material für eine Sitzfläche oder eine Tischplatte. In Deutschland kann man es durch Ulmenholz ersetzen.

Für die Beine benötigt man ein hartes, gut verfügbares und preiswertes Holz – Eiche. Man bekommt es für relativ wenig Geld und in Abmessungen (200 x 100 mm), die sich gut zu Beinen für Rundholzmöbel verarbeiten lassen.

Achten Sie auf geraden Faserverlauf auf der Fläche wie auf den Kanten, wenn Sie das Material für die Beine einkaufen. In diesem Fall ist der gerade Faserverlauf an den Kanten wichtiger als in der Fläche. Falls Sie ein Brett finden, das an den Kanten gerade Fasern aufweist, dann kaufen Sie es.

Wie steht es mit der Holzfeuchte? Bei der Arbeit mit Grünholz wünscht man sich idealerweise knochentrockene Beine und Holz für die Sitzfläche oder Tischplatte, das noch etwas feucht ist. So zieht sich die Verbindung zusammen, wenn das Holz der Fläche beim Trocknen schwindet.

Falls Sie das Material direkt vom Sägewerk kaufen, haben Sie in Bezug auf die Holzfeuchte vielleicht keine großen Wahlmöglichkeiten. Machen Sie sich also keine allzu großen Gedanken darüber. Kaufen Sie Ihr Eichenholz. Schneiden Sie es auf 600 mm oder 900 mm zu und lassen Sie es liegen, bis Sie es verwenden wollen. Das Material für die Beine muss trocken sein.

Kaufen Sie das Ulmenholz unmittelbar bevor Sie mit Ihrem Rundholzmöbel beginnen wollen und machen Sie sich an die Arbeit. Ob seine Holzfeuchte groß oder gering ist, spielt kaum eine Rolle. Allerdings müssen sich die Beine an die Luftfeuchtigkeit der Umgebung angepasst haben, bevor Sie mit der Arbeit beginnen.

Je nach Ihrem Wohnort stehen Ihnen vielleicht auch andere Holzarten zur Verfügung. Die Beine können aus verschiedenen Eichen- oder Ahornarten hergestellt werden, auch Esche ist gut geeignet – eigentlich alles, das härter ist als die Sitzfläche und einen kräftigen Schlag mit dem Klüpfel verträgt. Die Sitzflächen können auch aus Linde oder verschiedenen Nadelhölzern angefertigt werden. Lassen Sie sich aber nicht durch die Verfügbarkeit oder den Mangel an einer bestimmten Holzart abhalten, etwas zu bauen, das Sie benötigen. Das hat die Menschen in den letzten 500 Jahren auch nicht abgehalten.

Kapitel Vier

Zerlegbare Hobelbank

Christopher Schwarz

Die meisten zerlegbaren Hobelbänke stellen unglückliche Kompromisslösungen dar. Preiswerte käufliche Bänke, die sich für den Versand zerlegen lassen, werden mit materialreduzierten Beschlägen und dünnen Holzteilen hergestellt, um das Frachtgewicht zu verringern. Als Ergebnis erhält man eine Bank, die nicht wirklich belastbar wirkt. Außerdem braucht man meist eine gute Stunde, um sie aufzubauen. Maßgefertigte zerlegbare Hobelbänke sind im Gegensatz dazu meist stabiler, aber in der Regel zu kompliziert und sehr zeitaufwendig im Aufbau.

Mit anderen Worten: Die meisten zerlegbaren Hobelbänke sind so konstruiert, dass man sie nur bei einem Umzug auseinandernimmt. Als ich diese Werkbank entwarf, legte ich Wert darauf, sie so stabil wie eine fest montierte Bank zu machen. Andererseits sollte sie sich in etwa zehn Minuten aufstellen lassen und man sollte nicht mehr als ein Werkzeug dafür benötigen.

Der Entwurf geht auf die in England üblichen Hobelbänke zurück. Er ist mit einer Länge von 180 cm auch in einer kleinen Werkstatt oder in der Wohnung einzusetzen. Die Bank besteht aus Nadelholz, um Werkstücke zu halten werden, Niederhalter und ein einfacher Hakenanschlag verwendet. So beläuft sich die Holzrechnung für die Werkbank auf kaum mehr als 100 Euro. Man benötigt vier Bohlen mit 50 x 300 x 5000 mm und eine mit 25 x 250 x 2500 mm.

Ich habe amerikanische Gelbkiefer für dieses Exemplar verwendet, aber jedes schwere Bauholz ist geeignet, einschließlich Fichte, Hemlock oder Tanne.

Für die Beschläge muss man nochmal etwa 75 Euro rechnen. Die verwendeten Beschläge sind hochwertig und ermöglichen schnellen Auf- und Abbau. Wenn man sich etwas umsieht, kann man beim Einkauf Geld sparen, oder man verwendet Beschläge, bei denen das Schrauben etwas länger dauert.

Über das Material

Das Herz dieser Werkbank sind Montageplatten aus duktilem Eisen, die mit Gewinden für Zylinderschrauben versehen sind. Sie lassen sich leicht anbringen und sind robust. Die anderen Beschläge sind Standardware und in jedem Eisenwarenhandel oder Baumarkt zu bekommen.

Wo Sie das Holz auch kaufen, geben Sie ihm auf jeden Fall Gelegenheit, sich an das Klima Ihrer Werkstatt anzupassen, bevor Sie mit der Konstruktion beginnen. Die Werkbank besteht aus Brettern, wenn man also akklimatisiertes Holz verwendet, erleichtert das die Arbeit, weil auch Nadelholz aus dem Baumarkt sich dann nicht verzieht.

Wenn ich neue Holzvorräte in meine Werkstatt bringe, schneide ich es grob auf Länge und lagere es mit zwischengelegten Stapelleisten. Ich habe ein Holzfeuchtemessgerät, mit dem ich erkennen kann, wenn sich das Holz im Holzfeuchtegleichgewicht befindet. Falls Sie nicht über ein Holzfeuchtemessgerät verfügen, sollten Sie einige Wochen warten, bevor Sie mit dem Bau der Werkbank beginnen. Falls sich das Hirnholz einer Bohle kälter anfühlt als die seiner Nachbarn, ist sie noch etwas zu feucht und gibt Wasser ab. Vielleicht ist es dann besser, ihr noch etwas Zeit zu geben, um sich an das Klima in der Werkstatt anzupassen.

Die Beschläge zur lösbaren Verbindung sind leicht anzubringen und sehr belastbar

Die Werkbank besteht aus fünf Einheiten, die miteinander verschraubt werden: zwei Endstücken, zwei Zargen und der Arbeitsplatte. Jede der Einheiten muss zugeschnitten und verleimt werden. Wir fangen mit den Beinen an.

Das Verleimen der Beine

Die Verbindungen an der Werkbank werden vor allem mit Leim und Schrauben und einigen Aussparungen hergestellt. Die Verbindungen befinden sich alle in den beiden Endstücken. Jedes Endstück besteht aus zwei Beinen, die aus zwei Brettern flächig verleimt werden. Durch die Verleimung entsteht auch eine Aussparung für die Zargen der Bank.

Zuerst werden also die jeweils 140 mm breiten Teile der Beine miteinander verleimt. Falls Sie keine Schraubzwingen besitzen, können Sie auch Leim auf die Flächen geben und die Teile zusammenschrauben. Die Schrauben werden wieder entfernt, wenn der

◄ Die vier Beine mit den Ausklinkungen für die Zargen am oberen Ende entstehen, indem man jeweils ein langes und ein kurzes Brett miteinander verleimt.

▼ Hier sieht man, wie die 50 x 300 mm messenden Zargen am Innenteil mit 25 x 250 mm angeleimt werden. Die Beine werden dann neben dem Innenteil angebracht.

Indem man die Löcher durch die übereinander gelegten und aneinander festgespannten Bauteile bohrt, kann man sicherstellen, dass sie an der gleichen Position liegen.

So sehen die Beschläge nach der Montage aus. Man zieht zuerst die Gewindeschrauben an und schraubt dann den Beschlag mit Holzschrauben fest. So kann nichts schiefgehen.

Wenn die Beine und die Zargen aneinander verschraubt sind, können die Teile der Arbeitsplatte verleimt werden.

Ich verwende Winkelprofile aus Aluminium als Richtscheite. Sie dienen auch als Führungsschienen für meine Handkreissäge. Das Aluminiumprofil wird an der Arbeitsplatte festgespannt und man führt den Sägeschnitt aus.

Leim trocken ist. Falls Sie mit Zwingen arbeiten, lege ich Ihnen nahe, etwas trocknen Sand auf den feuchten Leim zwischen den Brettern zu streuen, damit sich die Teile beim Anziehen der Zwingen nicht gegeneinander verschieben.

Während der Leim an den Beinen trocknet, können Sie sich den Zargen zuwenden.

Verleimte Zargen

Wie die Beine werden auch die vordere und hintere Zarge der Werkbank hergestellt, indem man zwei Bretter flächig miteinander verleimt, um die Dicke zu erhöhen und Aussparungen für die anderen Einheiten zu schaffen.

Jede Zarge besteht aus einem Teil mit 50 x 285 mm und einem kleineren mit 25 x 250 mm. Das stärkere Stück ist die Außenseite der Zarge. Mit dem schwächeren Stück werden die Aussparungen hergestellt.

Die Länge des schwächeren Stücks entspricht dem Abstand zwischen den linken und den rechten Beinen der Werkbank. Bei dieser 1800 mm langen Werkbank ist das 25 x 250 mm große Stück also 1150 mm lang. Falls Ihre Bank länger werden soll, müssen auch diese Teile länger sein.

Verleimen Sie eines der Stücke mit 25 x 250 mm mit dem zugehörigen stärkeren Stück. Achten Sie darauf, dass das schwächere Stück mittig auf dem stärkeren sitzt. Ich verwende Leim und Nägel, um diese Teile zu verbinden. Jede Kombination aus Leim, Schrauben und Nägeln ist geeignet.

Wenn die Zargen verleimt sind, kann man ihre unteren Ecken nach Wunsch auf Gehrung schneiden. Die schrägen Kanten im Winkel von 45° sind in 100 mm Entfernung von den Zargenenden mit der Handsäge angeschnitten worden. Als nächstes werden die stabilen Beschläge angebracht, mit denen die Beine und Zargen zusammengeschraubt werden.

Wenn man die Bank provisorisch zusammenbaut und wie hier kopfüber stellt, kann man die Querstreben genau zwischen die Beine einpassen.

Die Querstreben sind zwischen den Beinen angebracht. Jetzt werden die Traversen mit Schrauben befestigt. Man gibt keinen Leim an, da es eine Verbindung zwischen Quer- und Längsholz ist.

Anbringen der Beschläge

Spannen Sie ein Bein an einer der Zargen so fest, dass es dicht in der Aussparung anliegt, die durch das 25 x 250-mm-Brett geschaffen worden ist. Reißen Sie dann das Sackloch für die Unterlegscheibe an und bohren Sie das Sackloch und das durchgehende Loch für den Schaft der Schraube. Das Schraubenloch sollte ganz durch die Zarge und das Bein reichen. Das Sackloch muss so tief sein, dass es den Schraubenkopf, die Unterlegscheibe und die Zahnscheibe aufnehmen kann.

Befestigen Sie jetzt mit dem Beschlag (vgl. S. 25) Zarge und Bein aneinander. Stecken Sie eine Zahnscheibe und dann eine Unterlegscheibe auf die Schraube. Schieben Sie die Schraube durch das durchgehende Loch. Schrauben Sie auf der anderen Seite den Beschlag fest.

Ziehen Sie den Beschlag an das Holz und drehen Sie dann die Mutter mit einer Knarre fest. Wenn beide Muttern angezogen sind, kann der Beschlag mit Schrauben am Holz befestigt werden.

Wiederholen Sie den Vorgang an den anderen drei Beinen. Am Schluss haben Sie zwei Zargen, an denen die zugehörigen Beine befestigt sind.

◄ Die Konstruktion mag zwar merkwürdig aussehen, aber die Endeinheit erfüllt ihren Zweck. Und wenn man sie sich einmal angesehen hat, versteht man auch die innere Logik. Hier sieht man eine fertige Endeinheit, bei der noch die untere Querstrebe abgelängt und angeschraubt werden muss.

Stabile Arbeitsplatte

Viele Hobelbänke im englischen Stil leiden darunter, dass die Arbeitsplatte federt, weil sie zu dünn ist oder von unten nicht abgestützt wird. Die traditionelle Lösung bestand aus Querstreben, die als Stützen unter der Arbeitsplatte von der Vorder- zur Hinterzarge liefen.

Sie verleihen der Arbeitsplatte zwar Stabilität, aber ich habe dieser Lösung immer die Verwendung einer einfachen, starken Platte vorgezogen.

Die Arbeitsplatte besteht aus Brettern im Format 50 x 300 mm, die längsverleimt werden. Bei diesem Beispiel ist die Arbeitsplatte 600 mm breit, weil sie aus zwei Brettern des genannten Formats besteht. Sie können die Platte jedoch auch schmaler machen – für Handarbeit ist eine 450 bis 500 mm breite Hobelbank ausreichend.

Verleimen Sie die beiden Bretter und schneiden Sie die Arbeitsplatte auf Endlänge und -breite.

Es mag verlockend erscheinen, jetzt schon die zweite Bretterlage aufzuleimen, um die Arbeitsplatte auf ihre Endstärke zu bringen. Widerstehen Sie der Versuchung. Es ist leichter, zuerst die Zargen, Beine und die dünne Platte aneinander zu befestigen. Wenn dann die Endeinheiten fertiggestellt sind, kennen Sie die genaue Größe und Position dieser zweiten Lage für die Arbeitsplatte, ohne messen zu müssen.

Füßchen in die Höh‘

Im nächsten Schritt wird sichergestellt, dass die Endeinheiten auf die Breite der Arbeitsplatte abgestimmt sind. Stellen Sie die Hobelbank kopfüber auf Arbeitsböcke. Spannen Sie die Zargen an der Arbeitsplatte an und justieren Sie die Bauteile, bis die Beine senkrecht zur Arbeitsplattenunterseite stehen und die Zargen auf allen Seiten mit der Arbeitsplatte fluchten.

Wenn Sie mit dem Ergebnis zufrieden sind, können Sie die Bestandteile der Endeinheiten zwischen die Vorder- und Hinterbeine einpassen. Die obere Traverse ist so breit wie die Beine. Darunter liegt eine obere Querstrebe (38 x 300 mm), die zwischen die vordere und hintere Zarge eingepasst wird.

Schneiden Sie diese Teile auf Maß. Stecken Sie die Traversen zwischen die Beine und schrauben Sie die oberen Querstreben an den Beinen fest.

Dann können Sie die Bank wieder demontieren und die Traversen mit Leim und Schrauben anbringen. Verleimen Sie auch die Kante der Traverse mit der Innenfläche der oberen Querstrebe. Das trägt wesentlich zur Belastbarkeit bei.

Dann müssen noch die unteren Querstreben an den Beinen angebracht werden. Sie werden in entsprechende Ausklinkungen in den Beinen eingelegt, die man mit der Handsäge schneidet und mit

Zerlegbare Hobelbank

Anzahl	Bezeichnung	Länge	Breite	Dicke	Material
4	Bein (innen)	825	140	38	Gelbkiefer
4	Bein (außen)	540	140	38	Gelbkiefer
2	Zarge (außen)	1830	285	38	Gelbkiefer
2	Zarge (innen)	1150	250	20	Gelbkiefer
1	Arbeitsplatte (außen)	1830	600	38	Gelbkiefer
1	Arbeitsplatte (innen)	1145	460	38	Gelbkiefer
2	oberes Querstück	495	285	38	Gelbkiefer
2	obere Traverse	419	140	38	Gelbkiefer
2	unteres Querstück	570	140	38	Gelbkiefer
4	Leimklotz	60	285	38	Gelbkiefer
1	Hobelanschlag	300	60	60	Gelbkiefer
1	Hakenanschlag	315	100	75	Gelbkiefer
1	Ablage	1345	419	38	Gelbkiefer
2	Leiste	419	50	50	Gelbkiefer
3	Leiste	370	50	38	Gelbkiefer

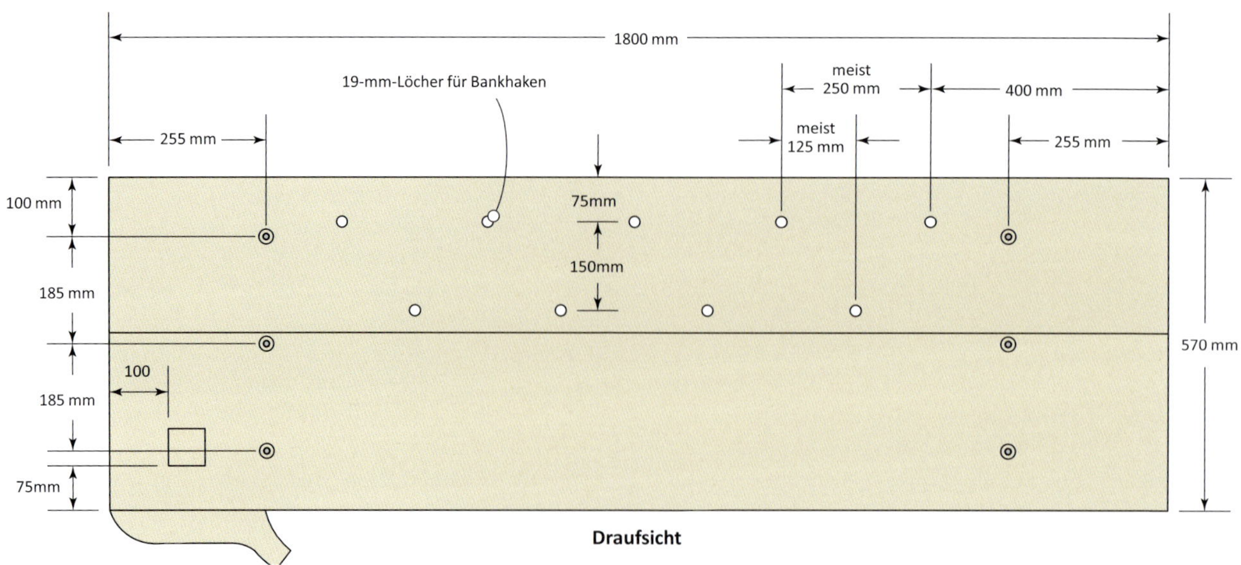

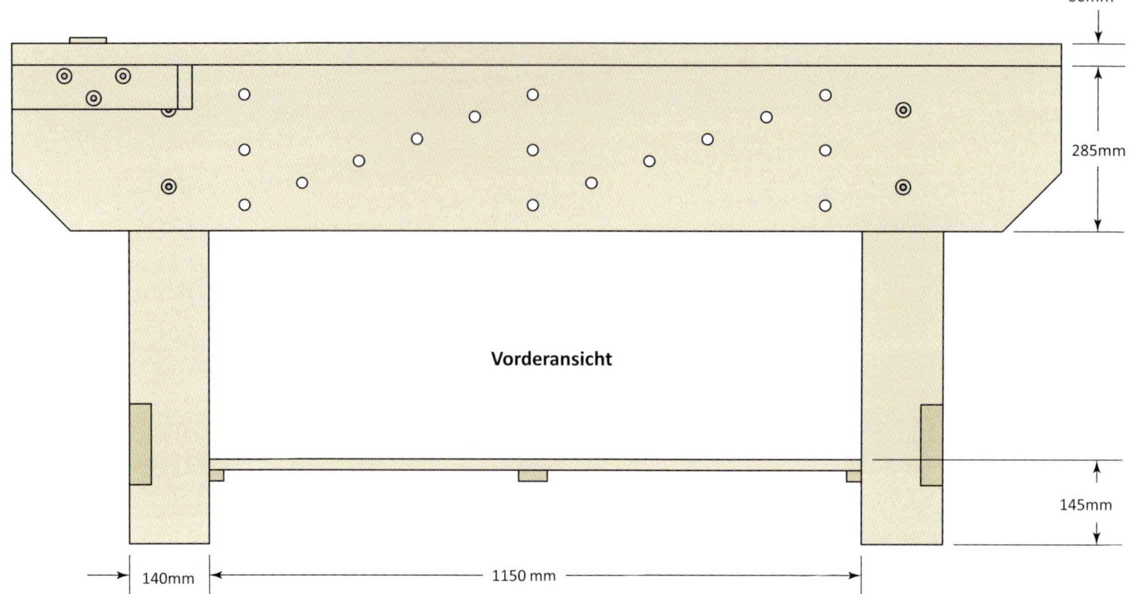

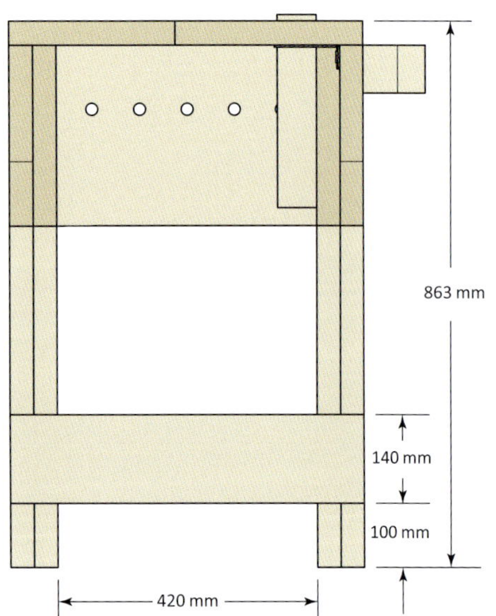

dem Stechbeitel freiräumt. Befestigen Sie die unteren Querstreben mit Leim und Schrauben in den Ausklinkungen.

Montieren Sie das Gestell der Bank wieder, um die Arbeitsplatte fertigstellen zu können.

Die Arbeitsplatte (und einige Detailarbeiten)

Wenn das Gestell montiert ist, hobeln Sie die Oberkanten der Zargen und der Endeinheiten bündig – das ist der erste Schritt, um eine ebene Arbeitsplatte zu erhalten.

Ich habe diese Teile mit der Raubank und dem Hirnholzhobel gehobelt und meine Arbeit mit Richtscheiten und einem Haarlineal kontrolliert.

Bevor Sie die Arbeitsplatte auf das Gestell legen, sollten Sie zu diesem Zeitpunkt noch eine kleine Ergänzung anbringen. Ich habe Anschläge an den Zargen angebracht, zwischen denen die Endeinheiten zu liegen kommen. Im oberen Bild auf dieser Seite ist zu sehen, dass ich ein Reststück 50 x 300 mm so angebracht habe, dass

Wenn das Gestell verzogen ist, wird sich auch die Arbeitsplatte verziehen. Es lohnt sich darauf zu achten, dass alle Oberkanten und oberen Enden des Gestells in einer Ebene liegen.

Richten Sie die Unterseite der Arbeitsplatte mit der Kurzraubank einigermaßen eben ab.

der Faserverlauf mit dem der Zarge übereinstimmt. Die Arbeit dauert nur fünf Minuten, aber die Anschläge machen den Zusammenbau der Hobelbank leichter und tragen zu ihrer Stabilität bei. Jetzt kann man die Unterseite der Arbeitsplatte abrichten. Dazu wird die Arbeitsplatte umgekehrt auf das Gestell gelegt und ihre Unterseite mit der Kurzraubank abgerichtet – die Oberseite der Arbeitsplatte wird nicht gehobelt. Die Arbeitsplatte wird während des Abrichtens mit Schraubzwingen an Ort und Stelle gehalten.

Überprüfen Sie Ihre Arbeit, indem Sie die Arbeitsplatte umdrehen und auf das Gestell legen. Wenn die Teile aufeinander liegen, ohne zu wackeln, sind Sie mit dem Abrichten fertig. Spannen Sie die Arbeitsplatte mit der Oberseite nach oben am Gestell fest. Bringen Sie dann die Schrauben, Unterlegscheiben und Beschläge an der Arbeitsplatte und den Traversen der Endeinheiten an. Gehen Sie dabei ebenso vor wie bei der Verbindung der Beine mit den Zargen.

Stellen Sie die zusammengebaute Bank dann kopfüber auf. Sie sehen jetzt genau die Lücke, in die Sie das zweite Teil der Arbeitsplatte einpassen müssen. Verleimen Sie eine Platte aus 50 x 300-mm-Material, und schneiden Sie es so auf Maß, dass es genau in diese Lücke passt. Befestigen Sie es mit Leim und Schrauben an der Unterseite der Arbeitsplatte. Nehmen Sie dann das Gestell von der Arbeitsplatte ab und setzen Sie Zwingen an den beiden Bestandteilen der Arbeitsplatte an, um die Verleimung zu unterstützen.

Fasen Sie, nachdem der Leim getrocknet ist, mit einem Hirnholzhobel die Kanten der zusammengehörigen Bauteile an, damit sie sich beim Aufbauen der Hobelbank leicht ineinander stecken lassen.

Einspannen

Sie haben einen Tisch gebaut. Jetzt geht es darum, aus dem Tisch eine Hobelbank zu machen. Dazu müssen Sie drei Arten von Hilfsmitteln anbringen: einen Hakenanschlag, einen Hobelanschlag und Löcher für Bankhaken und Niederhalter. Mit den Hilfsmitteln in den Löchern kann man Werkstücke auf der Arbeitsplatte und an der Vorderzarge befestigen. Am Hakenanschlag werden Kanten gehobelt. Der Hobelanschlag ist vielfältig einsetzbar. Zuerst wollen wir die Löcher für die Niederhalter herstellen.

Reißen Sie die Lage der Löcher an den Zargen an, indem Sie zwei oder drei Rechtecke auf die Zargen zwischen die Position der Gestellbeine zeichnen. Bei einer 1800 mm langen Bank sind es zwei Rechtecke, bei 2000 mm Länge sind es drei.

Verbinden Sie zwei Ecken jedes Rechtecks mit einer Diagonalen. Tragen Sie mit dem Stechzirkel von einer Ecke des Rechtecks zur anderen entlang der Diagonalen sechs Markierungen in gleichem Abstand ab. Unterteilen Sie dann die senkrechten Seiten jedes Rechtecks mit dem Stechzirkel in drei Teile.

Bohren Sie an jeder Markierung ein durchgehendes Loch mit 19 mm Durchmesser (oder 20 mm, je nach den Niederhaltern und Bankhaken, die Sie verwenden möchten). Diese Löcher in den Zargen sind vor allem geeignet, um Werkstücke von unten zu stützen, etwa beim Abrichten von Kanten oder beim Herstellen von Zinkungen.

Reißen Sie dann die Lage der Bankhaken auf der Arbeitsplatte an. Ich arbeite gerne mit zwei Lochreihen (man kann nach Bedarf jederzeit später weitere Löcher hinzufügen). Die eine Reihe liegt etwa 75 mm von der Hinterkante der Arbeitsplatte entfernt. Je nach Ausladung Ihrer Niederhalter sollte der Abstand zwischen den Löchern etwa 250 bis 400 mm betragen. Die zweite Lochreihe sollte etwa 150 mm vor der hinteren liegen. Die Abstände sollten ähnlich sein, allerdings werden die Löcher gegenüber der hinteren Reihe versetzt angeordnet, wie es in den Abbildungen und Zeichnungen zu sehen ist.

Bohren Sie auch einige Löcher in die Beine – sowohl, um ungenutzte Niederhalter einzustecken und zu lagern, als auch, um größere Werkstücke wie etwa Korridortüren abstützen zu können. Weitere Löcher für Niederhalter oder Bankhaken sollten Sie erst dann bohren, wenn Sie sie benötigen.

Ohne Bankzangen arbeiten

Vermutlich haben Sie in Ihrer Zeit als Holzwerker immer mit Hobelbänken gearbeitet, die mit Bankzangen ausgestattet waren. Eine Vorderzange und eine Hinterzange sind doch eigentlich das einzig Richtige, oder?

Vielleicht. Vielleicht auch nicht.

Wenn man sich erst einmal daran gewöhnt hat, kann das Arbeiten ohne Bankzangen sehr schnell von der Hand gehen und zudem befreiend und vergnüglich sein. Viele von diesen Methoden sind auch dann recht nützlich, wenn man eine Bankzange an der Hobelbank hat. Ich finde sie sowohl für den Anfänger mit eingeschränktem Budget als auch für den erfahrenen Holzwerker, der die ihm zur Verfügung stehenden Möglichkeiten erweitern will, sehr nützlich.

Sehen wir uns also an, wie man ohne Zange einige der häufigeren Arbeiten an der Hobelbank bewältigen kann: das Hobeln von Flächen, Kanten und Enden an Brettern; das Sägen in Faserrichtung und quer zur Faser und das Anschneiden einiger Verbindungen.

Mike Siemsen

Hirnholz. Eine Sägelade lässt sich auch als einfache Stoßlade für lange oder breite Bretter verwenden. Der Hobel liegt auf der Bank auf.

Schwalbenschwänze stechen. Wenn man die Teile, die man bearbeiten möchte, übereinander stapelt, muss man den Niederhalter nicht für jedes neue Werkstück lösen und wieder anziehen.

◄ **Flächen hobeln.** Flächen hobelt man mit Hilfe eines Hobelanschlags und Zulagen oder eines sogenannten ‚Rehfußes'. Dieses an einem Ende V-förmig ausgeschnittene Brett wird mit einem Niederhalter an der Bank befestigt und drückt das Werkstück gegen einen gezahnten Hobelanschlag auf der entgegengesetzten Seite. Unter einer hochstehenden Ecke des Werkstücks liegt ein Keil und hindert dieses daran, auf und nieder zu wippen. Man hobelt in Richtung Anschlag und Zulagen. Achten Sie darauf, den Hobel beim Zurückziehen nicht über das Werkstück zu führen, da er dieses sonst vom Anschlag abziehen würde. Falls sich kein geeignetes Bankhakenloch für den Niederhalter findet, können Sie versuchen, den 'Rehfuß' umzudrehen, um eines zu finden.

◄ **Kanten hobeln.** Im Bild sieht man zwei Möglichkeiten, Kanten zu hobeln: Das eine Brett wird vom Hakenanschlag der Hobelbank gehalten und unten von Bankhaken und einer Leiste an der Zarge gestützt. Das andere Brett liegt auf der Arbeitsfläche auf und wird gegen den Hobelanschlag gedrückt. Falls die Bankhakenlöcher in der Zarge zu weit auseinander liegen, legt man eine Leiste auf die Bankhaken und stützt das Werkstück darauf ab. Wenn das Werkstück schmal ist und sich unter dem Hobel durchbiegt oder wenn es nicht über die Bankoberfläche hinausragt, auch wenn die Bankhaken in die höchsten Löcher gesteckt werden, dann hobelt man die Kante am Hobelanschlag aus. Falls das Brett nicht plan aufliegt, werden an den Hohlstellen Keile untergelegt, damit sich das Holz nicht unter dem Druck des Hobels durchbiegt. Falls das Brett kippt, liegt es daran, dass man nicht mit gleichmäßigem Druck hobelt. Das Hirnholz kann auf die gleiche Weise bestoßen werden. Um Faserausrisse zu vermeiden, sollte man allerdings nur bis fast zur Kante hobeln, dann das Werkstück umdrehen, und von der Kante her zur Mitte arbeiten.

Zinken sägen. Spannen Sie das Werkstück mit einer dicken Zulage und zwei Niederhaltern an der Zarge der Hobelbank so an, dass die Zulage bündig mit der Arbeitsfläche abschliesst. Stützen Sie das Werkstück zusätzlich mit zwei Bankhaken in Bankhakenlöchern der Zarge ab. Ich lege gerne ein Stück Restholz mit der gleichen Stärke wie das Werkstück nahe einer Seite ein. Der Niederhalter wird direkt neben dem Restholz platziert und bekommt einen kräftigen Schlag mit dem Klüpfel. Dadurch wird diese Seite der Zulage gut fixiert und ich muss nur den anderen Niederhalter lockern, wenn ich das zu bearbeitende Werkstück auswechseln möchte.

Zapfen. Zapfen kann man am Hakenanschlag schneiden, wobei das Werkstück schräg gegen einen Bankhaken gelegt und von einem Niederhalter fixiert wird. Das Brett wird nach hinten geneigt, um an den Ecken einzusägen, dann umgedreht, um die gegenüberliegenden Ecken zu sägen, dann senkrecht gestellt, um bis zum Zapfengrund zu sägen. Die Brüstungen werden in der Sägelade oder am Ende der Hobelbank mit Hilfe von Bankhaken und Niederhalter geschnitten.

Räumliche Ansicht

Ich habe jede Baueinheit mit drei Schrauben verbunden, um die Platte daran zu hindern, sich zu werfen. Die Weymouths-Kiefer, die ich verwendet habe, arbeitet nur wenig, deshalb habe ich die Schraubenlöcher nur um 1,5 mm größer gebohrt als den Schraubendurchmesser, um das Schwinden und Quellen zu berücksichtigen.

Die Unterplatte ist mit Schrauben und Leim an der Arbeitsplatte befestigt, die beiden Platten werden mit Schraubzwingen zusammengehalten, während der Leim trocknet.

Hier reiße ich die Diagonalen an, an denen die Löcher für Bankhaken und Niederhalter in die Zarge gebohrt werden. Oft werden auch einfache Bankhaken aus Holz verwendet, die mit Hilfe der Schwerkraft genauso gut ihre Funktion erfüllen wie das Zubehör aus Metall.

Der Hobelanschlag

Der traditionelle Hobelanschlag ist ein echtes Arbeitspferd. Ich lege Werkstücke daran an, um sie zu sägen oder zu hobeln, sie mit Profilleisten zu versehen und alles Erdenkbare mehr. Der Anschlag besteht aus einem Stück festem Holz (ich verwende Gelbkiefer, man kann aber die meisten Laubhölzer verwenden), der mit Presspassung in einen Schlitz in der Arbeitsplatte eingesetzt wird. Schneiden Sie erst den Schlitz und arbeiten Sie dann den Hobelanschlag so auf Maß, dass er passt.

Der Schlitz liegt genau vor der Endeinheit und in der Regel etwa 75 mm von der Vorderkante der Arbeitsplatte entfernt. Mein Anschlag misst 60 x 60 x 300 mm und weicht damit nicht von den traditionellen Größen ab.

Reißen Sie den Schlitz auf beiden Seiten der Arbeitsplatte an. Entfernen Sie den Großteil des Verschnitts mit einem großen Bohrer. Stechen Sie die Wandungen mit einem Stechbeitel nach. Achten Sie darauf, dass die Wandungen genau senkrecht zur Oberfläche der Arbeitsplatte stehen.

Verputzen Sie dann den Hobelanschlag so auf Maß, dass er fest im Schlitz sitzt und man zum Klüpfel greifen muss, um ihn in der Höhe zu verstellen. Manche Hobelanschläge haben in der Mitte ein gezahntes Metallstück, mit dem das Werkstück sicherer gehalten wird. So etwas kann man nach Wunsch auch noch später anbringen. Man kann es sich von einem Metallbauer anfertigen lassen oder selbst herstellen und auf dem Anschlag anschrauben oder sogar einfach ein paar Nägel durch den Anschlag treiben, sodass ihre Spitzen herausragen.

Der Hakenanschlag

Ich habe diese Hobelbank mit einem Hakenanschlag versehen, der genauso aussieht wie in einem alten französischen Fachbuch über

So könnte ein gut gelungener Schlitz von einem Anfänger aussehen. Lassen Sie sich Zeit beim rechtwinkligen Nachstechen der Wandungen.

Der Hakenanschlag kann mit Gewindeschrauben befestigt werden. Aus frühen Beschreibungen geht hervor, dass er einst mit Nägeln befestigt wurde. Vermutlich würde aber auch nur Leim ausreichen.

die Tischlerei (Roubo, „L'Art du menuisier"). Ehrlich gesagt glaube ich aber nicht, dass die Form eine große Rolle spielt. Ich habe schon viele unterschiedliche Formen verwendet und sie scheinen alle recht gut zu funktionieren, solange sie nur einigermaßen 'hakenförmig' sind.

Der Haken für diese Bank entstand aus Restholzstücken, die ich miteinander verleimt habe. Die Form habe ich an der Bandsäge vorgeschnitten und dann mit Raspeln nachgearbeitet.

Der Hakenanschlag wurde mit drei Schlossschrauben angebracht, die auf der Rückseite in einen Schraubbeschlag greifen. So lässt sich der Hakenanschlag von der Zarge abnehmen. Wie auf der Zeichnung auf S. 34 und auf dem Foto oben rechts zu sehen, verdeckt der Hakenanschlag teilweise eine der Schrauben in der Zarge. Das lässt sich vermeiden, indem man die Bohrung für die Schraube versetzt oder dem Hakenanschlag eine andere Form gibt.

Auf Wunsch auch eine Ablage

Ich habe gerne eine Ablagefläche unter meiner Hobelbank, auf der ich Hobel und andere Dinge ablegen kann. Ich habe das Material für die Ablage bei den anfänglichen Angaben nicht einkalkuliert. Sie müssen also etwas zusätzliches Holz und einige Schrauben kaufen, falls Sie eine Ablage anbringen möchten.

Die Ablage besteht aus einer einfachen Platte, die auf Leisten ruht, die man mit Leim und Schrauben an den unteren Querstreben der Endeinheiten anbringt. Man kann auf der Unter- (und/oder Ober-) seite der Ablage auch noch Leisten anschrauben, damit sie eben bleibt.

Sie wird auf die Trageleisten gelegt und nicht weiter befestigt.

Die Oberfläche

Die Hobelbank sollte nicht zu glatt sein. Verzichten Sie also auf schichtbildende Oberflächen und auf Schellack. Ich rate dazu, nur wenig oder gar kein Oberflächenmittel zu verwenden. Die meisten Hobelbänke behandele ich nur mit einer Schicht Leinölfirnis. Man kann aber auch eine Mischung aus gleichen Teilen Öl, Lack und Terpentin verwenden oder das Holz vollkommen unbehandelt lassen.

Wenn sie fertig ist, ist diese Hobelbank bemerkenswert stabil und belastbar. Die meisten Benutzer bemerken nicht einmal, dass sie demontierbar ist. Ein Verdacht in dieser Richtung beschleicht sie erst dann, wenn sie die Schlossschrauben in der Arbeitsplatte bemerken.

bond II
Glue

Kapitel Fünf

Bankknecht

Christopher Schwarz

Es gibt kaum etwas, das schwieriger einzuspannen ist als ein großes Werkstück, dessen Kanten man bearbeiten möchte. Gute Beispiele für solche Arbeiten sind die Ausklinkungen für Scharniere an einer Tür oder das Verputzen der Längskante an einem Brett, das man zuvor mit der Bandsäge zugeschnitten hat.

Diese Probleme lassen sich leicht lösen, wenn man zehn Euro ausgibt und sich zudem ein Beispiel an den Möbeltischlern des 18. Jahrhunderts nimmt. An den Hobelbänken dieser Zeit findet man oft einen sogenannten Bankknecht. Im Zusammenspiel mit der Vorderzange ermöglicht es dieses Hilfsmittel, Werkstücke zu halten, die lang, breit oder lang und breit sind. Meine Version beruht auf einer Skizze eines Bankknechts, die Graham Blackburn in seinem hervorragenden Buch „Traditional Woodworking Handtools" zeigt. Die angegebenen Maße lassen sich leicht auf vorhandene Hobelbänke abstimmen.

Ermitteln Sie die Maße für Ihr Exemplar und schneiden Sie die Teile grob zu. Schneiden Sie eine Nut (10 mm tief, 11 mm breit) mittig in jeweils eine Längskante der Laufschienen. Sie können ein Nutschneideblatt an der Tischkreissäge, einen Nutfräser in der Handoberfräse oder einen Nuthobel für diese Arbeit verwenden.

Bohren Sie die 15-mm-Löcher für die Stütze in den Rohling für den eigentlichen Bankknecht, bevor Sie seine Längskanten konkav zuschneiden. Ich habe zwei Reihen gegeneinander versetzte Löcher im Abstand von jeweils 50 mm gebohrt. Das oberste Loch ist so platziert, dass die Stütze mit meiner Vorderzange fluchtet.

Schneiden Sie an beiden Enden des Bankknechts Zapfen von 13 x 13 mm an. Die Zapfen sind etwas schmaler als die Nuten, in denen sie geführt werden. Geben Sie danach dem Bankknecht seine Form. Die Längskanten sind um 22 mm nach innen gewölbt, sodass man den Bankknecht auch noch gut zu fassen bekommt, wenn er gegen ein Bein der Hobelbank geschoben ist. Runden Sie die Längskanten ab, um sie grifffreundlich zu gestalten. Ich habe dafür einen 6-mm-Abrundfräser in der Handoberfräse verwendet.

Schneiden Sie die Laufleisten auf die richtige Länge zu und bringen Sie sie an der Hobelbank an. Befestigen Sie eine der Schienen mit Schrauben an der Längsstrebe der Bank. Geben Sie nicht auch Leim an: Die Laufschiene soll für Reparaturen oder Nachjustierungen demontierbar sein.

Setzen Sie dann die obere Laufschiene und den Bankknecht ein, und richten Sie sie an der unteren Laufschiene aus. Befestigen Sie die obere Laufschiene mit Schrauben an der Unterseite der Arbeitsplatte der Hobelbank oder an deren Zarge, falls sie eine aufweist. Wachsen Sie die Nuten in den Laufschienen, damit der Bankknecht sich mühelos in ihnen verschieben lässt.

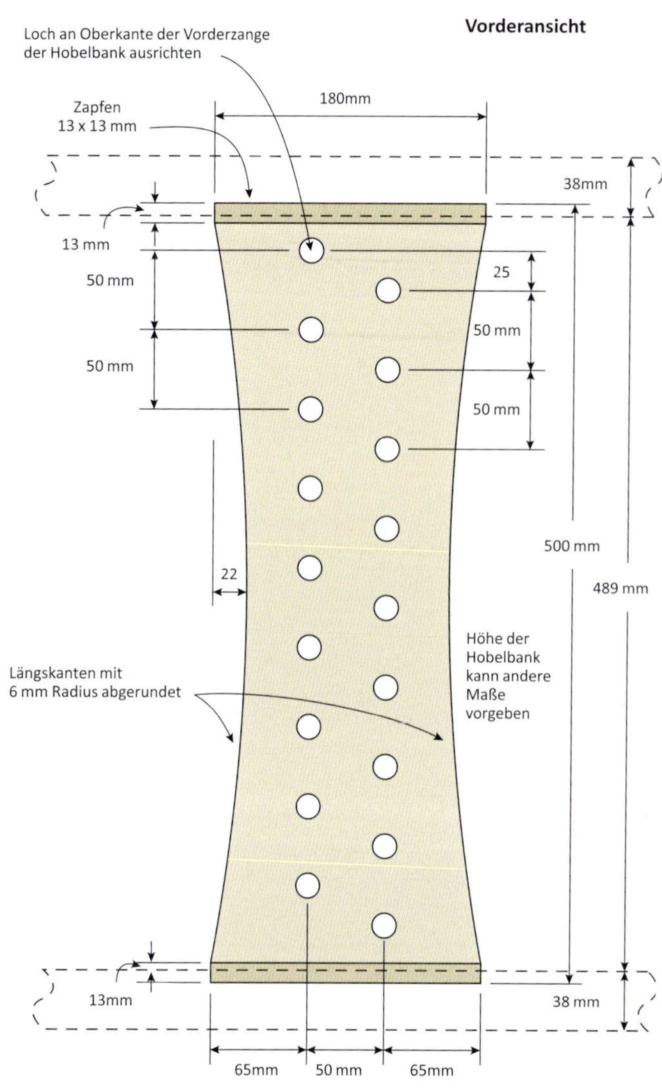

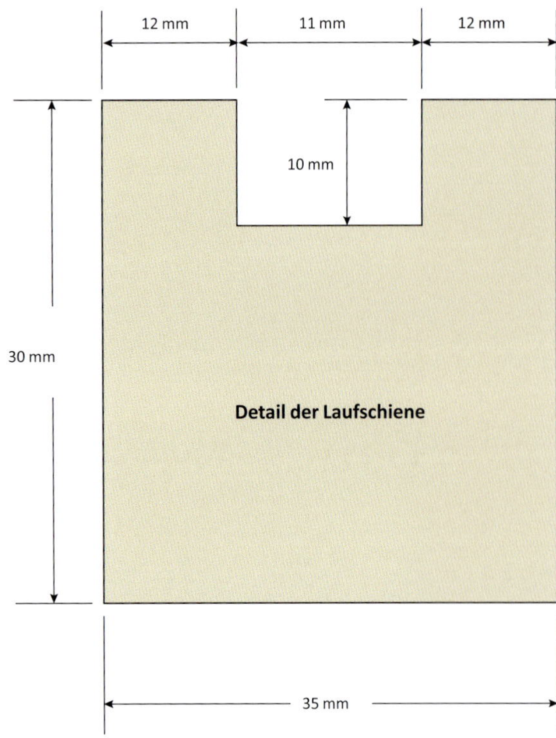

Obere Laufleiste wird an Unterseite der Arbeitsplatte oder an der Zarge der Hobelbank befestigt.

35 mm

Querschnitt

Untere Laufleiste wird an unterem Längsstück des Hobelbankgestells befestigt.

Bankknecht						
Anz.	**Bezeichnung**	**Länge**	**Breite**	**Dicke**	**Material**	**Anmerkung**
2	Laufschiene	1195	38	35	beliebiges Nadelholz	
1	Bankknecht	500	180	35	beliebiges Nadelholz	zuzüglich Zapfen an beiden Enden
1	Stütze	190	120	35	beliebiges Nadelholz	
1	Rundstange	125		Ø 15 mm		

Draufsicht der Stütze
Rastermaß = 12 mm

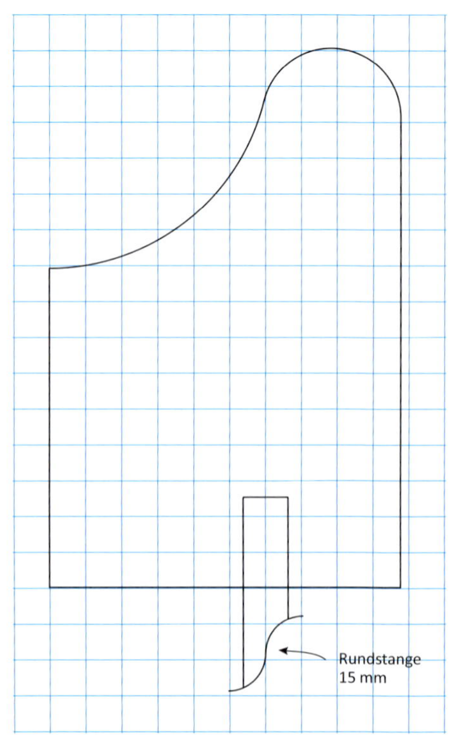

Fertigen Sie dann die Stütze an. Man könnte ein einfaches Stück Rundstange dafür verwenden, aber ich habe mich für eine etwas aufwendigere Version entschieden. Bohren Sie in eine kurze Kante ein 30 mm tiefes Loch als Aufnahme für die 15-mm-Rundstange und leimen Sie diese ein. Achten Sie auch jetzt darauf, dass die Stütze mit der der Vorderzange an der Hobelbank fluchtet. Die Rundstange muss unter Umständen etwas nachgeschliffen werden, damit sie leicht in die Löcher im Bankknecht gesteckt werden kann. Ich habe drei Kanten der Stütze mit einem 6-mm-Profilfräser profiliert. Die Oberfläche des Bankknechts wird auf die gleiche Weise behandelt wie die der Hobelbank.

Kapitel Sechs

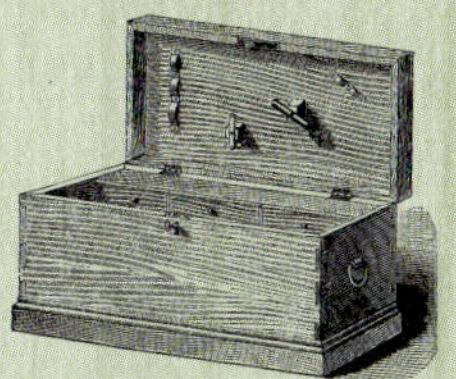

Die kunstreiche Spindelpresse des Herrn Moxon

Christopher Schwarz

Wenn Sie Schwalbenschwanzzinkungen mit der Hand schneiden, wissen Sie bestimmt, dass dabei noch ein anderer Teil Ihres Körpers ins Spiel kommt: Ihr Rücken. Wenn man sich den ganzen Tag über die Schwalben und Zinken gebeugt hat, meldet sich der Rücken vernehmlich bei dem Versuch, wieder aufrecht zu stehen. Es gibt verschiedene Lösungsvorschläge, darunter eine niedliche Miniaturwerkbank, die man auf die große Bank stellt, um die Arbeit anzuheben. Es gibt auch Holzwerker, die eigens Hobelbänke mit höheren Arbeitsplatten bauen, an denen sie nur Handarbeit erledigen.

Wie meist in der Tischlerei ist aber schon vor einigen Jahrhunderten jemand auf die Lösung gekommen.

„Mechanick Exercises"

Joseph Moxon schrieb 1678 das erste Buch in englischer Sprache, das sich neben dem Schmieden und Mauern vor allem mit der Arbeit mit Holz beschäftigte. Im Buch sind viele Werkzeuge abgebildet, die zu seiner Zeit von Tischlern verwendet wurden, von der Hobelbank bis hin zum Stechzirkel.

In einem Teil des Buchs beschreibt er eine Presse mit 'doppelten Schrauben'. Sie sieht aus wie eine Bankzange mit zwei Gewindestangen und zwei Backen, die an der Vorderseite einer Werkbank angebracht worden ist.

Im Text wird aber auch beschrieben, wie die Presse auf der Arbeitsplatte der Bank befestigt werden kann.

Als mir klar geworden war, worum es dabei ging, machte ich mich sofort an die Arbeit und baute einen Prototyp. Nach ein paar Modifikationen entstand daraus die hier beschriebene Version.

Mit der Spindelpresse lässt sich eine Reihe von Problemen lösen, vor denen man als Tischler steht. Man kann mit ihr Material fast jeder Größe sehr fest einspannen – mein Exemplar nimmt Werkstücke bis zu 610 mm Breite auf. Außerdem hebt es die Arbeit über die Höhe der Arbeitsplatte an der Hobelbank an. Die gezeigte Spindelpresse ist 150 mm hoch, sodass ihre Oberkante 990 mm über dem Fußboden liegt.* Das eingespannte Brett liegt 1120 mm über dem Fußboden und ist so fest eingespannt, als ob es zwischen zwei Felsbrocken eingeklemmt wäre. Was das heißt?

Legen Sie die vordere Backe auf die hintere, und stecken Sie den Forstner-Bohrer in das Bohrloch. Geben Sie einen leichten Schlag auf den Bohrerschaft, um die Bohrposition zu markieren. Bohren Sie dort das Loch und schneiden Sie das Innengewinde an.

Man muss sich nicht mehr bücken, um Schwalbenschwänze, Zapfen oder andere Verbindungen zu schneiden.

Da die Spindelpresse beweglich ist, kann ich:

1. Sie an beliebiger Stelle auf der Hobelbank platzieren – am Ende, an der Hinterkante, wo immer ich möchte.
2. Sie aus dem Weg räumen und an der Wand aufhängen, wenn ich sie nicht benötige – man braucht sie in der Regel nicht jeden Tag.
3. Sie unbefestigt auf die Werkbank legen und wie eine sehr große Zwinge verwenden (Peter Follansbee von Plimoth Plantation gab mir diesen Tipp).

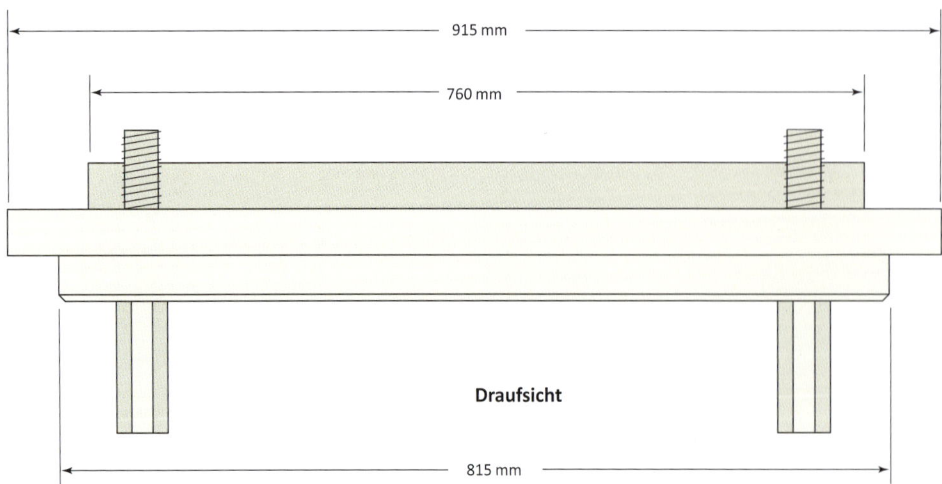

*) ausgehend von einer Bankhöhe von 840 mm

Die beiden Gewindestangen entstehen aus einem einzigen achteckigen Rohling. Die Mitte wird rund gedreht, dann halbiert man die Stange und schneidet an den runden Abschnitten die Gewinde an.

Die Presse ist leicht zu bauen – ich habe Restholzstücke verwendet. An wichtigem Werkzeug fehlt dann nur noch ein 38-mm-Gewindeschneidersatz für Holz, der im Fachhandel für geringes Geld zu bekommen ist.

Die Innengewinde in den Backen

Zuerst bohrt man Löcher mit einem Durchmesser von 38 mm in der Vorderbacke vor. Die lichte Weite zwischen den Bohrlöchern beträgt 610 mm. Richten Sie dann die Vorderbacke mittig an der Hinterbacke aus und spannen Sie beide Teile zusammen. (Hinweis: Die Vorderbacke ist breiter als die hintere, um die Hinterbacke leichter an der Vorderkante der Hobelbank ausrichten zu können.)

Stecken Sie einen 38-mm-Forstnerbohrer in jedes der beiden Löcher und klopfen Sie vorsichtig mit dem Hammer auf den Schaft des Bohrers, um den Mittelpunkt jedes Loches auf die Hinterbacke zu übertragen.

Spannen Sie die Backen wieder aus und bohren Sie 35-mm-Löcher durch die Hinterbacke. Schneiden Sie dann mit dem Gewindeschneider die Innengewinde in die Hinterbacke (Leinöl oder ein nicht trocknendes Pflanzenöl eignen sich gut als Schmiermittel).

Die Gewindestangen drechseln und mit Gewinden versehen

Die Gewindestangen der Spindelpresse entstanden aus Nussbaum mit einem Querschnitt von 50 x 50 mm. Ich habe ein 640 mm langes Stück zu einem achteckigen Querschnitt gehobelt, das ich dann in die Drechselbank einspannte. Die mittleren 355 mm habe ich dann auf etwas weniger als 38 mm rundgedreht. Dann habe ich das Stück halbiert, um zwei 320 mm lange Spindeln zu erhalten.

Jede Spindel wird dann am achteckigen Griff mit dem runden Teil nach oben eingespannt, um das Gewinde am runden Teil anzuschneiden. Kontrollieren Sie die Passung in der Hinterbacke. Falls das Gewinde quietscht oder sich nicht leichtgängig drehen lässt, stellen Sie die Schneide des Gewindeschneiders nach, sodass er etwas tiefer ins Material greift.

Die hintere Einspannleiste

Die Spindelpresse ist stabiler, wenn man auf der Rückseite der Hinterbacke eine Einspannleiste anleimt, mit der die Auflagefläche auf der Arbeitsplatte vergrößert wird.

Sie können auf Wunsch noch einige Details anarbeiten. Ich habe die Vorderkanten der Vorderbacke und die Enden der Gewindestangen angefast. Die Oberflächen wurden mit einigen Schichten eines Öl-Lack-Gemischs behandelt. Außerdem habe ich auf die Innenfläche der Vorderbacke eine Lage Wildleder geklebt, wodurch das Werkstück noch sicherer eingespannt werden kann.

Ich habe die Spindelpresse jetzt seit mehr als drei Monaten im Probebetrieb (und einige Exemplare für Mitarbeiter und Freunde hergestellt). Falls Sie Schwalbenschwanzzinkungen schneiden, lohnt sich der Bau einer solchen Spindelpresse. Ihr Rücken wird es mir danken.

Spindelpresse

Anz.	Bezeichnung	Länge	Breite	Dicke	Anmerkung
2	Gewindestange	320	50	50	175 mm der Gewindestange mit Ø 45 mm
1	Vorderbacke	815	155	45	
1	Hinterbacke	915	150	45	
1	Einspannleiste	760	50	45	

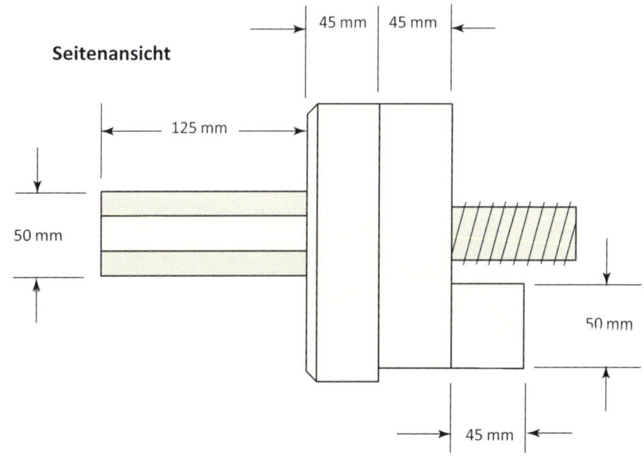

Kapitel Sieben

Das Abrichten der Arbeitsplatte an einer Hobelbank

Christopher Schwarz

Wie jedes Werkzeug und jede Maschine braucht auch eine Hobelbank gewisses Zubehör (Einspannhilfen, Vorrichtungen und andere Hilfsmittel) und gelegentliche Instandhaltungsarbeiten, um vernünftig genutzt werden zu können. Eine Hobelbank ohne Bankzangen ist kaum mehr als ein Esstisch. Eine Hobelbank mir verzogener Arbeitsplatte führt zu Verwirrungen und zu vergeblicher Arbeit.

Es gibt verschiedene Methoden, um die Arbeitsplatten einer Hobelbank abzurichten. Einige sind offensichtlich verstiegen. Bevor ich Ihnen die Möglichkeiten zeige, möchte ich noch fragen: Muss die Arbeitsplatte eben sein?

Immer, wenn ich mich in einer alten Scheune oder Werkstatt oder sogar in einem Altmöbellager rumtreibe, kann ich der Versuchung nicht wiederstehen, mir alte Hobelbänke, die dort vielleicht zu finden sind, genauer anzusehen. Wenn meine Frau und ich mit den Kindern eine Landpartie machen, lande ich im Hühnerstall, um die Holzgewinde an einer Vorderzange zu begutachten, die dort an einer Bank aus dem 18. Jahrhundert angebracht ist. Wenn wir ein Freilichtmuseum besuchen, jagen die Kinder den Tieren hinterher, aber ich frage den als Küfer gekleideten Mitarbeiter, ob ich mir die Unterseite seiner Werkbank ansehen darf.

Ich fand kaum jemals Hinweise darauf, dass diese Bänke regelmäßig abgerichtet wurden. Viele von ihnen zeigten Werkzeugspuren unterschiedlichen Alters und unterschiedlicher Tiefe. Ich habe Hobelbänke gesehen, die so abgenutzt waren, dass die Kanten rund wie Kissen aussahen. Ein Exemplar war so mitgenommen, dass die ursprünglich 75 mm starke Arbeitsplatte an einer Stelle weniger als 25 mm maß.

Auch wenn ich mir Bücher aus dem 19. und frühen 20. Jahrhundert ansehe, finde ich kaum Hinweise auf die Behandlung der Arbeitsplatten von Hobelbänken. Es gibt ausführliche Anweisungen zum Schärfen von Werkzeug, zur Instandhaltung und zum Bau einer Hobelbank, aber das Abrichten der Arbeitsplatte wird oft nicht unter den regelmäßig auszuführenden Instandhaltungsarbeiten aufgeführt. Allerhöchstens wird darauf hingewiesen, dass die Arbeitsplattenoberseite eben sein sollte.

Dafür gibt es mehrere Erklärungen:

1. Die Ebenheit der Arbeitsplatte wird überbewertet und ist ein Ergebnis unserer modernen Besessenheit mit hochplanen Granitflächen und Mikrometerschrauben.
2. Früher verwendeten Tischler sogenannte ‚Hobelanschläge' – ersetzbare Vorrichtungen für die Werkstatt, die an der Hobelbank befestigt wurden, um Bauteile für Möbel in unterschiedlichen Winkeln zu hobeln.
3. Es mag auch sein, dass die Ebenheit der Arbeitsplatte einer Hobelbank für jene, die Bretter und Möbelteile mit der Hand hobelten, so wichtig war, dass sie die Ebenheit einfach als selbstverständlich gegeben annahmen.

Ich kann keine abschließende Antwort liefern, nehme aber an, dass alle drei Erklärungen in gewissem Maß zutreffen. Falls Sie jemals mit Handwerkzeug an einer Hobelbank gearbeitet haben, die verzogen oder uneben war, dann wissen Sie, dass so kein gutes Arbeiten möglich ist. Der abwärts gerichtete Druck eines Hobels (vor allem eines Hobels mit Holzkorpus) kann das Werkstück in einer Vertiefung in der Arbeitsplatte hineindrücken. Eine solche Vertiefung kann verhindern, dass man ein Brett jemals eben hobeln kann.

Man kann kleine Holzkeile unter das Material legen, um es zu stützen und daran zu hindern, sich in einer Vertiefung zu biegen, aber das Problem dabei ist, dass man nur schwer erkennen kann, wann das Brett eben ist. Wenn die Arbeitsplatte einer Hobelbank selbst eben ist, kann man sie gut als Hilfsmittel verwenden, um die Ebenheit von Werkstücken zu beurteilen.

Zwei Lösungen für die Arbeitsplatte

Meine Empfehlung lautet also, man sollte, falls man kann mit einem Hobel umgehen kann (und wenn es nur soweit reicht, damit Ärger zu machen), entweder eine Hobellade verwenden oder sich bemühen, die Arbeitsplatte halbwegs eben zu halten. Man kann es auch übertreiben. Die Arbeitsplatte muss nicht mit Methoden abgerichtet werden, für die man Haarlineale aus der Feinmechanikerwerkstatt oder Fühlerlehren benötigt. Ich würde auch von Methoden abraten, bei denen eine Handoberfräse verwendet wird,

1

Stellen Sie die Hobelbank mit einer Schmalseite zum Fenster hin auf. Das erleichtert die Arbeit mit Richtscheiten, wenn man im Gegenlicht kontrolliert, ob sie auf ganzer Länge auf der Arbeitsplatte aufliegen und ihrer Oberkanten fluchten.

2

Hier arbeite ich mit 900 mm langen Richtscheiten aus Aluminiumprofilen. Ein Richtscheit wird am entfernten Ende der Hobelbank aufgelegt, das andere etwa 600 mm davor. Man visiert über sie hinweg und kann höher und tiefer liegende Stellen erkennen. Danach wird das hintere Richtscheit nach vorne verlegt und der Vorgang wiederholt.

3

Nachdem ich mich mit der Topologie der Oberfläche vertraut gemacht habe, ziehe ich eines der Richtscheite auf ganzer Länge über die Arbeitsplatte und beobachte dabei den Spalt an seiner Unterkante. Durch diese schnelle Kontrolle kann ich meine Vermutungen über die höherstehenden Stellen bestätigen (sie befinden sich übrigens meist an den Längskanten der Arbeitsplatte).

die auf einem Schlitten über der Hobelbank bewegt wird. Ich habe gesehen, wie Kollegen das machen und es ist sehr aufwendig, eine solche Vorrichtung zu bauen.

Ich glaube, es gibt zwei vernünftige Wege, die man beschreiten kann: Entweder man lernt, mit der Raubank umzugehen (das Abrichten der Hobelbank ist die beste Weise, es zu üben), oder man nimmt die Arbeitsplatte von der Hobelbank ab und schafft sie zu einer Tischlerei, die über eine Breitbandschleifmaschine verfügt.

(Anmerkung: Manche Hobelbänke sind so konstruiert, dass man sie mit den in der eigenen Werkstatt vorhandenen Maschinen abrichten kann. Ein solcher Entwurf besteht aus zwei starken, 250 mm breiten Platten, zwischen die eine 100 mm breite Werkzeuglade geschraubt ist. Man entfernt einfach die Schrauben und schiebt jede der 250 mm breiten Platten durch die Dicktenhobelmaschine. Dann baut man das Ganze wieder zusammen. Anmerkung zur Anmerkung: Ich habe nicht viel für Werkzeugladen in Hobelbänken übrig. Sie fungieren meist als Staub- und Spänesammler.)

Ich kann schon jetzt hören, wie die Hobelbank-Puristen ganz unruhig werden. Wenn man die Arbeitsplatte einer Hobelbank durch eine Breitbandschleifmaschine schickt, lagern sich dann in ihr nicht Schleifkörner ein, die dann die Oberfläche der Werkstücke beschädigen? Das habe ich so noch nicht erlebt. Wenn man die Arbeitsplatte abgebürstet und -gewischt hat, trägt man ein Oberflächenmittel auf, etwa ein Öl-Lack-Gemisch, und die Schleifkörner werden zu einem Teil dieser Oberflächenschicht.

4

Bevor ich mich an die Arbeit mache, schneide ich eine kleine Fase (1,5 bis 3 mm) an den Längskanten an, um Faserausrisse zu vermeiden, wenn ich quer zur Faser hobele.

5

Die Oberflächen meiner Hobelbänke entwickeln mit der Zeit meist in der Mitte eine Absenkung. Ich entferne also die beiden Erhöhungen, indem ich direkt quer zur Faserrichtung hobele. In diesem Fall war die Delle nicht sehr ausgeprägt, deshalb habe ich mit der Raubank begonnen. Falls die Fläche stärker geschüsselt ist, kann man mit der Kurzraubank und größerer Spandicke arbeiten.

6

Jeder Hobelstoß quer zur Faser sollte den vorhergehenden etwas überlappen. Die Späne sollten sich leicht abheben (man sagt mir jedoch, dass das Eisen auch schneller stumpf wird). Arbeiten Sie sich von einem Ende der Arbeitsplatte bis zum anderen vor. Und dann wieder zurück. Solange, bis das Eisen im Hobel auch vom tiefer liegenden Holz in der Mitte Späne abnimmt.

7

Setzen Sie dann die Hobelstöße (auch wieder überlappend) diagonal nebeneinander. Arbeiten Sie an der Ecke, an der Sie anfangen, und an der, an der Sie aufhören, besonders vorsichtig, hier bietet sich dem Hobel jeweils keine große Auflagefläche.

8

Wechseln Sie die Arbeitsrichtung, und hobeln Sie diagonal über die Arbeitsplatte bis zurück zum Ausgangspunkt. Wiederholen Sie diese beiden Arbeitsgänge, bis Sie auf der gesamten Länge eines diagonalen Hobelstoßes Späne vom Holz abheben können.

9

Reduzieren Sie dann die Spandicke, und hobeln Sie mit der Raubank in Faserrichtung. Setzen Sie die Hobelstöße überlappend an, und arbeiten Sie, bis Sie durchgehende Späne erhalten.

10

Die Hobelbank muss nicht mit dem Putzhobel bearbeitet werden, es ist aber eine gute Gelegenheit, diese Arbeitstechnik für den Einsatz bei großen, längsverleimten Flächen zu üben. Mit dem Putzhobel kann man sofort in Faserrichtung arbeiten, man muss nicht zuvor quer oder diagonal zur Faser hobeln.

Außerdem ist ein wenig Schleifmittel in der Körnung 220 immer noch nicht so schlimm wie all das andere, das sich bei der normalen Arbeit in und auf der Arbeitsplatte festsetzt: trockne Leimreste, Beize, Pigmente und gelegentlich Metallspäne von den Feilen.

Mit der Raubank abrichten

Da ich keine Breitbandschleifmaschine besitze, richte ich die Hobelbank lieber mit einem Handhobel ab. Wenn man es erst einige Male gemacht hat, braucht man dafür nur eine halbe Stunde – und es ist nicht so mühselig, wie die schwere Arbeitsplatte durch die ganze Stadt zu transportieren. Schon als ich das erste Mal versuchte, eine Arbeitsplatte mit der Raubank abzurichten (das ist Jahre her, ich war erfolgreich, obwohl ich gerade so eben wusste, was ich da überhaupt tat).

Eine Arbeitsplatte abzurichten ist wie das Abrichten einer Fläche an einem Brett. Zuerst entfernt man hochstehende Stellen. Das können die Ecken sein, es kann aber auch eine Erhebung entlang der Mittellinie sein (das habe ich allerdings selbst noch nicht erlebt). Man findet diese Erhebungen mit zwei Richtscheiten – parallel aufgelegte Laubholz-Vierkanthölzer oder Aluminiumwinkeln, die länger sind, als die Hobelbank breit ist.

Markieren Sie höhere Stellen mit Kreide oder Bleistift und gehen Sie herzhaft mit dem Schrupp- oder Schlichthobel zu Werke, der auf große Spandicke eingestellt ist und ein Eisen mit balliger Schneide hat. Arbeiten Sie sich an das gewünschte Ergebnis heran und über-

So sollten die Späne aussehen, wenn man quer zur Faser hobelt. Stellen Sie die Spandicke so groß wie möglich ein, und führen Sie den Hobel stets kontrolliert.

Späne, die in ganzer Länge diagonal zur Faser abgenommen wurden, sehen aus wie Bänder. Sie sollten etwa 0,125 mm stark sein, oder vielleicht etwas stärker.

Wenn Sie die Arbeitsfläche der Bank mit dem Putzhobel bearbeiten, sollte die Spandicke 0,05 mm oder weniger betragen. Bei einer gut gefügten Arbeitsplatte aus leicht zu bearbeitendem Holz kann es auch etwas mehr sein.

prüfen Sie es immer wieder mit den Richtscheiten.

Hobeln Sie dann mit der Raubank in überlappenden diagonalen Stößen über die gesamte Fläche der Arbeitsplatte. Man nennt das ‚zwerchen'. Wiederholen Sie es in die andere Richtung mit Stößen, die entgegengesetzt diagonal laufen. Bei jedem Durchgang werden die abgetragenen Späne immer gleichmäßiger. Wenn die Späne so lang sind, wie die Arbeitsplatte breit ist, dann ist sie eben (genug). Hobeln Sie dann die gesamte Oberfläche in Faserrichtung mit leicht überlappenden Stößen. Durchgehend lange Späne sollte man nach zwei oder drei Durchgängen erzielen. Dann ist man fertig. Also trägt man etwas Öl-Lack-Gemisch auf und tischlert weiter. Die Bilderfolge zu diesem Kapitel sollte den Vorgang verdeutlichen. Meine Digitalkamera gibt zu jedem Foto die Aufnahmezeit an. Das erste Foto entstand um 10.46 Uhr. Um 11.44 Uhr war ich fertig. Dabei sollte man nicht vergessen, dass ich immer wieder die Arbeit unterbrochen habe, um die Fotolampen auszurichten und die einzelnen Phasen zu fotografieren. Ich glaube, das Fotografieren dauerte insgesamt länger als das Abrichten.

Tragen Sie mit einem Tuch zwei Schichten eines Lack-Öl-Gemischs auf, und wenn diese getrocknet sind, eine Schicht Wachs, um die Bank vor Leimresten zu schützen. Allerdings macht das Wachs die Oberfläche glatt und bei der Arbeit mit Handwerkzeugen möchte man das Material nicht über die ganze Bank jagen müssen.

Vorher
1
4
7
10
6
2

Kapitel Acht

Die Hobelbank aufwerten

Christopher Schwarz

Es fällt mir schwer, es zu sagen, aber unabhängig davon, wieviel Zeit und Geld Sie dafür aufgewendet haben, Ihre Hobelbank zu bauen oder zu kaufen, ist sie vermutlich trotzdem nicht so nützlich, wie sie es sein sollte. So wie man eine neue Tischkreissäge oder einen Hobel fein justiert, so gibt es auch eine Reihe von Maßnahmen, mit denen man seine Hobelbank aufwerten sollte. Außerdem gibt es einige einfache Verbesserungen, die dazu führen, dass man mit der Bank Arbeiten ausführen kann, die man ihr nicht zugetraut hätte.

Die meisten dieser Maßnahmen sind schnell und für wenig Geld auszuführen. Alle machen die Arbeit in der Werkstatt leichter, genauer oder einfach nur ordentlicher.

1 Die Topographie verbessern

Die Arbeitsplatte der Hobelbank regelmäßig abzurichten, ähnelt dem Ölwechsel beim Auto. Es ist eine Routinearbeit, die einem viel Ärger ersparen kann. Eine ebene Arbeitsplatte ist aus drei Gründen wichtig, wenn man präzise arbeiten will:

- Beim Hobeln, Schleifen oder Fräsen eines Bretts sollt das Werkstück satt auf der Arbeitsplatte aufliegen; wenn dieser eben ist, liegt das Brett besser auf.

- Eine ebene Arbeitsplatte lässt erkennen, wenn Werkstücke gewölbt sind. Falls Sie eine Türfüllung abrichten möchten, die sich wölbt oder schüsselt – eine häufige Arbeit –, muss die Arbeitsplatte Ihrer Hobelbank eben sein, damit Sie erkennen können, wenn Sie Ihr Ziel erreicht haben.

- Eine ebene Arbeitsplatte dient als Referenz beim Zusammenbau Ihrer Projekte. Falls Sie möchten, dass Ihr neuer Tisch oder Stuhl nicht wackelt, müssen die Füße alle in einer Ebene liegen. Eine ebene Arbeitsplatte lässt Probleme schnell erkennen und zeigt auch die beste Lösung an.

Richtscheite sind der Schlüssel bei der Überprüfung einer Arbeitsfläche auf Ebenheit. Kontrollieren Sie die Arbeitsplatte, indem Sie das hellere Richtscheit an verschiedenen Stellen der Bank auflegen und die Oberkanten der beiden Richtscheite vergleichen.

Die harte Arbeit beim Abrichten der Hobelbank leistet man mit der Kurzraubank, mit der man höher liegende Stellen schnell abtragen kann. Meine Hobelbänke scheinen immer in der Mitte tiefer zu werden (zu schüsseln), wie man das auch von Schleifsteinen kennt. Ich beginne deshalb mit dem Abrichten immer an den Längskanten.

Der Vorteil der Raubank liegt in seiner Länge. Sie lässt den Hobel über die tieferliegenden Stellen passieren und an den höheren Material abnehmen. Arbeiten Sie zuerst diagonal, und lassen Sie sich durch Faserausrisse nicht stören (1). Wenn die Fläche nach den diagonalen Stößen eben ist, hobelt man mit der Faser (2).

Wie richtet man also eine Arbeitsplatte ab? Am einfachsten, indem man sie durch eine große Trommelschleifmaschine laufen lässt, die in vielen gewerblichen Tischlereien vorhanden ist. Den Preis muss man mit dem Meister aushandeln. Der einzige Nachteil ist, dass sich nachher Schleifpartikel in der Arbeitsplatte finden, die bei späteren Arbeiten Spuren in den Werkstücken hinterlassen können.

Man kann die Arbeitsplatte auch in der eigenen Werkstatt maschinell abrichten – wenn man dafür eine recht aufwendige Konstruktion aus Schienen und Schlitten baut, um die Handoberfräse über die Platte zu führen.

Meine Methode ist schneller. Ich richte meine Hobelbänke mit einer Kurzraubank, einer Raubank und zwei Richtscheiten ab. Die Richtscheite sind Sperrholzleisten mit den Abmessungen 20 x 50 x 1000 mm. Winkelschienen aus Aluminium funktionieren auch gut. Sie lassen einen schnell erkennen, ob die Arbeitsplatte eben ist beziehungsweise wo sie es nicht ist. Dazu wird eines der Richtscheite auf ein Ende der Platte gelegt. Dann legt man das andere Richtscheit an verschiedenen Stellen über die Länge der Platte auf deren Oberfläche. Wenn man über die beiden Richtscheite visiert, kann man erkennen, ob ihre Oberkanten parallel verlaufen. Falls ja, ist dieser Bereich eben. Falls nicht, sieht man, wo sich Erhebungen befinden.

Früher wurden Richtscheite aus formstabilem Holz wie Mahagoni hergestellt und manchmal wurden an den Kanten Streifen von Ebenholz und Stechpalmenholz eingelegt (also einem schwarzen und einem weißen Holz), um Abweichungen leicht erkennen zu können. Ich ziehe Sperrholz vor, weil es formstabil und preiswert ist. Falls Sie einen farblichen Kontrast zwischen den Richtscheiten wünschen, kann ich ‚Ebenholz aus der Dose' sehr empfehlen – schwarzer Sprühlack.

Markieren Sie alle Erhebungen direkt auf der Arbeitsplatte und nehmen Sie mit der Kurzraubank dort Holz ab. Überprüfen Sie den

Das Abrichten der Arbeitsfläche ist zwar die wichtigste Verbesserung bei der Hobelbank, aber sie wird dicht gefolgt von der Ausstattung mit einem verschiebbaren Bankknecht. Mit diesem durchdachten Zubehör ist es ein Leichtes, auch größere Türen für die Bearbeitung zu fixieren.

Fortschritt immer wieder mit den Richtscheiten. (Mehr zum Thema finden Sie im Kasten „Richtscheite scharf anvisieren")

Wenn die Oberfläche einigermaßen eben ist, nehmen Sie die Raubank zur Hand. Hobeln Sie die Arbeitsplatte zuerst diagonal von einer Ecke zur anderen ab. Wiederholen Sie die Arbeit dann diagonal in der anderen Richtung. Nach einigen Durchgängen sollte die Raubank an allen Stellen der Arbeitsplatte Späne abnehmen. Dann ist es Zeit, die Arbeitsplatte in Längsrichtung abzuhobeln. Fangen Sie an der Vorderkante an, und arbeiten Sie bis zur Hinterkante. Kontrollieren Sie abschließend mit den Richtscheiten das Ergebnis (vgl. dazu ausführlicher Kapitel Sieben)

2 Der Knecht geht einem zur Hand

Zu den schwierigsten Aufgaben gehört die Bearbeitung einer Schmalkante an einem Brett oder einer Tür. Das Hauptproblem ist das Einspannen des Werkstücks. Die traditionelle Lösung ist ein sogenannter Bankknecht. Ich habe die hier gezeigte Version an einem Nachmittag hergestellt und angebracht; inzwischen frage ich mich, wie ich vorher ohne ausgekommen bin.

Da der Bankknecht sich über die ganze Länge der Hobelbank verschieben lässt, kann man unterschiedlich große Werkstücke mit ihm bearbeiten. Da die Stütze in der Höhe verstellbar ist, kann man ihn auch für unterschiedlich breite Stücke vom schmalen Brett bis hin zur Wohnungstür verwenden. Mit der Vorderzange an der Hobelbank und dem Bankknecht kann man fast alles sicher einspannen.

Ich habe den Bankknecht mit zwei Laufschienen an der Bank angebracht, die jeweils in einer Längskante eine Führungsnut aufweisen. Der Bankknecht selbst hat an beiden Enden etwas kleinere Zapfen, um ihn in den Nuten verschieben zu können. Details und Anweisungen zum Bau eines Bankknechts finden Sie in Kapitel Fünf.

Beim Einspannen langer Werkstücke leistet ein Bankhaken im Bein der Hobelbank gute Dienste. Es dauert kaum 20 Minuten, die entsprechenden Löcher anzubringen. Es gibt aufwendigere Lösungen, aber keine effektiveren.

Diese einfache Abwandlung eines Bankhakens ist ideal, um Bretter einzuspannen, die nicht breiter als 200 mm sind. Auch sie ist schnell hergestellt.

Richtscheite scharf anvisieren

Bei der Arbeit mit Richtscheiten liegt eines der Probleme darin, beide Richtscheite deutlich zu sehen, wenn sie fast zwei Meter voneinander entfernt liegen. Wenn man einen der Richtscheite nur unscharf sieht, ist es schwierig zu erkennen, ob ihre Oberkanten fluchten.

Die Lösung stammt aus der Welt der Fotografie. Man nimmt ein Stück Karton (etwa den Deckel eines Notizheftes) und sticht mit der Ahle ein kleines Loch hinein (ungefähr 0,5 – 1 mm). Gehen Sie vor den Richtscheiten in die Hocke, und visieren Sie sie durch das Loch an. Jetzt sollten sie beide scharf, ohne zu verschwimmen, zu sehen sein.

Wenn man bei einer Kamera die Blende schließt, wird mehr vom Motiv scharf abgebildet. Das gleiche Prinzip funktioniert auch mit dem menschlichen Auge. Wenn man die Öffnung verringert, durch die das Licht tritt, dann wird mehr von dem, was man sieht, scharf abgebildet.

In der Praxis hat es sich auch bewährt, beide Enden der Richtscheite zu überprüfen, indem man das Auge – nicht den Kopf – von links nach rechts bewegt. Auf diese Weise kann man leichter vergleichen als mit einer Kopfbewegung.

3 Waagerechte Bankhaken

Ich halte einen verschiebbaren Bankknecht zwar für das Gelbe vom Ei, aber es gibt auch einfachere Methoden, große Werkstücke an der Hobelbank zu halten.

Falls Sie viel mit großen Türen arbeiten, ist ein Bankhaken am Bein der Hobelbank wahrscheinlich das Beste für Sie. Dazu bohrt man Löcher mit 20 mm oder 19 mm Durchmesser – je nachdem, welche Bankhaken Sie verwenden wollen – im Abstand von 100 mm in das Bein, das am entfernten Ende von der Vorderzange steht. (Wenn Ihre Vorderzange also auf der linken Bankseite ist, bohren Sie die Löcher auf der rechten Seite.) Fasen Sie die Löcher an (Anweisungen finden Sie im folgenden Abschnitt) und stecken Sie dann ein 20-mm-Rundholz in eines der Löcher. Schon kann es losgehen.

Der Nachteil an dieser Variante ist, dass man nur lange Werkstück abstützen kann. Kürzeres Material hält man mit einem waagerechten Bankhaken, der in die Vorderkante der Hobelbank gesteckt wird.

Dafür bohrt man an der Plattenvorderkante im Abstand von etwa 100 mm Löcher mit einem Durchmesser von 20 mm oder 19 mm Durchmesser – je nachdem, welche Bankhaken Sie verwenden wollen. Bohren Sie die Löcher bis zu einer Tiefe von etwa 50 mm, und fasen Sie die Eintrittslöcher an. Dann benötigen Sie ein 50 mm langes Stück 20-mm-Rundholz. Als Auflage für das Werkstück eignet sich ein L-förmiger Stahlwinkel am besten. Man bekommt sie im Handel meist mit Schraubenlöchern, um Eckverbindungen mit ihnen zu verstärken. Schrauben Sie den Winkel am Ende des Rundholzes an. Mit dieser Vorrichtung kann man schmale Bretter fast jeder Länge halten, um ihre Kante zu bearbeiten.

Falls Sie es sich nicht leisten können, Ihre Hobelbank mit einer Hinterzange aufzurüsten, können Sie sich viele Einspann-Arbeiten mit solchen Spannelementen erleichtern. Mit zwei Spannelementen und Bankhaken kann man auch unregelmäßig geformte Werkstücke einspannen.

Diese Vorrichtung funktioniert wie eine einfache Dübellehre. Man reißt auf der Hobelbank die Stellen an, wo man Löcher für Bankhaken bohren möchte, und spannt die Lehre am Riss an. Die Löcher sollte man mit einer normalen Bohrmaschine bohren, eine Akkubohrmaschine ist damit schnell überlastet.

Die Löcher für Bankhaken sollten angefast werden, damit man beim Herausziehen eines festsitzenden Bankhakens nicht die Fasern am Loch ausreißt.

4 Bankhaken

Ein durchdachtes System aus Bankhaken und entsprechenden Löchern in der Hobelbank erleichtert Routineaufgaben und macht Unmögliches möglich. Eine Hobelbank nachträglich mit runden Aufnahmelöchern für Bankhaken auszustatten geht schnell und leicht von der Hand.

Ich statte meine Hobelbank gerne mit zwei Reihen von Bankhakenlöchern aus, die im Abstand von 100 mm angeordnet sind. Bei manchen Bänken habe ich die Löcher so gebohrt, dass sie in einer Linie mit den Löchern in der Hinterzange liegen, um Werkstücke zwischen der Hinterzange und jedem beliebigen Bankhakenloch auf der Bank einspannen zu können. Aber auch ohne Hinterzange kann man den Nutzen der Bankhakenlöcher durch den Einsatz von Spannelementen deutlich erhöhen.

Diese Spannelemente sind meist auf ein 19-mm-System* ausgelegt, sie lassen sich dann in jedes beliebige Bankhakenloch dieses Durchmessers einstecken. Man kann mit ihnen Druck in jede beliebige Richtung ausüben, was das Einspannen von runden oder unregelmäßigen Werkstücken zum Schleifen oder Hobeln sehr erleichtert.

Um die Bankhakenlöcher zu bohren, fertigt man sich am besten eine einfache Lehre an, wie sie unten zu sehen ist (Foto S. 52 unten rechts). Außerdem benötigt man einen 19-mm-Bohrer und eine Bohrmaschine.

Spannen Sie die Lehre an der Hobelbank fest und bohren Sie ein Loch durch die Arbeitsplatte. Stellen Sie die Bohrmaschine auf langsame Geschwindigkeit. Nach dem Bohren muss der Rand des Loches angefast (versenkt) werden, damit die Oberfläche der Arbeitsplatte nicht beschädigt wird, wenn man die Bankhaken herauszieht. Am leichtesten versenkt man die Löcher mit der Handoberfräse.

Spannen Sie einen 45°-Fasefräser mit einem obenliegenden 19-mm-Kugellager ein. Führen Sie das Kugellager in das Bankhakenloch ein, stellen Sie die Handoberfräse ein und fräsen Sie bis zu einer Tiefe von 10 mm.

*) Es gibt auch 20-mm-Elemente.

Eine Hinterzange wie dieses Modell des Herstellers Veritas ist ein Luxus, den man sich wirklich gönnen sollte. Seitdem ich meine Hobelbank zuhause damit ausgerüstet habe, verwende ich sie sehr viel häufiger als die Vorderzange.

Das Entscheidende am Hobelanschlag sind die Beschläge. Hier sieht man, wie die Holzeinschraubmutter (6 x 20 mm), die Gewindeschraube (30 mm lang), Flügelmutter und die Unterlegscheibe zusammengesetzt werden.

Wenn man mit dem Handhobel arbeitet, sollte man wirklich eine Stunde Arbeitszeit und ein paar Euro investieren, um diesen Hobelanschlag herzustellen. Es ist der vielseitigste Anschlag, mit dem ich je gearbeitet habe, und eignet sich gleichermaßen für dünne wie dicke Werkstücke.

Es ist eine Freude, mit dem Niederhalter des Herstellers Veritas zu arbeiten. Er ist gut verarbeitet und hält Werkstücke mit erstaunlichem Druck. Ich schneide keine Zinkungen mehr ohne ihn.

5 Eine Hinterzange anbauen

Falls Sie nur eine Zange an der Bank haben, ist sie meist an der Vorderseite angebracht. Eine Hinterzange (die an einer Schmalkante der Bank liegt) ist eine außerordentlich nützliche Ergänzung. Der Bankhaken aus Metall, mit dem die meisten Hinterzangen geliefert werden, erlaubt es, auch sehr lange Werkstücke zwischen dem Bankhaken an der Hinterzange und einem Bankhaken auf der Arbeitsplatte einzuspannen. Auch sonst ist eine zweite Zange oft sehr nützlich.

Bei der Wahl einer Hinterzange gibt es drei gute Optionen:

- Man kann eine traditionelle Schnellspann-Zange aus Metall mit Bankhaken erwerben.
- Es gibt auch Bausätze für Vorderzangen, die man um Holzbacken ergänzen und als Hinterzange verwenden kann. Dabei spart man etwas Geld, muss aber mehr Arbeit investieren. Der Vorteil dieser Variante besteht darin, dass man in den Holzbacken oben oder vorne Bankhakenlöcher anbringen kann.
- Es gibt teure Spezialzangen, mit denen man auch Arbeiten ausführen kann, die sich nicht an der Vorderzange erledigen lassen. Vom Hersteller Veritas gibt es eine riesige Hinterzange mit doppeltem Gewinde, in der man fast jedes ebene Werkstück einspannen kann. Es gibt auch Zangen für Modellbauer und Holzbildhauer, die hervorragend geeignet sind, um unregelmäßig geformte Gegenstände in beliebigen Winkeln zu halten. Solche Spezialzangen sind nicht billig, die Investition lohnt sich jedoch.

6 Ein Anschlag zum Hobeln und Schleifen

Viele Holzwerker spannen Werkstücke ein, wenn es auch ohne ginge. Oft würden schon die Schwerkraft und der Druck des Werkzeugs ausreichen.

Ein Hobelanschlag ist im Wesentlichen eine überstehende Kante am Ende der Hobelbank, die sich in der Höhe verstellen lässt. Um ein Werkstück zu hobeln, legen Sie es gegen den Anschlag und arbeiten in Richtung Anschlag. Die Schwerkraft und die Richtung, in der Sie das Werkzeug bewegen, halten das Werkstück an Ort und Stelle.

Das Prinzip ist das Gleiche wie bei der Arbeit mit dem Bandschleifer. Sie müssen sich nur vor Augen halten, in welche Richtung sich das Schleifband bewegt. Das Vorderteil des Bandschleifers sollte vom Hobelanschlag fort weisen. Sonst schießt die Maschine Ihr Werkstück quer durch die Werkstatt, die Wucht reicht durchaus, um Löcher in eine Kühlbox zu schlagen. Fragen Sie lieber nicht, woher ich das weiß.

Am vielseitigsten ist ein Hobelanschlag aus einem Stück 12 mm starkem Sperrholz, das so lang wie Ihre Hobelbank breit ist. Mit zwei Flügelmuttern, Gewindeschrauben und Unterlegscheiben bringen Sie das Sperrholz so an, dass es sich je nach Stärke des Werkstücks in der Höhe verstellen lässt.

Die Muttern und das Zubehör gibt es in jedem Baumarkt. Das Teil, das in der Hobelbank befestigt wird, bezeichnet man als Holzeinschraubmutter, es ist auch unter dem Markennamen Rampamuffe bekannt. Bohren Sie zuerst ein 10-mm-Loch in das Ende der Hobelbank. Geben Sie dann Epoxidklebstoff in das Bohrloch, und drehen Sie die Rampamuffe langsam mit einem Schraubenschlüssel in das Loch. Drehen Sie dann eine 30 mm lange Gewindeschraube durch eine 6-mm-Flügelmutter und eine Unterlegscheibe.

Der Anschlag selbst ist aus Sperrholz und weist zwei 7 mm breite Schlitze auf. Die Schlitze sollten so lang sein, dass der Anschlag bis unter die Oberfläche der Hobelbank versenkt werden kann.

Mit dem Anschlag kann leicht Holz fast jeder Stärke gehobelt werden. Man löst die Flügelmuttern, verstellt den Anschlag auf die gewünschte Höhe und zieht die Muttern wieder an, um ihn in dieser Höhe zu halten.

7 Einen Niederhalter anbringen

Manchmal muss man ein Brett auf der Hobelbank so fixieren, dass man an seinem Ende arbeiten kann, etwa wenn man dort Verschnitt zwischen den Schwalben einer Zinkung ausstechen möchte.

Diese Aufgabe erledigt kein Hilfsmittel so schnell und gut wie ein hochwertiger Niederhalter.

Ein Niederhalter ist im Wesentlichen ein Haken, der in ein Loch in der Hobelbank gesteckt wird. Man zieht ihn mit einer Schraube an oder klopft ihn mit dem Klüpfel, um das Werkstück auf der Bank zu fixieren.

Es gibt drei Haupttypen, die den Kauf lohnen. Der Hold-Down von Veritas ist der Mercedes unter den Niederhaltern, qualitativ wie preislich. Er lässt sich in jedes 19-mm-Loch in der Hobelbank stecken und wird mit einer Schraube am oberen Ende angezogen. Ich habe diesen Niederhalter fünf Jahre jeden Tag verwendet und er hat mich nie enttäuscht.

Die zweite Option ist preiswerter: Das Material ist glasfaserverstärktes Nylon. Allerdings muss man bei diesen Niederhaltern von Lee Valley Tools unter die Arbeitsplatte greifen, um sie zu bedienen.

Der dritte Typ ist ein einfacher Metallhaken. Man fixiert ihn mit einem leichten Schlag und löst ihn mit einem zweiten Schlag von der Rückseite wieder. Die Beispiele, die ich in Katalogen gesehen habe, waren alle aus Gussmetall – das ist für mich nicht das Richtige. Meine Kollegen aus den Kreisen der Handwerkzeugenthusiasten empfehlen handgeschmiedete Niederhalter. Falls es in Ihrer Gegend noch einen Schmied gibt, können Sie fragen, ob er diese Arbeit für Sie übernehmen kann. Preislich dürften Sie damit etwa in der Mitte liegen.

▼ Schärfen oder Oberflächenmittel auftragen sollte man auf der Hobelbank nicht, ohne ihre Oberfläche zu schützen. Farbstoffe und die Aufschlämmung vom Schärfen werden sonst auf die Werkstücke übertragen. Dieses einfache Tablett wird mit Zapfen in die Bankhakenlöcher gesteckt, muss also nicht festgespannt werden, und hält die Bank sauber.

Bis ich mir die 300-Quadratmeter-Werkstatt leisten kann, von der ich träume, muss ich meine Werkstücke auf der Hobelbank zusammenbauen. Mit dieser Auflage bleibt die Oberfläche der Bank wie neu. Achten Sie darauf, dass die Leisten, mit der die Auflage gehalten wird, nicht den Bankzangen im Weg stehen.

8 Schutz beim Schärfen und der Oberflächenbehandlung

Vielleicht hält es der eine oder andere für übertrieben, aber es gibt gute Gründe, die Hobelbank vor Oberflächenmitteln und der Aufschlämmung zu schützen, die beim Schleifen entsteht.

Diese Aufschlämmung besteht aus Metallteilchen und Schleifkörnern, die sich zuerst in der Hobelbank und von dort aus in Ihren Werkstücken festsetzen. Oberflächenmittel (vor allem Beizen, Lacke und Lasuren) können noch Wochen oder Jahre später auf Werkstücke übertragen werden, wenn man sie auf der Hobelbank verschüttet.

Deshalb ist ein Tablett mit niedrigen Seitenwänden ideal für Schärf- und Oberflächenarbeiten. Ich stelle solche Tabletts aus preiswertem Sperrholz her, die Seitenwände aus 20-mm-Restholz – und Leim und Schrauben. Das Beste an diesem Tablett ist, dass es in zwei Bankhakenlöcher gesteckt wird, man es also nicht festspannen muss. So ist es besonders gut zum Schärfen geeignet, weil es sich dabei nicht von der Stelle bewegt.

9 Eine Auflage für das Verleimen

Nicht jeder kann sich den Luxus gönnen, eine eigene Werkbank für die Verleimarbeiten aufzustellen – meine Werkstücke werden sowohl zuhause als auch im Betrieb deshalb meist direkt auf der Hobelbank verleimt.

Leim auf der Hobelbank ist ein großes Problem, mit dem sich die meisten Holzwerker auseinandersetzen müssen. Tischlerleim enthält viel Wasser und ist deshalb nicht gut für die Arbeitsplatte, weil verschütteter Leim das Wasser an das Holz abgibt. Getrockneter Leim kann wiederum leicht zu Schäden am Werkstück führen.

Deshalb habe ich eine abnehmbare Arbeitsplatte für meine Hobelbank hergestellt, die ich beim Verleimen auflege. Sie besteht aus 3 mm starker Hartfaserplatte (im Baumarkt zu bekommen) und vier Leisten, die für sicheren Halt auf der Hobelbank sorgen.

Warum verwende ich nicht Zeitungspapier oder eine Stoffdecke? Nun, Zeitungspapier verursacht viel Müll, ist langsam und umständlich. Eine Decke, die nicht vollkommen flach auf der Hobelbank auf-

Zulagen für die Bankzangen erhöhen den Anpressdruck jeder Zange. Das Rundholz verhindert, dass die Zulage hinabfällt, wenn man die Zange öffnet.

liegt, kann zum Verziehen der Werkstücke während des Verleimens führen. Falls man keine Auflage aus Hartfaserplatte verwenden möchte, ist die zweibeste Lösung eine dünne Kunststofftischdecke.

10 Zulagen für die Bankzangen

Holzwerker beschweren sich oft, dass Werkstücke nicht gut in der Vorderzange gehalten werden, wenn man sie nur auf einer Seite der Zange einspannt. Die Backe der Zange verbiegt sich etwas – vor allem bei Holzzangen –, sodass das Werkstück nicht so fest gehalten wird.

Die Lösung ist so einfach, dass ich mich frage, warum man sie nicht öfter sieht. Wenn man einen Holzklotz der gleichen Stärke auf der anderen Seite der Bankzange einlegt, ist das Problem gelöst. Ich habe einen Satz ‚Zangen-Zulagen' in den Stärken, mit denen ich besonders häufig arbeite. Denkbar wären etwa 10, 12, 15, 20 und 25 mm. Die Arbeit mit ihnen erleichtere ich mir noch, indem ich ein Stück 20-mm-Rundholz in jede Zulage einleime, damit sie nicht herabfällt, wenn ich die Bankzange aufdrehe. Mit dieser schnellen und einfachen Lösung kann man sich viel Frustration ersparen.

Hinterzange

Löcher für Bankhaken, zwischen denen und der Hinterzange Werkstücke eingespannt werden

vordere Zarge

Vorderzange

Löcher für Bankhaken, um lange Werkstücke zu stützen

Die Konstruktion dieser Hobelbank ist heute selten geworden, aber sie bietet doch alles, was man benötigt, um die wichtigen Arbeiten an der Bank mit relativer Leichtigkeit ausführen zu können. Hobelbänke machen den Sieg der Funktion über die Form sichtbar.

Dieser Aufbau dient in der Werkstatt der Zeitschrift Popular Woodworking als Montagetisch. Wenn man ihn irgendwo mit einer Bankzange ausstattete, könnte er aber auch als Hobelbank in einer gewerblichen Tischlerei dienen. Der Aufbau ist einfach und erlaubt einen sehr flexiblen Umgang mit Zwingen beim Verleimen. Einige wichtige Arbeiten könnten jedoch gewisse Probleme bereiten.

Kapitel Neun

Grundlegendes über Hobelbänke

Christopher Schwarz

Wenn es darum geht, eine Hobelbank zu bauen oder zu kaufen, verlieren sich die meisten Holzwerker bald in Fragen der Konstruktion. Sollte es eine klassische Hobelbank sein, wie sie in deutschen Tischlereien steht? Eine Shaker-Bank, wie sie in amerikanischen Shaker-Museen zu sehen sind? Oder eine britische Variante, wie sie zum Beispiel Ian Kirby baut?

Eine bekannte Konstruktion nachzubauen ist eine naheliegende Möglichkeit. Schließlich steht ein Holzwerker, der seine erste Hobelbank kauft oder baut, meist am Anfang seiner Handwerkerzeit. Er weiß noch nicht, welche Art von Bank, welche Bankzangen er braucht, er weiß nicht, warum die eine Bank anders aussieht als die nächste. Also sucht er sich eine Konstruktion aus, die ihm gut erscheint – manchmal kombiniert er auch Elemente verschiedener Bänke – und macht sich an die Arbeit.

Das ist meiner Meinung nach die Ursache vieler Probleme bei heutigen Hobelbänken. Bei vielen Modellen, die man kaufen kann, fehlen wichtige Funktionen, die das Einspannen von Werkstücken erleichtern. Viele klassische Bankkonstruktionen werden modifiziert und sind in der Folge nur mit Frustrationen zu nutzen.

Schlimmer noch: Man weiß vielleicht nicht einmal, dass die Arbeit unnötig schwer ist. Das Arbeiten mit Holz ist eine Beschäftigung, die man alleine ausübt, und nur selten kommt man dazu, an einer fremden Hobelbank zu arbeiten.

In den vergangenen zehn Jahren habe ich eine Reihe von Hobelbänken klassischer Konstruktionsvarianten gebaut und ich habe an verschiedenen gekauften oder selbst gebauten Hobelbänken von Kollegen gearbeitet. Es war erstaunlich, wie sehr manche Hobelbänke bestimmte Arbeiten erschwerten. Andererseits habe ich auch einige wirklich brillante Konstruktionen gesehen.

Inzwischen bin ich zu dem Schluss gekommen, dass es keine Rolle spielt, wie die Bank aussieht, an der man arbeitet, solange sie problemlos eine Reihe von Kernfunktionen erfüllt. Daraus habe ich einen Satz von zehn Regeln abgeleitet, die man beachten sollte, wenn man eine Hobelbank baut (oder kauft). Wenn Ihre Bank diese Regeln (oder die meisten von ihnen) einhält, werden Sie ohne große Mühe fast jedes Werkstück für jede Arbeit halten können. So geht einem die Arbeit schneller und vergnüglicher von der Hand und man verbringt weniger Zeit damit, Werkstücke für die Bearbeitung richtig einzuspannen.

Braucht man überhaupt eine Hobelbank?

Bevor wir zu den Regeln kommen, sollte ich darauf hinweisen, dass viele der besten gewerblichen Möbeltischler heutzutage an Werkbänken arbeiten, die viele dieser Regeln ignorieren. In gewerblichen Tischlereien wird nur selten auf die traditionelle Weise an traditionellen Hobelbänken gearbeitet.

Stattdessen findet man oft besondere Werkbänke zum Einspannen. Oft wird auch einfach auf einer Arbeitsplatte gearbeitet, die über zwei Sägeböcke gelegt wird. Und dennoch entstehen so hochwertige, atemberaubend schöne Möbel.

Als ich 2006 einen Kurs über die Arbeit mit Handwerkzeugen an einer Schule unterrichtete, gab dort zur gleichen Zeit Thomas Stangeland, ein Meister des Möbelbaus im Greene-&-Greene-Stil, ebenfalls einen Kurs. Wir zielen zwar beide auf den gleichen hohen handwerklichen Standard, aber die Methoden, mit denen wir ihn zu erreichen versuchen, könnten sich kaum mehr unterscheiden. Er lebt vom Möbelbau und es macht ihm Spaß, Möbel zu bauen. Ich baue Möbel, weil es mir Spaß macht, und gelegentlich verkaufe ich auch ein Stück.

An einem Abend hielten wir beide einen Vortrag über unsere Arbeit für die Teilnehmer, und ich zeigte eine Abbildung der riesigen Hobelbank französischer Konstruktionsweise, die ich das Jahr zuvor gebaut hatte, und erläuterte ihre ungewöhnliche Geschichte.

Thomas stand auf und sagte, es sei schade, dass er kein Foto seiner Werkbank dabei habe: eine Türplatte auf zwei Sägeböcken. Er erklärte, dass ein gewerblicher Betrieb nicht die Zeit hätte, eine traditionelle Hobelbank zu bauen. Da er vor allem mit Elektrowerkzeugen und Maschinen arbeite, brauche er nicht mehr als eine ebene Arbeitsfläche.

Man kann angesichts des Ergebnisses kaum etwas daran aussetzen. Seine Möbel sind sehr schön. Wichtig ist jedoch, dass man zwar auch mit seinem Ansatz Möbel bauen kann, dass es aber auch viele Möbeltischler gibt, die von der Nützlichkeit einer traditionellen Hobelbank überzeugt sind. Der Stuhlbauer und Möbeltischler Brian Boggs setzt mehr ultramoderne Handoberfräsen und selbst gebaute Vorrichtungen mit Aluminiumbauteilen ein, als ich jemals gesehen habe. Er hat aber auch zwei riesige traditionelle Hobelbänke, die dauernd im Gebrauch sind. Bevor Kelly Mehler ein Kurszentrum für Holzarbeiter eröffnete, habe ich ihn in seiner gewerblichen Werkstatt besucht und hatte Gelegenheit, die alte Hobelbank zu besichtigen, die er tagtäglich benutzt.

Diese Hobelbank im französischen Stil wiegt mehr als 150 Kilogramm. Die Arbeitsfläche ist 100 mm stark, die Beine messen 125 mm im Quadrat. Die Masse, die so zusammenkommt, dämpft Schwingungen und macht so jede spanabtragende Arbeit vibrationsärmer.

Mickrige Hobelbänke sind keine Errungenschaft der Moderne. Dieser Kümmerling ist ein Beispiel vom Anfang des 20. Jahrhunderts, bei dem weder die Maße noch die Masse ausreichen. Leider gibt es heute Exemplare, die noch schlimmer sind.

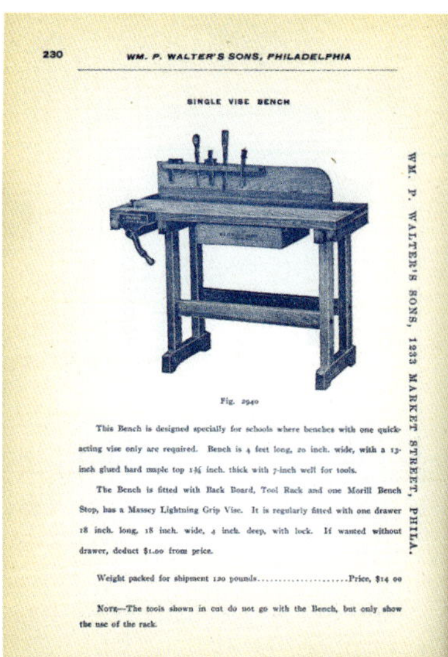

230 WM. P. WALTER'S SONS, PHILADELPHIA

SINGLE VISE BENCH

Fig. 2940

This Bench is designed specially for schools where benches with one quick-acting vise only are required. Bench is 4 feet long, 20 inch. wide, with a 13-inch glued hard maple top 1¾ inch. thick with 7-inch well for tools.

The Bench is fitted with Back Board, Tool Rack and one Morill Bench Stop, has a Massey Lightning Grip Vise. It is regularly fitted with one drawer 18 inch. long, 18 inch. wide, 4 inch. deep, with lock. If wanted without drawer, deduct $1.00 from price.

Weight packed for shipment 120 pounds.....................Price, $14 00

Note—The tools shown in cut do not go with the Bench, but only show the use of the rack.

WM. P. WALTER'S SONS, 1233 MARKET STREET, PHILA.

Entscheidend ist, dass eine gute Hobelbank einen nicht zu einem besseren Holzwerker macht und dass eine nicht ganz so gute Bank einen nicht zum Scheitern verurteilt. Eine gute Bank kann einem aber viele Arbeiten erleichtern. Sie ist einfach nur ein Werkzeug – die größte Schraubzwinge in der Werkstatt.

Regel Nr. 1: Immer für Masse sorgen

Bauen Sie Ihre Hobelbank immer übergroß, indem Sie ihre Masse erhöhen. Im Bootsbau gibt es eine Redewendung: Wenn es schnittig aussieht, ist es schnittig. Bei Hobelbänken kann man der Maxime folgen: Wenn sie stabil aussieht, sollte man sie doppelt stabil bauen. Alles an einer Hobelbank wird stark strapaziert, etwa so wie ein Küchenstuhl in einem Haushalt mit achtjährigen Jungen.

Frühe Hobelbänke im römischen Reich waren wie Windsor-Stühle gebaut. Kräftige Beine wurden in eine massive Arbeitsplatte eingezapft und verkeilt. Traditionelle französische Hobelbänke hatten starke Arbeitsplatten (150 mm dick) und Beine, die an Baumstämme erinnerten. Später verließ man sich beim Bau von Hobelbänken eher auf die Konstruktion als auf die Masse. Die klassische kontinentaleuropäische Hobelbank ruht auf einem Gestell und die Zargen und Zangen werden mit Schwalbenschwänzen eingezinkt, sodass man Stücke für die Ewigkeit erhält. Englische Hobelbänke aus dem 19. Jahrhundert beruhten auf einer verwindungssteifen Kastenkonstruktion für die Arbeitsplatte, um eine stabile Arbeitsfläche zu schaffen. Hochwertige moderne Hobelbänke verwenden Gewindestangen und Muttern, um Konstruktionen belastbarer zu machen, die sich nicht durch ihre Masse auszeichnen.

Viele preiswerte Bänke, die man kaufen kann, sind lächerlich instabil. Sie verziehen sich schon unter leichtem Druck der Hand. Man kann sie schon mit einfachen Arbeiten quer durch die Werkstatt schieben: Fräsen, Sägen, Hobeln. Falls eine Hobelbank zierlich aussieht oder ihre Bestandteile die Maße eines modernen Esstisches zeigen, würde ich mir den Kauf zweimal überlegen.

Eine große, kräftige Arbeitsplatte und stabile Beine sorgen für zusätzliche Masse, die bei der Arbeit hilft. Schwere Tischkreissägen mit viel Gusseisen laufen meist ruhiger. Das Gleiche gilt für Hobelbänke. Ab einem Gewicht von etwa 150 kg bewegt sich die Bank nur, wenn man das möchte.

Regel Nr. 2: Belastbare Verbindungen einsetzen

Übertreiben Sie es beim Bau der Hobelbank, indem Sie die besten Verbindungen einsetzen. Jetzt ist es Zeit, auf durchgehende Zapfen und auf Schwalbenschwänze zurückzugreifen.

Wenn Sie sich an die Regel Nr. 1 gehalten haben, sollte Regel Nr. 2 keine Probleme bereiten. Die Verbindungen werden in den Abmessungen auf die massiven Bauteile Ihrer Bank abgestimmt sein. Wenn Sie nicht durch Masse für Stabilität sorgen können, sollten Sie die Bank durch besonders gute Verbindungen aufwerten. Schwalbenschwänze und durchgehende Zapfen sind für einen Handtuchhalter vielleicht übertrieben, für eine Hobelbank aber nicht.

Das liegt daran, dass bei den typischen Arbeiten an der Bank starke Scherkräfte auf diese einwirken und die Bankzangen ihr Bestes tun, die Hobelbank in Stücke zu reißen. Bankzangen aus Holz müs-

Seien Sie nicht kleinlich, wenn es um die Verbindungen an Ihrer Hobelbank geht. Die kleinen Zapfen sind 30 mm stark und 60 mm lang, die großen 60 mm stark und 50 mm lang.

sen grundsätzlich überdimensioniert werden, damit sie nicht der Zerstörung anheimfallen, wenn man sie fest anzieht. Ich habe sogar einmal gesehen, wie eine Bankzange die Arbeitsplatte von ihrem Gestell riss.

Machen Sie die Zapfen kräftig und die Schlitze tief. Falls Sie wissen, wie man eine auf Zug durchbohrte Schlitz-und-Zapfenverbindung herstellt: Dies ist eine gute Gelegenheit, sie anzuwenden. Haben Sie sich schon einmal die Verbindungen der Zimmerleute an einem Fachwerkhaus genauer angesehen? Sie sind großproportioniert und mit Holznägeln durchzapft. Das sollte man nachahmen.

Hobelbänke sind eine gute Gelegenheit, das Anschneiden dieser klassischen Verbindungen zu üben, aber es gibt einige Holzwerker, die sich immer noch dagegen wehren. Falls Sie dazu gehören, sollten Sie sich Beschläge ansehen, um Ihre Bank stabiler zu machen. Gewindestangen, Bettbeschläge, Schlossschrauben oder Spezialbeschläge für Hobelbänke können einer klapprigen Konstruktion Stabilität verleihen und im Bedarfsfall nachgezogen werden. Die Beschläge tragen zwar nicht zur Masse bei, aber sie können eine schwächliche Konstruktion stärken.

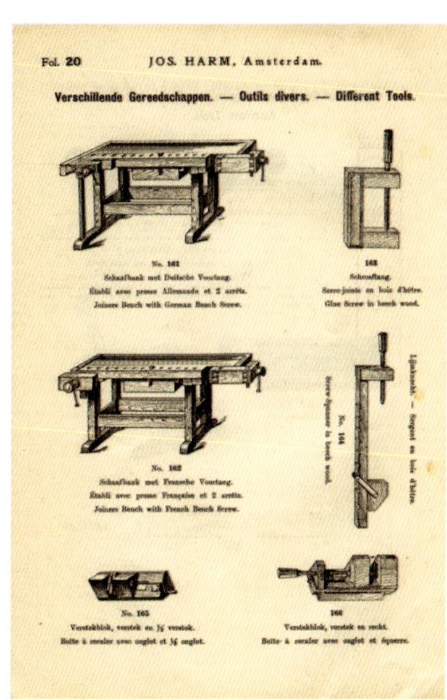

Fol. 20 JOS. HARM, Amsterdam.

Verschillende Gereedschappen. — Outils divers. — Different Tools.

No. 161
Schaafbank met Duitsche Voortang.
Établi avec presse Allemande et 2 arrêts.
Joiners Bench with German Bench Screw.

163
Schroeftang.
Serre-joints en bois d'hêtre.
Glue Screw in beech wood.

No. 162
Schaafbank met Fransche Voortang.
Établi avec presse Française et 2 arrêts.
Joiners Bench with French Bench Screw.

No. 164
Lijmknecht. — Sergent en bois d'hêtre.
Screw-Squeezer in beech wood.

No. 165
Verstekblok, verstek en ½ verstek.
Boîte à recaler avec onglet et ½ onglet.

166
Verstekblok, verstek en recht.
Boîte à recaler avec onglet et équerre.

Diese klassischen europäischen Hobelbänke wurden aus feinmasriger gedämpfter Buche gebaut. Sollte man es nicht genauso machen? Nicht unbedingt. Man kann auch andere Holzarten verwenden, wenn sie die gleichen Eigenschaften wie Buche zeigen: hart, gut verfügbar und preiswert.

Regel Nr. 3: Das Holz nach seiner Stärke aussuchen, nicht nach der Holzart

Bauen Sie Ihre Hobelbank aus einem kräftigen, biegesteifen, leicht erhältlichen und preiswerten Holz. Natürlich sind Schaustücke aus exotischen Materialien etwas Schönes. Richten Sie Ihr Augenmerk aber zuerst auf die Funktionen und dann auf das Aussehen. Mir wäre eine Bank aus Bauholz lieber, die alle diese Regeln befolgt, als eine schöne Bank aus edlem Holz, die auch nur eine von ihnen außer Acht lässt.

Es kursieren viele irrige Vorstellungen, wenn es um die Holzauswahl für eine Hobelbank geht. Das traditionelle Holz für Hobelbänke ist in Mitteleuropa die Buche. In Nordamerika werden oft verschiedene Ahornarten verwendet. Wichtig sind bei einer Hobelbank vor allem Eigenschaften wie Biegesteifigkeit, Abriebfestigkeit, Härte. Wenn man ein Holz mit guten Werten in diesen Bereichen bekommen kann, muss es nicht unbedingt Buche oder Ahorn sein.

Regel Nr. 4: Eine bewährte Konstruktion verwenden

Vergleichen Sie den Entwurf für Ihre Hobelbank mit historischen Bankkonstruktionen, bevor Sie anfangen, das Holz zuzuschneiden. Wenn Ihre Bank ein sehr radikaler Entwurf zu sein scheint oder aussieht wie nichts, das jemals zuvor gebaut worden ist, dann ist die Wahrscheinlichkeit groß, dass der Wurm drinsteckt. Ich habe Hobelbänke gesehen, die pneumatische Vorderzangen hatten. Wofür? Ich habe eine Hobelbank gesehen, die zwei Zangen mit Doppelspindeln hatten: Eine als Hinterzange mit zwei korrespondierenden Reihen von Bankhakenlöchern entlang der Länge der Arbeitsplatte; und eine als Vorderzange, zu der zwei weitere Reihen von Bankhakenlöchern gehörten, die quer über die Arbeitsplatte liefen.

Ich bin mir sicher, dass es den einen oder anderen Holzwerker gibt, der eine solche Anordnung wirklich braucht – vielleicht jemand, der an einem Ende der Hobelbank eine runde Tischplatte und am anderen einen Windsorstuhl bearbeiten möchte. Für die meisten Menschen, die Möbel bauen, ist diese Ausstattung jedoch redundant und lässt einige wichtige Funktionen der Hobelbank außer Acht.

Since 1848 HAMMACHER, SCHLEMMER & CO., INC. New York

Tool Outfits
H. S. & Co.
"Gnome Brand"

Auch merkwürdige Konstruktionen sind bei Hobelbänken nichts Neues. Diese Bank von Hammacher, Schlemmer & Co. in einem alten Katalog ist ein Werkzeugschrank mit (winziger) Arbeitsfläche. Ich habe ein Exemplar im Original gesehen und kann nur eins sagen: Arbeiten möchte ich daran nicht.

Regel Nr. 5: Die Gesamtabmessungen der Hobelbank sind wichtig

Ihre Hobelbank kann nicht zu schwer und nicht zu lang sein. Aber die Arbeitsplatte kann durchaus zu breit sein oder zu hoch liegen. Die Arbeitsplatte sollte meines Erachtens so lang wie möglich sein. Legen Sie fest, an welcher Wand die Bank stehen soll (im besten Fall ist das eine Wand mit einem Fenster). Messen Sie den zur Verfügung stehenden Platz aus. Rechnen Sie etwa 1200 mm von dieser Länge ab, um ein gutes Maß für die Arbeitsplatte zu erhalten. Hinweis: Die Arbeitsplatte sollte mindestens 1500 mm lang sein, wenn Sie nicht nur an sehr kleinen Werkstücken arbeiten.

Bestandteile von Möbeln können oft bis zu 1200 mm lang sein, und sie sollten in voller Länge auf der Bank aufliegen. Ein wenig Abstand zu den Enden der Bank kann auch nicht schaden.

Ich habe schon Arbeitsplatten mit 2500 mm Länge gebaut. Meine nächste Hobelbank wird 3000 mm lang, das Maximum, das in meine Werkstatt passt. Es ist schwer, eine Hobelbank zu bauen oder sich auch nur vorzustellen, die zu lang ist. Das gleiche gilt für die Stärke der Arbeitsplatte. Nur bei entsprechender Stärke kann man solch lange Arbeitsplatten überhaupt bauen. Wenn man die Arbeitsplatte wirklich sehr stark (100 mm oder mehr) anfertigt, trägt sie ihr eigenes Gewicht und das des Werkstücks, ohne dass man eine Unterkonstruktion bauen muss. Die Platte kann einfach auf den Beinen aufliegen und wird sich nicht durchbiegen.

Die Breite ist etwas anderes. Eine Hobelbank kann durchaus zu breit für eine Ein-Personen-Werkstatt sein. Ich habe an Bänken mit einer Breite von 900 mm gearbeitet, und sie haben Nachteile. Wenn sie an der Wand stehen, muss man sich recken, um Werkzeug zu erreichen, das an dieser Wand hängt. Wenn man Werkstücke auf der Hobelbank zusammenbaut, tänzelt man sehr viel mehr um die Bank, als es nötig wäre.

Es geht aber noch weiter. Möbelabmessungen sind nicht willkürlich. Sie leiten sich aus den Maßen des menschlichen Körpers ab. Ein Küchenunterschrank ist in der Regel 600 mm tief und 880 mm hoch. Das ist aus mehreren Gründen wichtig. Zum einen bedeutet es, dass die Hobelbank nicht sehr viel breiter als 600 mm sein muss, um Schränke zu bauen. Diese Breite von 600 mm bietet sogar einige Vorteile, unter anderem kann man so den Schrank an bis zu drei Seiten an der Hobelbank anspannen. Das ist außerordentlich nützlich. Bei einer breiteren Bank kann man einen Schrank (mit wenigen Ausnahmen) nur von zwei Seiten aus anspannen. Zum anderen ist die Ergonomie von Küchenschränken ein Thema, das eingehend untersucht worden ist. Es gibt gute Gründe, dass sie 600 mm tief sind. Aus den gleichen Gründen sollte auch eine Hobelbank nicht sehr viel breiter sein.

Ich werde mich nicht mit Ihnen streiten, falls Sie wirklich sehr große Werkstücke bauen oder Ihre Bank mit einem zweiten Menschen teilen, der an der gegenüberliegenden Seite arbeitet: Dann brauchen Sie vielleicht eine breitere Hobelbank. Wenn Sie aber wie wir alle sind, ist eine 600 mm breite Hobelbank ein vielseitiges Werkzeug der richtigen Größe.

In dieser Flugzeugfabrik vom Anfang des 20. Jahrhunderts war man auf der richtigen Spur, wenn es um die Länge der Werkbank geht. Bei einer so langen Bank kann man an einem Ende arbeiten und am anderen Werkstücke zusammenbauen. Eine gesonderte Montagebank ist nicht mehr nötig. In diesem Fall spart man mit einer großen Bank also sogar Platz.

Zum Thema der Höhe: Viele Holzwerker, die sich eine Hobelbank bauen, machen sich über deren Höhe Gedanken, und es gibt eine breite Auswahl an Regeln und Tipps. Im Grunde geht es aber darum, dass die Bank zu Ihnen und zu Ihrer Arbeit passen muss. Letztendlich gibt es keine unumstoßbaren Regeln. Ich wäre froh, wenn es welche gäbe. Manche Menschen mögen niedrige Hobelbänke, andere ziehen es vor, wenn sie höher sind.

Vielleicht kann man von folgenden Gedanken ausgehen. Wenn Sie meine abgedrehten Theorien zur Kenntnis genommen haben, sollten Sie sich in die Werkstatt eines Freundes oder in ein Fachgeschäft begeben und dort die Höhe der Hobelbänke in Augenschein nehmen. Die Wahl der Höhe kann von einfachen Dingen wie einem Rückenleiden (hohe Bank) oder einer Vorliebe für Hobel mit Holzkorpus (niedrige Bank) abhängen.

Meine eigenen Erfahrungen mit der Höhe von Hobelbänken: Zuerst arbeitete ich an einer 915 mm hohen Bank, was für jemanden mit 192 cm Körpergröße angemessen schien. Für das Arbeiten mit Elektrowerkzeugen stimmte das auch. Die höhere Bank brachte die Arbeit näher an meine Augen heran. Ich liebte es so. Bis meine Leidenschaft für die Arbeit mit Handwerkzeug entflammte.

Wenn man mit Handwerkzeug arbeitet, ist eine hohe Bank nicht so ansprechend. Ich fing mit einer Kurzraubank und einigen Putzhobeln an. Man konnte an der hohen Bank mit ihnen arbeiten, aber es war recht ermüdend.

Hier sieht man, wie hoch meine Hobelbank im Vergleich zu meiner Hand ist, die locker neben meinem Körper herabhängt. Ich verwende Handwerkzeug wie auch Elektrowerkzeug bei der Arbeit und habe festgestellt, dass diese Höhe für mich dabei ideal ist.

An den meisten Hobelbänken kann man Werkstücke gut einspannen, wenn es darum geht, die Flächen zu bearbeiten. Hier ist eine Tür zwischen einem Spannelement und einem Bankhaken eingespannt. Man könnte es sich noch leichter machen und einen Hobelanschlag verwenden.

Bei der Bearbeitung von Kanten kommt man mit der Vorderzange schnell an Grenzen – vor allem, wenn sie sich an breiten Platten befinden. Mit einer zusätzlichen Zwinge kann man das Werkstück stabilisieren, um es besser sägen oder sonstwie bearbeiten zu können.

Nachdem ich mich über die Höhe von Hobelbänken informiert hatte, verringerte ich die Höhe meiner Bank. Es schien recht radikal, aber eines Tages fasste ich mir ein Herz und sägte 50 mm von den Beinen ab. Diese fünf Zentimeter änderten meine Einstellung zum Hobeln.

Die neue Bankhöhe von 865 mm erlaubte mir, den Hobel mit den langen Muskeln meiner Beine zu bewegen, anstatt mit den Armen.

Bevor Sie jetzt allerdings Ihre nächste Bank mit einer Höhe von 865 mm bauen, warten Sie noch einen Augenblick. Für Sie könnte es nicht die richtige Höhe sein. Arbeiten Sie mit Hobeln mit Holzkorpus? Falls ja, sollten Sie bedenken, dass solche Hobel dazu führen können, dass Ihre Arme 75 bis 100 mm höher über der Hobelbank gehalten werden als bei Metallhobeln. Wenn man Holzhobel benutzt, sollte deshalb die Hobelbank niedriger sein.

Aus diesen wie aus anderen Gründen sollte man sich an jemanden wenden, der eine gute Werkstatt hat, und die eigenen Ideen mit ihm diskutieren. Diese Entscheidung sollte man nicht nur am grünen Tisch treffen.

Es gibt aber auch noch andere Faktoren, die man in Betracht ziehen muss, wenn man die Höhe der Hobelbank festlegt. Wie groß sind Sie? Falls Sie mehr als 180 cm messen, sollte auch Ihre Hobelbank etwas höher sein. Bauen Sie sie ruhig etwas höher, die Beine können Sie später immer kürzen. Falls eine vorhandene Bank zu niedrig ist, legen Sie Zulagen unter die Beine. Experimentieren Sie. Es ist kein Möbelstück für das Wohnzimmer; es ist ein Werkzeug.

Andere Aspekte, die man bedenken sollte: Arbeiten Sie mit Maschinen? Falls ja, ist eine Hobelbank mit einer Höhe von 850 mm – oder etwas weniger – vielleicht ein gute Idee. Der Arbeitstisch einer Tischkreissäge ist meist 850 mm hoch, sodass eine Hobelbank mit dieser Höhe im besten Fall als Abnahmetisch dienen kann, auf jeden Fall aber nicht im Weg ist, wenn man an der Tischkreissäge arbeitet.

Natürlich wünscht man sich einen groben Anhaltspunkt, von dem man ausgehen kann. Also: Stellen Sie sich gerade hin, und lassen Sie Ihre Arme entspannt herabhängen. Messen Sie die Entfernung vom Fußboden bis zum Grundgelenk Ihres kleinen Fingers. Dieses Maß hat sich für mich bewährt.

Regel Nr. 6:
Eine Hobelbank muss Werkstücke in drei Ausrichtungen halten können

Jede Hobelbank sollte ein Holzstück so fixieren können, dass man leicht die Flächen, die Kanten und die Enden bearbeiten kann. Viele käufliche Hobelbänke weisen in dieser Hinsicht Mängel auf.

Unterziehen Sie Ihre Bank einem Gedankenexperiment. Ich nenne es den ‚Küchenschranktürtest'. Stellen Sie sich eine typische Tür für einen Küchenschrank vor: 20 mm stark, 380 mm breit und 585 mm hoch. Wie befestigen Sie diese Tür an Ihrer Hobelbank, um die Verbindungen zu verputzen und dann die Fläche zu schleifen oder zu hobeln?

Wie spannen Sie die Tür ein, um die Querfriese und die Enden der Längsfriese nachzuarbeiten, damit die Tür in den Korpus passt? Und wie wird die Tür hochkant gehalten, damit man die Ausklinkungen für die Scharniere schneiden und die Sägespuren mit dem Hobel verputzen kann, ohne dass sie wie ein Lämmerschwanz wackelt? Hat Ihre Bank den Test bestanden? OK, dann stellen Sie sich jetzt die gleichen Fragen bei einer Tür mit den Maßen 20 x 380 x 965 mm. Und dann für ein Brett, das 20 x 300 x 1800 mm misst.

Wie man diese Aufgaben bewältigt, hängt von den persönlichen Vorlieben und dem verfügbaren Budget ab. Um die Fläche eines Werkstücks zu bearbeiten, kann man einen Hobelanschlag verwenden, eine Anti-Rutsch-Matte, die Hinterzange mit Bankhaken, Zwingen oder Niederhalter.

Um an den Enden eines Brettes zu arbeiten kann man die Vorder- oder Hinterzange verwenden, einen Schnellspann-Schraubstock, eine Beinzange oder eine Bankzange mit Doppelspindel. Alle diese Möglichkeiten lassen sich in Verbindung mit einer Zwinge verwenden, die über die Breite der Hobelbank gelegt wird. Die Zange hält eine Ecke des Werkstücks, die Zwinge die andere.

Die Bearbeitung von Längskanten ist an vielen Hobelbänken ein Problem. Meist erschweren sie die Arbeit an den Kanten von langen Brettern, Türen oder Blendrahmen sogar. Es gibt verschiedene Möglichkeiten, Abhilfe zu schaffen. Bei älteren Hobelbänken fluchtete die Vorderkante der Arbeitsplatte mit den Vorderseiten der Beine und gegebenenfalls auch der Zargen, sodass man Rahmen und lange Bretter an den Beinen anspannen konnte. Meist waren diese Bänke auch mit einem verschiebbaren Bankknecht ausgestattet. Diese Vorrichtung war vorne in die Bank integriert, ließ sich dort verschieben und war mit einer verstellbaren Stütze ausgestattet, um das Werkstück von unten zu halten. Eine andere alte Konstruktionsform, die in England verbreitet war, hatte eine hohe Zarge unterhalb der Arbeitsplatte, in der Löcher angebracht waren, um Bankhaken aufzunehmen, mit der man das Werkstück stützte.

Regel Nr. 7:
Gestalten Sie Ihre Hobelbank zwingenfreundlich

Ihre Hobelbank ist eine dreidimensionale Anspannfläche. Alles, was an Ihrer Bank dem Anspannen von Werkstücken an der Arbeitsplatte im Weg steht (Zargen, Schubladen, Türen, Stützen und Streben), kann manche Arbeiten erschweren. Es gab eine Zeit, als wir bei der Zeitschrift Popular Woodworking versuchten, bei jedem Werkstück einen Becherhalter unterzubringen. Es fing ganz unschuldig mit einem Sonnenstuhl an. Wer möchte da nicht ein kühles Getränk zur Hand haben? Dann kam die Darts-Scheibe. Was passt schon besser zu Darts als ein Bier? Ich glaube, wir kamen erst wieder zu Sinnen, als wir in den Nachbau eines Morris-Stuhls von Gustav Stickley eine Reihe von Becherhaltern einbauen wollten. Braucht man wirklich ein Riesenloch für Pappbecher in einem Morris-Stuhl? Ich glaube, eher nicht.

Ich erzähle das, weil es einen Trend im Bau von Hobelbänken aufzeigt, den ich persönlich etwas beunruhigend finde. Es ist eine unausgegorene Reaktion auf eine in Amerika verbreitere Beschwerde: Wir glauben immer, wir hätten in unseren Werkstätten nicht genug Platz, um unsere Werkzeuge und Vorräte unterzubringen. Wie lösen wir dieses Problem? Indem wir unsere Hobelbänke wie Küchenunterschränke konstruieren, auf denen eine Arbeitsfläche untergebracht ist.

Dadurch bekommen wir eine Vielzahl von Schubladen unter der Arbeitsplatte, was natürlich die Möglichkeit bietet, all die Dinge in Reichweite aufzubewahren, die man tagtäglich braucht. Es kann die Hobelbank aber auch zu einem Ärgernis bei vielen alltäglichen Arbeiten machen, etwa wenn es darum geht, Gegenstände an ihr anzuspannen.

Diese Hobelbank ist zwar eine einfache Konstruktion, sie erlaubt aber dennoch die Arbeit an langen Kanten. Der Hakenanschlag nimmt das Werkstück auf, das von unten mit Niederhalten und einer Zulage gestützt wird. Einfach und genial.

Ein Lack-Öl-Gemisch (eines beliebigen Herstellers) ist das ideale Oberflächenmittel für eine Hobelbank. Es wirkt fleckabweisend, ist nicht schichtbildend und lässt sich leicht auftragen. Ich trage es immer nur zweimal auf.

Wenn man den Platz unter der Arbeitsplatte zubaut, kann man von den Niederhaltertypen, die ich kenne, auch keinen mehr verwenden.

Wenn man unter der Platte Schubladen installiert, wie soll man dann noch Gegenstände anspannen, um sie zu bearbeiten? In der Regel hindern die Schubladen unter der Arbeitsplatte einen daran, die typischen Schraubzwingen in F-Form bei Montagearbeiten dort anzusetzen. Man kann eine solche typische Zwinge dann auch nicht verwenden, um eine Frässchablone an der Bank zu befestigen. Es gibt Lösungen für diese Probleme: Man kann zum Beispiel eine Hinterzange anbringen. Aber die Installation, Einrichtung und Verwendung einer Hinterzange stellt auch wieder ihre eigenen Probleme.

Ein weiteres historisches Beispiel, das gewisse Probleme deutlich macht. Die Schubladen stören, wenn es darum geht, Dinge an der Arbeitsfläche festzuspannen. Ohne Bankhaken und ohne Hinterzange ist die Arbeit an dieser Hobelbank sicher sehr frustrierend.

WM. P. WALTER'S SONS, 1233 MARKET STREET, PHILADELPHIA. 103

CABINET WORK BENCH.

This is a Work Bench and Tool Chest combined, and is made for the use of amateurs and others who have limited room, in which to work. The Cabinet is 18 x 36 inch. the top or bench projects 1 inch on the front and ends, being 19 x 38 inch. and 34 inch. high from floor, it is made of hard maple plank 2 inch. in thickness, and has a detachable back board, 16 inch. high.

It is provided with a bench stop and vise. There are 6 drawers, for holding of tools, etc. The vise has steel faced jaws and is of new pattern, designed expressly for this cabinet.

Price, (does not include any tools,)..$20.00

WM. P. WALTER'S SONS, 1233 MARKET STREET, PHILADELPHIA.

Man kann (wie ich) zu schummeln versuchen und die Schubladen so anbringen, dass unter der Arbeitsplatte noch reichlich Platz fur Niederhalter und Zwingen verbleibt. Oder man kann die Bank mit einem großen Überhang konstruieren (wie man das bei manchen Hobelbänken im Shaker-Stil sieht); das hat aber zur Folge, dass man beim Einspannen von langen Brettern und Baueinheiten zur Kantenbearbeitung entsprechende Vorkehrungen treffen muss.

Regel Nr. 8: Es gibt bewährte Regeln für die Platzierung der Zangen an einer Hobelbank

Die Zangen an einer Hobelbank sollten dort angebracht werden, wo sie mit den Werkzeugen zusammenarbeiten. Vorder- und Hinterzangen sind für viele Hobelbankbauer ein verwirrendes Thema. Das ist vor allem dann der Fall, wenn man noch nicht viel Zeit an einer Hobelbank verbracht hat und bei der Arbeit ein Gefühl für die Eigenarten der unterschiedlichen Zangen bekommen hat. Es gibt viele merkwürdige Konfigurationen, die von einem einfachen Tisch ohne Zangen bis hin zur Hobelbank mit einer Zange an jeder Ecke reichen.

Klassische Hobelbänke haben eine Zange irgendeiner Bauart an ihrer vorderen linken Ecke, die als ‚Vorderzange' bezeichnet wird. Warum befindet sie sich auf der linken Seite? Bei der Arbeit mit Handwerkzeug, vor allem mit Hobeln, arbeiten Rechtshänder von rechts nach links. Wenn die Vorderzange also links an der Bank angebracht ist, hobelt man immer in die Zange hinein und das Werkstück kann an den Spindeln der Zange angelegt werden. Als Linkshänder sollte man also bei einem Eigenbau die Vorderzange ruhig an die rechte Ecke versetzen.

Wenn die linke Ecke also mit der Vorderzange ausgestattet wird, wo platziert man die zweite Zange, die so konstruiert ist, dass man mit ihr Bretter fixieren kann, deren Flächen man bearbeiten möchte? Bei der klassischen Hobelbank wird sie als 'Hinterzange' bezeichnet. Nun, bei Rechtshändern ist die rechte Seite der Hobelbank noch frei, und da es keine Nachteile gibt, wenn man die Hinterzange dort anbringt, tut man das in der Regel auch.

Änderungen an dieser Anordnung führen meist zu Problemen. Ich habe Vorderzangen an der rechten Ecke von Hobelbänken gesehen, die von Rechtshändern benutzt wurden. Sie sagten, so ließe sich mit der Handsäge besser ablängen. Wenn man dann jedoch beginnt, in Handarbeit zu hobeln, ist diese Zange im Weg, weil sie sich nicht eignet, um langes Material einzuspannen. Das hintere Ende des Werkstücks wird dann von der Vorderzange gehalten und der Hobel versucht, es aus der Zange zu ziehen.

Regel Nr. 9: Keine aufwendige Oberflächenbehandlung

Bei der Oberflächenbehandlung einer Hobelbank ist weniger mehr. Eine hochglänzende Lackschicht führt dazu, dass sich die Werkstücke über die ganze Arbeitsplatte hin und her verschieben. Außerdem reißen und platzen solche schichtbildenden Lacke, wenn man mit einem Hammer oder Klüpfel darauf schlägt. Wählen Sie ein Oberflächenmittel, das sich leicht auftragen lässt, ein gewisses Maß an Schutz bietet und keine dicke Schicht aufbaut. Ich verwende gerne ein Öl-Lack-Gemisch (als Danish Oil im Handel) oder einfach Leinölfirnis.

Regel Nr. 10: Ein Platz an der Sonne

Versuchen Sie für Ihre Hobelbank einen Platz an einer Wand und unter einem Fenster zu finden, vor allem, wenn Sie mit Handwerkzeug arbeiten. Die Wand stützt die Bank beim Sägen und Hobeln quer zur Faser. Das Tageslicht lässt die Fehler im Werkstück deutlich werden, die Sie mit dem Handwerkzeug zu beseitigen versuchen. (Wenn ich mit Handwerkzeug arbeite, schalte ich die Raumbeleuchtung aus. Ich kann bei einer geringeren Zahl von Lichtquellen sehr viel besser sehen.)

Bei manchen Maschinenarbeiten, wenn auch nicht bei allen, empfinde ich die Aufstellung der Hobelbank an einem Fenster ebenfalls als hilfreich. Beim maschinellen Schleifen zum Beispiel lässt das seitliche Licht aus dem Fenster Kratzer besser erkennen als Licht von einer Deckenlampe.

Meist ziehe ich meine Hobelbank von der Wand ab, wenn ich mit Elektrowerkzeugen arbeite, damit ich an allen Seiten der Bank arbeiten kann. Beim Fräsen muss man manchmal mit ausgefallenen Zwingenanordnungen arbeiten, um die Handoberfräse an einer Schablone führen zu können. Dann erweist es sich als günstig, von allen vier Seiten der Bank aus arbeiten zu können. Die Arbeit mit Maschinen und Elektrowerkzeugen profitiert vom Licht aus Deckenleuchten – je mehr, desto besser. Dann ist der Arbeitsplatz am Fenster zwar angenehm, aber nicht so notwendig.

Probleme einer vorhandenen Bank korrigieren

Falls Sie die Arbeit an der Hobelbank frustriert, die Sie besitzen, müssen Sie nicht unbedingt eine neue kaufen oder bauen. Man kann eine vorhandene Bank auch so verbessern, dass sie besser zu nutzen ist. Es gibt unterschiedliche Möglichkeiten.

Problem Nr. 1: Meine Bank ist zu leicht. Ich muss ihr hinterherlaufen, wenn ich an ihr arbeite.

Man kann das Gewicht erhöhen, indem man unter der Bank einen Kasten anbringt, den man mit Sand füllt. Oder man ersetzt das Gestell durch eines mit schwereren Bestandteilen und massiveren Verbindungen. Sie können auch in Bodennähe Schubladen installieren, wo sie beim Einspannen von Werkstücken nicht hinderlich sind. So erhält man zusätzlich Gewicht und Stauraum.

Problem Nr. 2: Meine Bank wackelt und vibriert bei der Arbeit, sodass meine Sägeschnitte und meine Hobelversuche unansehnlich werden.

Das Problem liegt vermutlich am Gestell der Hobelbank. Käufliche Bänke sind oft zu schwach dimensioniert, um Holz an ihnen zu bearbeiten. Bauen Sie ein neues Gestell aus schweren Bestandteilen, die Sie mit belastbaren Verbindungen versehen. Falls das nicht möglich ist, können Sie die Hobelbank aussteifen, indem Sie Gewindestangen durch die Beine führen und das Gestell mit Unterlegscheiben und Muttern festziehen.

Problem Nr. 3: Ich hätte gerne eine neue Hobelbank, bin aber knapp bei Kasse.

Bauen Sie eine Hobelbank aus einem leicht verfügbaren, belastbaren und preiswerten Nadelholz wie Fichte (die Bank muss nicht mehr als 200 Euro kosten). Man muss das Holz sorgfältig auswählen und sich in der Werkstatt akklimatisieren lassen. Aber am Ende hat man dann eine großartige Hobelbank.*

Gelegentlich muss man die Hobelbank von der Wand wegziehen können. Wenn ich Schränke zusammenbaue, spanne ich sie so an der Bank fest, dass ich von allen Seiten Zugang habe. Das Gleiche gilt, wenn ich mit der Handoberfräse arbeite. Hier sieht man auch deutlich, wie ich das Tageslicht nutze, um zu arbeiten.

*) Einen Bauvorschlag für eine einfache und preiswerte Hobelbank finden Sie in Kapitel 4, ab S. 25.

Wenn die Hobelbank an der Wand steht, wird Ihr Werkstück von der Wand und von der Masse der Hobelbank stabilisiert, während Sie sägen. Außerdem können Sie Ihr Werkzeug in Griffweite aufbewahren. Schließlich wirft das Fenster auch ein gutes Licht auf die Arbeit.

Problem Nr. 4: Ich glaube, ich hätte gerne eine aufwendige Bankzange mit Doppelspindel, eine Bankzange für Modellbauer oder eine Hinterzange an meiner Bank. Außerdem noch einen Schraubstock, um Metall bei der Bearbeitung einzuspannen.

Bevor Sie viel Geld für Bankzangen ausgeben und an jeder Ecke eine anbringen, sollten Sie mit einer einfachen Vorderzange beginnen. Kaufen Sie dann eine Hinterzange. Überlegen Sie dann, nachdem Sie ein Jahr an dieser Hobelbank gearbeitet haben, ob Sie noch aufwendigere Bankzangen benötigen. Vielleicht lautet die Antwort „Ja". Vielleicht haben Sie aber auch vergessen, wofür Sie diese anderen Bankzangen jemals zu brauchen glaubten.

Problem Nr. 5: Meine Bank ist zu kurz, zu breit, schmal, hoch oder niedrig.

Falls Ihre Hobelbank zu kurz ist, bauen Sie am besten eine neue Arbeitsplatte. Verwenden Sie das Gestell möglichst weiter. Falls die Bank zu breit ist, schneiden Sie sie schmaler (wenn man eine vorhandene Werkzeuglade abnimmt, ist das schon hilfreich). Vielleicht müssen Sie dann auch das Gestell etwas schmaler gestalten. Das lässt sich jedoch machen: Verkürzen Sie die Streben an den Enden, und versehen Sie sie mit Zapfen. Schneiden Sie neue Schlitze in die Beine und montieren Sie die Endeinheiten wieder zusammen. Falls die Bank zu schmal ist, bringen Sie Material an der Hinterkante der Arbeitsplatte an. Dadurch gewinnt die Bank auch an Masse. Falls die Hobelbank zu hoch ist, können Sie die Beine kürzen oder die Füße flacher gestalten. Falls sie zu niedrig ist, bringen Sie Füße unter den Beinen an, um die Bank anzuheben.

*) vgl. Kapitel Fünf „Bankknecht"

Problem Nr. 6:
Es ist schwierig, an meiner Bank die Längskanten von Brettern zu bearbeiten.

Nehmen Sie zuerst die Arbeitsplatte vom Gestell ab und versetzen Sie sie so, dass die Beine des Gestells bündig mit der Vorderkante der Arbeitsplatte abschließen. Falls das Gestell quer liegende Füße unter den Beinen aufweist oder die tragenden Elemente als Böcke gestaltet sind, geht es auch einfacher. Bringen Sie zusätzliches Material an der Vorderseite der Beine an, sodass sie mit der Vorderkante der Arbeitsplatte fluchten. Bringen Sie dann einen verschiebbaren Bankknecht an der Bank an oder bauen Sie einen freistehenden Bankknecht und Ihr Problem ist gelöst.*

Problem Nr. 7:
Meine Bank sieht aus wie ein Küchentresen mit darunterliegenden Schubladen. Es ist schwierig, Werkstücke an der Bank anzuspannen.

Hier gibt es vielleicht keine einfache Lösung. Bei manchen käuflichen Hobelbänken kann man die Schubladeneinheit abnehmen (sie werden als Zubehör verkauft) und an einer anderen, günstigeren Stelle anbringen, vielleicht unter dem Angabetisch einer Tischkreissäge. Falls Ihre Hobelbank aus einem Türblatt besteht, das auf Küchenunterschränken liegt, sollten Sie den Bau eines neuen Gestells in Erwägung ziehen. Die Unterschränke können Sie dann als Schränke verwenden.

Problem Nr. 8:
Meine Hobelbank habe ich mit Vorder- und Hinterzange gekauft. Beide sind furchtbar verzogen. Wie kann ich sie instand setzen?

Überhaupt nicht. Entsorgen Sie die Zangen und bringen Sie eine richtige Vorderzange an der Vorderkante der Hobelbank und eine richtige Hinterzange an ihrem Ende an.

Problem Nr. 9:
Meine Hobelbank ist lackiert. Das sieht hässlich aus und die Werkstücke verrutschen andauernd.

Richten Sie die Oberseite der Arbeitsplatte neu ab* und bringen Sie dann ein Öl-Lack-Gemisch als Oberflächenmittel auf.

Problem Nr. 10:
Ich arbeite lieber an einer Bank, die mitten im Raum steht, weil ich dann von allen Seiten Zugang habe.

Das stimmt vielleicht. Stellen Sie die Bank dennoch an eine Wand unter ein Fenster, und arbeiten Sie ein paar Monate so daran. Sie haben kein Fenster in der Werkstatt? Bringen Sie gerichtete Arbeitsbeleuchtung an. Oder sparen Sie eine Weile und lassen Sie ein Fenster einbauen. So habe ich es gemacht und es waren die besten $ 1000, die ich je für meine Werkstatt ausgegeben habe.

Die meisten Bücher über Hobelbänke heben sehr sentenziös an, indem sie betonen, die Hobelbank sei das nützlichste Werkszeug in der Werkstatt. Ich bin mir nicht sicher, ob ich dem so zustimmen kann. Ich glaube, man kann sagen, eine gut entworfene, solide konstruierte und angemessen ausgestattete Hobelbank ist das nützlichste Werkzeug in der Werkstatt. Alles andere macht das Leben nur mühselig.

*) vgl. Kapitel Sieben „Das Abrichten der Arbeitsplatte an einer Hobelbank"

Eine Galerie der Hobelbänke

Bei der Wahl einer Hobelbank für die Werkstatt gibt es viel zu bedenken. Je nach der Art von Werkstücken, die Sie bauen und welche Arbeitsweisen Sie dabei anwenden, werden Sie unterschiedliche Anforderungen an das Fixieren des Materials haben. Vielleicht möchten Sie auch, dass Ihre Bank nicht nur als Arbeitsplatz dient, sondern auch Stauraum bietet. Die Wahl der Hobelbank wird von persönlichen Vorstellungen bestimmt und man sollte sie gut durchdenken und sich über alle zur Verfügung stehenden Möglichkeiten informieren. In dieser Galerie kann man einen Blick auf unterschiedlich konstruierte Bänke mit verschiedenen Eigenschaften werfen, die den eigenen Wünschen mehr oder weniger entsprechen mögen. In den beiden Büchern von Christopher Schwarz „Hobelbänke: Grundlagen, Bauanleitungen und eine Fundgrube an Ideen“ und "Workbenches From Design & Theory to Construction & Use" (nicht auf Deutsch verfügbar) finden sich zusätzliche Informationen über Hobelbänke und wie man das Meiste aus ihnen herausholt. Im erstgenannten, deutschsprachigen Buch finden Sie auch alle nachfolgend vorgestellten Bänke als Bauvorschlag.

Die Holtzapffel-Hobelbank zeigt typische europäische Merkmale, etwa die Beine, die so dick sind wie Baumstämme. Auch die Einspannmöglichkeiten sind durchdacht, nicht zuletzt die ansprechend aussehende Hinterzange. Im Gegensatz zu anderen Bänken der gleichen Epoche vereint diese Bank verschiedene Traditionsstränge, um eine effektive Hobelbank zu schaffen. Die Bank aus dem 19. Jahrhundert kann mit lösbaren Schraubverbindungen hergestellt oder – wie hier zu sehen – als permanentes Ausrüstungsstück Ihrer Werkstatt angesehen werden.

Diese Bank im englischen Stil geht auf einen Entwurf in Peter Nicholsons „Mechanic's Companion" zurück. Aber unter den Zargen dieser alten Konstruktion verbirgt sich ein durchaus modernes Element – ein Torsionskasten. Die hohe Vorderzarge, die schrägen Beine und Vorderzange nach dem Hebelprinzip wirken auf die meisten modernen Holzwerker befremdlich. Vor 200 Jahren fand sich aber jedes dieser Merkmale an Hobelbänken für Tischler und Zimmerer. Sie verschwanden erst, als sich die gängige europäische Konstruktion der Hobelbank durchsetzte.

Falls man eine Hobelbank mit viel Stauraum möchte, kann man auf diesen Shaker-Entwurf zurückgreifen. Auf der Arbeitsfläche ist reichlich Raum, um mit dem Werkzeug zu arbeiten, das danach darunter aufbewahrt werden kann.

► Ansprechend wirkt eine solche Hobelbank nach Vorlagen aus dem Frankreich des 18. Jahrhunderts vor allem wegen der Gratnut-Verbindungen und der großzügigen Abmessungen seiner Bestandteile. Noch stabiler wäre allenfalls eine aus Fels gehauene Bank. Hier bewegt oder verzieht sich nichts bei der Arbeit. Außerdem führt die hohe Masse der Bank zu sehr guten dämpfenden Eigenschaften, sodass es beim Sägen und Hobeln nicht zu Vibrationen kommt.

▼ Diese moderne Hobelbank vereint Merkmale verschiedener historischer Vorbilder von der Roubo-Bank bis hin zum modernen Spanntisch. Die Werkzeugladen in der Mitte und die Ablage unter der Arbeitsfläche bieten viel Stauraum, aber auch viel Platz zum Arbeiten.

Wenn man lieber mit Elektrowerkzeugen arbeitet, findet man bei dieser verkleinerten Version der traditionellen Hobelbank eine Arbeitsfläche für Handarbeit, zudem aber auch einen riesigen Stauraum für Elektro- wie Handwerkzeuge in den Schubladen und der großen Ablage unter der Arbeitsfläche.

Man muss kein Vermögen ausgeben, um eine sehr gute Hobelbank zu bauen. Hier wurde Verpackungsholz aus einem Einkaufszentrum verwendet, um Kosten zu sparen. Man kann aber auch Nadelholz aus dem Baumarkt verwenden.

Kapitel Zehn

Die Aufstellung von Maschinen

Scott Gibson

In schon lange vergangenen Zeiten mussten Tischler nicht lange überlegen, wo sie Maschinen in ihren Werkstätten aufstellen sollten. Sie hatten nicht sehr viele Maschinen. In einem kleineren Betrieb gab es vielleicht eine gemeinsam genutzte Drechselbank, die von einem Lehrling angetrieben wurde, aber die Gesellen und Meister arbeiteten vor allem mit Handwerkzeug an ihren Hobelbänken. Zeitgenössische Abbildungen dieser Werkstätten machen deutlich, wie weit wir gekommen sind. Wenn man heute eine Werkstatt einrichtet, kann man aus einer überwältigenden Fülle stationärer Maschinen und Elektrowerkzeuge zur Holzbearbeitung wählen. Hersteller aus Asien, den USA und Europa stehen auf dem Weltmarkt in Konkurrenz, was zu stabilen Preisen beiträgt. Es gibt innovative neue Konstruktionen, die auch mehr Arbeitssicherheit bieten. Das sind gute Nachrichten für jemanden, der sich erstmals dem Holzwerken zuwendet.

Die Suche nach einem geeigneten Platz für die Werkstatt kann schon Vorentscheidungen darüber bedingen, welche Maschinen am wichtigsten sind. Kleine Werkstatträume machen eine sehr sorgfältige Auswahl der wirklich notwendigen Werkzeuge erforderlich. Eine größere Werkstatt gibt einem mehr Freiheiten. So oder so ist der nächste Schritt aber die Überlegung, wo man die ausgewählten Maschinen aufstellt.

Darüber, wie eine Werkstatt organisiert sein sollte, werden wohl kaum zwei Handwerker einer Meinung sein. Die ‚beste' Anordnung hängt von unterschiedlichen Faktoren ab – zum Beispiel den Produkten, die hergestellt werden, aber auch den persönlichen Arbeitsgewohnheiten des Handwerkers. Aber grundsätzlich gilt für jede Werkstatt, dass die Maschinen angeordnet sein sollten, dass man unnötige Wege und zusätzliche Arbeit vermeidet, aber dabei noch genug freien Raum hat, um sicher und bequem zu arbeiten.

Wichtige Maschinen für eine kleine Werkstatt

Die Arbeit mit Holz kann viele Formen annehmen, vom Drechseln hölzerner Füllfederhalter bis hin zur Herstellung eines Windsor-Stuhls oder eines Kleiderschranks. Was man herstellt, entscheidet auch über die Liste der Maschinen, die man anschafft, und wie man sie in der Werkstatt aufstellt.

An einem Ende des Spektrums findet man Holzwerker wie Alan Bradstreet, der sich in Maine nur einem einzigen Produkt widmet – Lesezeichen aus dünnen Streifen Kirschholz. Jede Maschine in seiner Werkstatt ist Teil eines gut durchdachten Ablaufs, der aus Kirschholzreststücken fertige Lesezeichen macht. Jede Maschine dient diesem Zweck und sie sind alle mit Blick auf maximale Effektivität aufgestellt.

Die Werkstatt des Stuhlbauers Brian Bogg befand sich früher in Kentucky und war ein gutes Beispiel für den Arbeitsraum eines Handwerkers mit ganz besonderen Bedürfnissen (siehe Abbildungen auf S. 76).

Die meisten unter uns sind jedoch eher vielseitig ausgerichtet und bauen vielleicht diesen Monat einen Esstisch, nächsten Monat dann einen Wandschrank oder einen Stuhl.

Die grundlegenden Maschinen für das Tischlern dieser allgemeinen Ausrichtung sind eine Tischkreissäge, eine Abrichthobelmaschine und ein Dicktenhobel. Mit diesen drei Maschinen kann man

► Im New Yankee Workshop von Norm Abram standen eine Reihe von Holzbearbeitungsmaschinen. Der großzügige Raumzuschnitt ließ das gut zu, aber in kleineren Werkstätten muss man sich vielleicht mit Kombi-Maschinen behelfen.

Die Art von Arbeit, die in einer Werkstatt ausgeführt wird, bestimmt die Größe und Auswahl der Holzbearbeitungsmaschinen. Der Stuhlbauer Brian Boggs benötigt keine Tischkreissäge, die in den meisten Möbeltischlereien eine wichtige Maschine ist. Für ihn sind Bandsäge und spezielle Maschinen zum Anschneiden von Verbindungen wichtiger.

In dieser Werkstatt hat Tom Willenborg darauf geachtet, viel Platz zu Angeben und Abnehmen von Material an der Tischkreissäge zur Verfügung zu haben. Im Verlängerungstisch ist eine zweite Kreissäge mit einem Nutsägeblatt untergebracht, die jederzeit ohne Umrüsten verwendet werden kann.

Rohholz in fertige Werkstücke verwandeln und man benötigt sie wirklich alle drei. Eine kleine Werkstatt würde typischerweise mit einer Tischkreissäge mit 300-mm-Sägeblatt, einer Abrichte mit 150 mm breiter Hobelwelle und einer Dicktenhobelmaschine mit einem Durchlass von 300 mm ausgestattet sein.

Es gibt Handwerker, die anstatt der Tischkreissäge eine Bandsäge aufstellen würden (nicht zuletzt, weil die Arbeit an der Bandsäge sicherer ist). Aber auch in diesen Werkstätten bleiben die grundlegenden Arbeitsschritte gleich: Das Rohholz muss an der Abrichthobelmaschine an einer Fläche und einer Kante abgerichtet, im Dicktenhobel auf gleichmäßige Stärke gebracht und dann mit der Säge auf Länge und Breite geschnitten werden. Erst dann kann man aus dem Holz etwas bauen.

Viele Holzwerker beginnen mit dieser Grundausstattung und ergänzen sie im Laufe der Zeit um eine Ständerbohrmaschine, eine stationäre Bandschleifmaschine oder einen Exzenterschleifer, eine Schlitzstemmmaschine, Tischfräse und Spindelschleifmaschine.

Einzelmaschinen oder Kombimaschinen?

Wenn also die Kombination aus Säge, Abrichte und Dickte die Grundlage der meisten neuen Werkstätten bildet, bleibt aber noch die Frage, ob man drei einzelne Maschinen kauft oder eine Mehrfachmaschine, die zwei oder mehr der Grundfunktionen erfüllt. Bei beiden Lösungen sprechen gute Gründe dafür und dagegen.

Einzelmaschinen sind immer einsatzbereit – man muss sie nicht von einer Funktion zur anderen umrüsten –, wodurch man sowohl Zeit als auch Arbeit spart. Einzelmaschinen beanspruchen natürlich mehr Platz, aber sie können auch preiswerter sein und es gibt mehr Anbieter, unter denen man auswählen kann. Es gibt einen lebhaften Gebrauchtmaschinenmarkt, es sollte also auch bei einem recht eingeschränkten Budget möglich sein, eine Grundausstattung zu erwerben.

Mehrfachmaschinen haben aber auch ihre Vorteile. Vor allem sparen sie natürlich Platz. In einer sehr kleinen Werkstatt wird durch eine Abricht-Dicktenhobelmaschine ein sperriges Gerät eingespart. Da die beiden Funktionen mit dem gleichen Hobelmessersatz ausgeführt werden, kann man auch breiteres Rohholz abrichten. Das ist ein wichtiger Vorteil. Hobelmesser mit 300 mm sind bei solchen Kombimaschinen keine Seltenheit.

Der Nachteil der Mehrfachmaschinen liegt darin, dass es zeitaufwendig ist, sie von einer Funktion zu einer anderen umzurüsten. Wichtige Einstellungen – etwa die Position des Anschlags – müssen unter Umständen von einer Arbeit zur nächsten verändert werden. Mehrfachmaschinen sind auch meist teurer als einzelne Maschinen, die zusammen die gleichen Funktionen erfüllen. Aber auch angesichts dieser Nachteile lohnt sich für sehr kleine Werkstätten ein Blick auf Mehrfachmaschinen.

Eine Aufstellung finden, die für den vorhandenen Raum geeignet ist

Falls man noch nie eine Werkstatt eingerichtet hat, fällt es einem vielleicht schwer, sich die vielen möglichen Aufstellungsmöglichkeiten vorzustellen, die sich in dem vorhandenen Raum verwirklichen lassen. Maschinen sind nicht nur schwer, sie benötigen auch oft besondere Anschlüsse – eine Starkstromleitung etwa oder einen Anschluss an eine Staubabsauganlage. Dessen eingedenk ist es sinnvoll, die Planung möglichst auf dem Papier durchzuführen, anstatt die Maschinen selbst in der Werkstatt hin und her zu schieben. Zeichnen Sie zuerst den Grundriss der Werkstatt maßstabsgerecht auf. Kennzeichnen Sie die Lage von Fenstern, Türen, Stromanschlüssen und anderen Gegebenheiten, die bei der Bedienung stationärer Maschinen eine Rolle spielen könnten. Schneiden Sie dann Papierstücke als maßstabsgerechte Symbole für die Maschinen zu, die Sie aufstellen möchten. Papiermaschinen lassen sich auf Papier leicht bewegen.

Jede Maschine erfordert einen gewissen Freiraum um sich herum. So muss eine Tischkreissäge zum Beispiel so aufgestellt werden, dass man lange Holzstücke auf Länge schneiden kann. Bei Vollholz sollte man mindestens 2,5 m Länge einplanen (viele Holzwerkstoffe werden auch in Platten mit dieser Kantenlänge geliefert), sodass man mindestens 5 m Raumlänge benötigt, um die Tischkreissäge aufzustellen. Besser ist es, wenn man an beiden Seiten noch etwas mehr einplant. Auf der linken Seite der Tischkreissäge wird man zudem noch Raum brauchen, um eine ganze Sperrholzplatte auf den Arbeitstisch legen zu können.

Auch die Abricht- und die Dicktenhobelmaschine brauchen am Auflage- wie am Abnahmetisch großzügigen Platz. Da man Material aber meist vor dem Abrichten und Auf-Dickte-hobeln grob auf Länge schneidet, braucht man vielleicht nicht so viel Platz wie bei der Tischkreissäge. In der Breite ist der Bedarf auf jeden Fall sehr viel geringer.

In einer großen Werkstatt ist es kein Problem, die Säge so aufzustellen, dass entsprechend viel Raum um sie herum frei ist. In einer kleinen Werkstatt muss man vielleicht eine Tür- oder Fensteröffnung ausnutzen. So kann man zum Beispiel auf der Angabeseite der Tischkreissäge 4 m Freiraum vorsehen, auf der Abnahmeseite aber nur 2 m. Wenn man die Säge in der Nähe einer Tür aufstellt, kann man auch besonders lange Bretter bearbeiten, falls es einmal nötig sein sollte. Ein weiterer wichtiger Faktor sind die Höhenunterschiede bei benachbarten Maschinen und Anschlüssen. So kann es zum Beispiel sein, dass man reichlich Platz auf der Angabe- wie der Abnahmeseite einer Tischkreissäge hat, um auch langes Material sägen zu können. So weit, so gut. Wie sieht es aber mit Störfaktoren an der Seite aus? Vielleicht hatten Sie vor, eine Hobelbank in 1 – 1,5 m Entfernung links von der Tischkreissäge aufzustellen. Wenn die Bank nur wenige Zentimeter höher ist als die Säge, dann wird der Abstand zwischen den beiden zur Maximallänge des Materials, das man ablängen kann.

Wenn man diese Umstände bei der Planung berücksichtigt, lassen sich Probleme oft leicht lösen. Bei einer nahegelegenen Hobelbank kann man etwa die Tischkreissäge durch untergelegte Klötze anheben oder die Beine der Bank etwas kürzen.

Mit einer Kapp- und Gehrungssäge auf einer langen Bank vor einer Wand kann man längeres Material auf handhabbare Maße ablängen. Wenn die Säge in der Nähe der Eingangstür und des Holzlagers steht, muss man nicht lange Holzstücke durch die ganze Werkstatt transportieren.

Man kann die Planung auch noch etwas aussagekräftiger gestalten, indem man einfache Modelle der Werkstatt und Maschinen aus Karton oder Hartschaumstoffplatte herstellt. Wenn man die Modelle maßstabsgerecht anfertigt, kann man sie solange verschieben, bis man mit der Aufstellung zufrieden ist. Das dauert länger als die Arbeit auf Papier, aber man bekommt eine räumliche Vorstellung davon, wie die Werkstatt aussehen wird.

Die Arbeitsabläufe bedenken

Es kommt oft vor, dass man Rohholz in Abmessungen kauft, die sehr viel größer sind, als man das Material wirklich braucht. So baut man vielleicht einen Hängeschrank mit 1 m Höhe, aber das Rohholz kann leicht 4 m oder länger sein. Einer der ersten Schritte sollte also darin bestehen, Maschinen so aufzustellen, dass man eintreffendes Material zu handhabbarer Größe aufteilt.

In der Nähe des Eingangs ist eine günstige Stelle, um eine lange Bank mit einer mittig platzieren Kappsäge aufzustellen. In der Nähe finden Lagerregale für Vollholz und Plattenmaterial Platz. Ein langes Brett wird dort grob auf Länge geschnitten, bevor es seinen Weg durch die Werkstatt nimmt.

Wenn man den Lagerplatz für Plattenmaterial in der Nähe der Tischkreissäge anordnet, erleichtert man sich den Zuschnitt von Sperrholz- oder Spanplatten. Plattenmaterial kann recht schwer sein – eine MDF-Platte mit den Maßen 19 x 2620 x 2070 mm wiegt fast 80 kg –, man sollte ganze Platten also nicht weiter transportieren müssen, als unbedingt nötig.

Was geschieht als nächstes? Meist muss das Rohholz abgerichtet und dann durch den Dicktenhobel geschickt werden. Wenn man die Abricht- und Dicktenhobelmaschine (oder eine Kombimaschine) in der Nähe der Tischkreissäge aufstellt, spart man sich einige Schritte.

Die beiden Maschinen können sehr dicht nebeneinander aufgestellt werden, sofern das Material bei der Bearbeitung nicht an andere Gegenstände anstößt. So kann man in einer kleinen Werkstatt zum Beispiel die Tischkreissäge und die beiden Hobelmaschinen in der Mitte des Raums in einer Reihe aufstellen, sodass das Material von einer Seite der Werkstatt zur entgegengesetzten in einem Fluss bearbeitet wird.

Ein Arbeitsdreieck in der Werkstatt

Dieser Vorschlag für die Anordnung der Maschinen, um effektiv und mühelos arbeiten zu können, lehnt sich an die Küchenplanung anhand eines 'Arbeitsdreiecks' an. In einer Küche wird dieses Dreieck durch das Spülbecken, den Herd und den Kühlschrank definiert. In der Werkstatt könnte es zwischen den Maschinen bestehen, die man am häufigsten verwendet.

Wenn man zum Beispiel häufig aus Rohholz Bretter zuschneidet, deren Maserung spiegelbildlich angeordnet ist, arbeitet man an der Bandsäge (um das Material aufzutrennen) und dem Abrichthobel (um danach die Flächen abzurichten). Ergänzt man eine Tischkreis- oder Kapp-und-Gehrungssäge, erhält man das typische Arbeitsdreieck.

In der Küche ist dies eine relativ starre Planungsvorgabe. Es gibt sogar Vorschriften, in denen die höchste und niedrigste Gesamtlänge der drei Schenkel des Dreiecks vorgegeben werden. Der englische Küchenplaner Johnny Grey bevorzugt einen flexibleren Ansatz, den man auf eine Werkstatt genauso gut anwenden kann wie auf eine Küche.

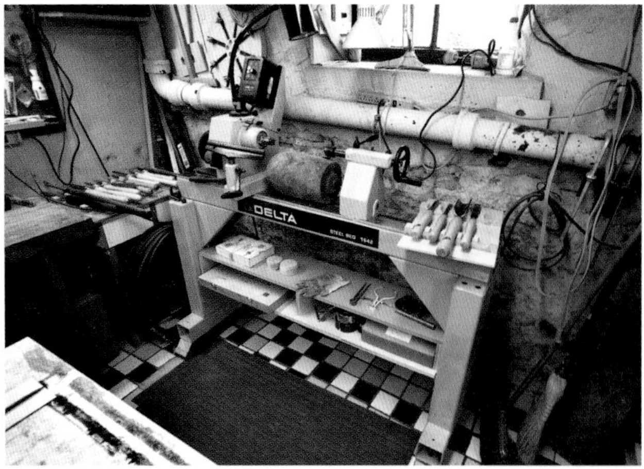

▲ Diese Drechselbank steht direkt vor der Wand, um den Platz in einer kleinen Kellerwerkstatt möglichst gut zu nutzen. Manche Maschinen benötigen nicht viel Raum um sie herum, sodass man sie gut in sonst übersehenen Ecken aufstellen kann.

► Wenn es wirklich eng wird, kann man Maschinen, die man nicht so häufig verwendet, auch unter Arbeitstischen oder an anderen Stellen aufbewahren, bis man sie benötigt. Es dauert nur Minuten, um sie dann aufzustellen.

Grey listet zuerst alle wichtigen Arbeitsplätze in einer Küche auf. Dazu gehören das Spülbecken, Vorbereitungsflächen, der Herd, der Kühlschrank und so weiter – insgesamt sind es etwa ein Dutzend. Dann betrachtet er die Wege, die man bei der Arbeit von einem Platz zum nächsten zurücklegt. Dabei muss es sich nicht notwendigerweise um gerade Linien handeln, die keine Kurven aufweisen dürfen. Stattdessen stellt er sie sich wie Gummibänder vor, die in gewissem Maß flexibel sind, aber nicht vollkommen durchtrennt werden dürfen.

In einer Werkstatt kann der Grundriss ebenso wenig wie in einer Küche für alle Arbeiten gleichermaßen gut geeignet sein. Man sollte stattdessen die häufigen Aufgaben als maßgeblich betrachten und sie bei der Planung berücksichtigen. Wenn die Abläufe in der Werkstatt und zwischen den Maschinen logisch und ungehindert sind, wird sich die Anordnung der Maschinen dann meist als effektiv erweisen.

Manche Maschinen benötigen nicht viel Platz

Man denkt bei der Aufstellung von Maschinen oft nur an die größeren Vertreter. Das ist sinnvoll, weil es am schwierigsten ist, für sie einen Platz zu finden und weil sie oft eine beherrschende Rolle am Arbeitsplatz einnehmen. Es gibt aber viele kleinere Maschinen, die am Rand der Werkstatt aufgestellt werden können. Sie benötigen vielleicht nicht so viel umgebenden Freiraum, weil die Werkstücke, die man an ihnen bearbeitet, meist viel kleiner sind.

Ein elektrisch betriebener Schleifstein nimmt nicht viel Raum in Anspruch und kann in einer Ecke untergebracht werden – um ein Hobeleisen oder einen Stechbeitel zu schärfen, braucht man nicht viel Platz. Ähnliches gilt für eine Ständerbohrmaschine oder eine Langlochbohrmaschine. Auch sie benötigen selten so viel Platz für die Werkstücke wie eine Tischkreissäge, eine Abricht- oder Dicktenhobelmaschine.

Kleinere Maschinen können sich manchmal einen Arbeitsplatz teilen. Eine Schlitzstemmmaschine nimmt nicht viel Platz in Anspruch, aber gelegentlich will man mit ihr vielleicht auch in recht lange Werkstücke Schlitze schneiden. Man könnte sie deshalb auf der gleichen langen Bank unterbringen, auf der auch die Kapp-und-Gehrungssäge steht.

Bei der Unterbringung kleiner Maschinen sollte man vor allem bedenken, wie oft sie verwendet werden. Die Schleifmaschine wird zum Beispiel von vielen Holzwerkern nur gelegentlich genutzt, wenn man einmal im Monat die Stechbeitel und Hobeleisen nachschärft. Dann kann man sie in einer entfernteren Ecke der Werkstatt aufstellen, möglichst mit Tageslicht, oder sogar auf einer Platte befestigen und sie nur bei Bedarf aus dem Schrank nehmen, in dem man sie lagert.

Wenn man andererseits viel drechselt, muss man vielleicht häufiger mit den Drechseleisen an die Schleifmaschine, um sie abzuziehen. In dem Fall möchte man wahrscheinlich die Schleifmaschine bei der Drechselbank oder in deren Nähe aufstellen.

Vernachlässigen Sie bei dem Versuch, alle Ihre Werkzeuge und Maschinen in der Werkstatt unterzubringen, auch all die kleinen Ecken und Nischen nicht. Es gibt keinen Grund, dem Kompressor kostbaren Platz auf dem freien Fußboden zu gönnen, wenn er genauso gut unter einer Bank stehen kann. Vielleicht können Sie auf einen extra Handoberfräsentisch verzichten, wenn Sie einen Teil des Arbeitstisches an der Tischkreissäge für diesen Zweck verwenden. In einer kleinen Werkstatt sollte man Aufgaben zusammenfassen, wo es geht, und Stellplatz auf dem Fußboden nur den Hilfsmitteln zugestehen, die dauernd verwendet werden.

◄ In den Schränken dieser gut organisierten Werkstatt stehen seltener verwendete Maschinen auf Auszügen.

▼ Der Platz unter dem langen Verlängerungstisch dieser großen Tischkreissäge war zu wertvoll, um ihn ungenutzt zu lassen. In dem Schrank sind Kreissägeblätter, eine Nutsäge und anderes Zubehör für die Tischkreissäge untergebracht.

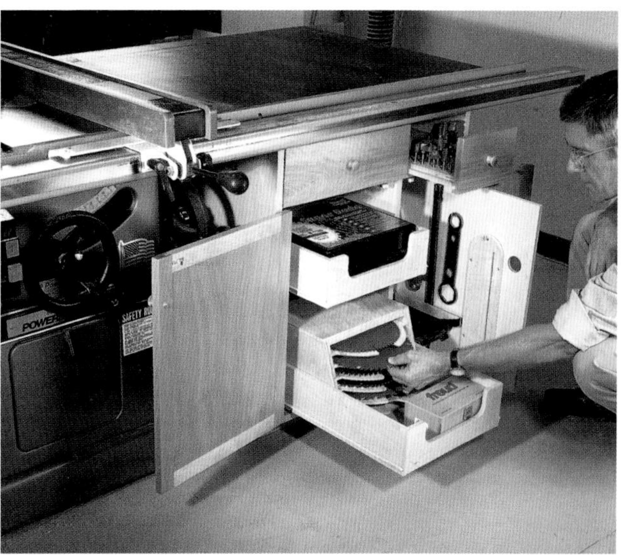

◄ Auch in einer großen Werkstatt gibt es keinen Grund, Stellfläche für Maschinen zu opfern, die ihre Aufgabe genauso gut unter einer Bank oder draußen in einem Lagerraum erfüllen können. Zwei Kandidaten für ein solches Verfahren sind Staubabsauganlagen und Kompressoren.

Transportable Maschinen erlauben die Mehrfachnutzung kleiner Räume

Wenn die Garage auch als Werkstatt dient, landet das Auto oft auf einem Abstellplatz im Freien. Wenn man aber manche der Maschinen transportabel macht, kann auch eine normale Garage beiden Zwecken dienen.

Scot Landis stellt in "The Workshop Book" ein Beispiel vor, bei dem das gut gelungen ist. Zweifellos gibt es unzählige andere. Maurice Gordon musste mit 40 Quadratmetern auskommen,* und er verwendete für die Planung der Werkstatt ein CAD-Programm. In der Werkstatt sind alle notwendigen Maschinen untergebracht – von der Tischkreissäge bis hin zur Dekupiersäge –, ohne auf Lagermöglichkeiten für Holz verzichten zu müssen. Wenn aber das Auto in die Garage soll, lassen sich Abrichthobelmaschine und Tischkreissäge, Bandsage und Dicktenhobelmaschine sowie die Schleifmaschine aus dem Weg rollen.

Gordons Werkstatt ist ein Paradebeispiel für gute Planung, bei der ausgiebig Gebrauch von hochwertigen fahrbaren Unterbauten für große Maschinen gemacht wurde.

Sogar eine große Formatkreissäge mit Anbautisch kann auf einem fahrbaren Untergestell montiert werden. Wenn die Rollen eingezogen werden, steht die Säge felsenfest. Wenn sie bewegt werden muss, kann eine Einzelperson sie über den Boden schieben.

Auch wenn Sie nicht Platz für das Familienauto schaffen müssen, können Sie den nutzbaren Raum in einer kleinen Werkstatt leicht vergrößern, indem Sie manche Maschinen mit Rädern ausstatten. So wird man zum Beispiel die Abrichthobelmaschine vermutlich nicht so oft benutzen wie die Tischkreissäge.

Schwere stationäre Maschinen möchte man vielleicht auf gekauften Wagen unterbringen, aber viele andere Werkzeuge und Geräte können durchaus auf selbst angefertigten Untergestellen platziert werden. Bei der Auswahl der Rollen sollte man darauf achten, dass sowohl die Achsen als auch die Rollen feststellbar sind. Die Modelle, bei denen nur die Rollen feststellbar sind, kosten weniger, aber es kann sein, dass die Maschine eine ärgerliche Neigung zeigt, umherzuwandern, wenn man an ihr arbeitet.

*) Anmerk. d. dt. Verlags: Das ist grob das Doppelte der Größe einer in Deutschland üblichen Garage. In Amerika ist bekanntlich alles etwas größer.

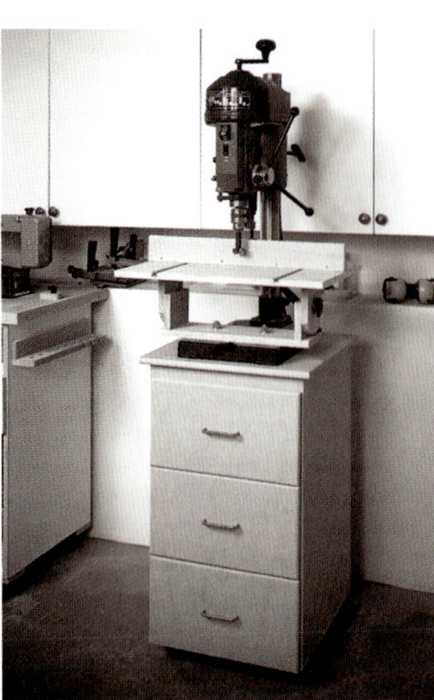

Eine Maschine fahrbar zu machen, ist eine hervorragende Methode, die Werkstatt vielseitiger nutzbar zu gestalten. Wenn man die Kapp- und Gehrungssäge oder die Ständerbohrmaschine auf einem eigens gefertigten fahrbaren Schrank platziert, der zugleich Stauraum bietet, können die Maschinen aus dem Weg geschoben werden, wenn man sie nicht benötigt.

Für neue Ideen aufgeschlossen sein

Auch wenn man sorgfältig plant, ist es schwierig, schon beim ersten Versuch alles genau an der richtigen Stelle unterzubringen. Manche Handwerker hören nicht auf, kleine Veränderungen an der Maschinenaufstellung in der Werkstatt vorzunehmen, so lange sie in ihr arbeiten.

Wie groß Ihre Möglichkeiten sind, die Platzierung der Maschinen zu variieren, hängt natürlich von der Art Ihrer Werkstatt ab. Wenn Sie die Werkstatt als Neubau planen und mit einer Bodenplatte aus Beton ausstatten, können Sie die elektrischen Leitungen darin verlegen, sodass Sie Stromanschlüsse genau dort haben, wo Sie sie benötigen. Das ist ein großer Vorteil, macht aber auch sorgfältige Planung notwendig und lässt kaum Spielraum für nachträgliche Änderungen.

Wenn man aber eine Werkstatt mit zugänglicherem Boden hat, kann das Experimentieren mit der Maschinenanordnung durchaus seine Vorteile haben.

Wenn man dem bestehenden Maschinenpark eine Neuerwerbung zufügt, kann das gewisse Umstellungen erforderlich machen. Lassen Sie sich ruhig von den Werkstätten anderer Holzwerker anregen. Was immer auch der Grund für eine Veränderung sein mag, die Aufstellung von Maschinen gehört zu den Dingen, die nie wirklich in Stein gemeißelt sind.

Ich glaube, es könnte daran gelegen haben, dass ich vor kurzem auf einer Messe einen Handoberfräsentisch für $ 1000 gesehen habe (sehr cool, aber eintausend Dollar?). Vielleicht lag es aber auch daran, dass mir klar wurde, dass der Schrank für den Handoberfräsentisch in unserer Werkstatt vor allem Platz einnimmt und als Staubfänger dient. Jede dieser beiden Feststellungen war in sich schon genug, um die Anforderungen zu überdenken, die wir an einen Handoberfräsentisch stellten.

Im Wesentlichen braucht man eine stabile und ebene Arbeitsfläche, die das Gros der Werkstücke tragen kann. Man benötigt einen Anschlag, der das Werkstück führt und stützt und sich leicht verstellen lässt (sowohl der Anschlag auf dem Arbeitstisch als auch die Anlageflächen im Verhältnis zum Fräser). Außerdem muss der Fräser leicht zugänglich sein, um ihn auswechseln oder seine Höhe verstellen zu können. Davon abgesehen muss der Tisch sich nur in Arbeitshöhe befinden (deshalb auch der Unterschrank).

Deshalb beschlossen wir, dass wir einen leichten, einfach zu lagernden Arbeitstisch vorziehen würden, der auf einer normalen Werkbank benutzt werden könnte und trotzdem alle die genannten Vorteile böte. Ach so, ja: Wir wollten auch, dass man ihn an einem Wochenende für weniger als 100 Euro bauen könnte. Die Beschläge kosteten kaum mehr als 55 Euro. Für etwa 40 Euro sollte man das notwendige Sperrholz bekommen können.

Eine raffinierte Konstruktion

Als stabiler, leichter Arbeitstisch bot sich ein Torsionskasten (wie man sie aus dem Flugzeugbau kennt) aus kunstharzbeschichtetem Sperrholz an. Als Größe erschien uns eine Fläche von 500 x 600 mm geeignet, höher als 100 mm musste der Torsionskasten nicht sein.

Kapitel Elf

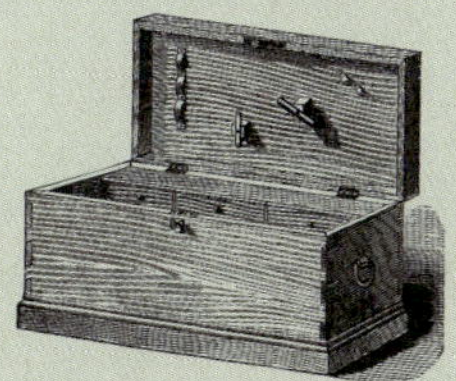

Handoberfräsentisch an einem Wochenende

David Thiel

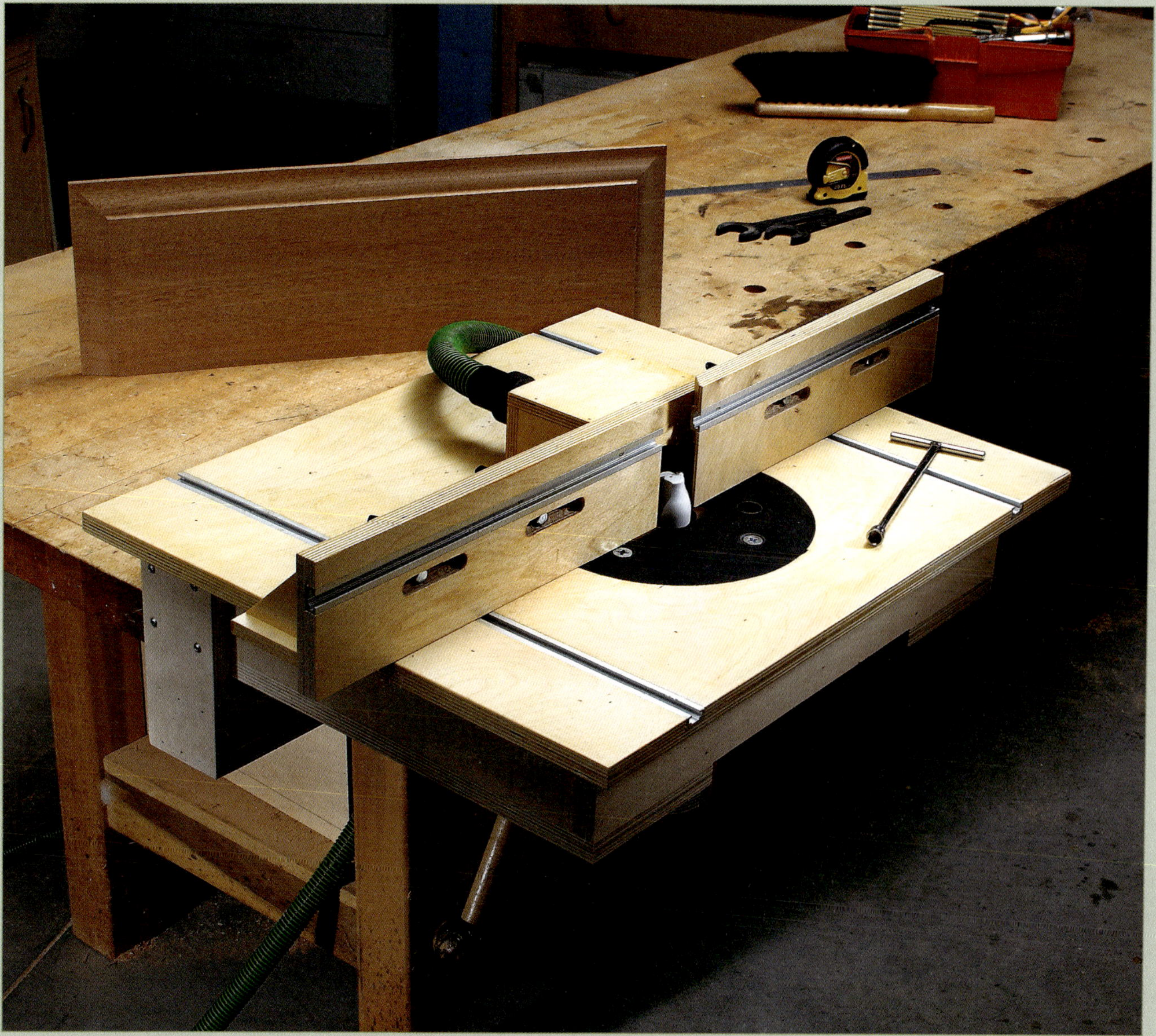

Ausreichend Platz um die Handoberfräse ist wichtig. Hier sieht man, dass ich die Griffe von der Maschine abgenommen habe, um mehr Freiraum zu schaffen. Reißen Sie den Raum an und bauen Sie dann den Innenrahmen auf Maß.

Wenn der Rahmen zusammengebaut ist, wird er auf die Bodenplatte gestellt, und man reißt die Aussparung an, durch die der Fräser nach oben hinausragt.

Der Kasten selbst hat in der Mitte der Unterseite eine Aussparung, um die Handoberfräse aufzunehmen. Der Anschlag lässt sich in zwei T-Nut-Schienen auf der Arbeitsfläche leicht verstellen.

Den Anschlag haben wir in ähnlicher Form schon ein halbes Dutzend Mal gebaut. Das Grundelement ist in sich sehr stabil und bietet den beiden seitlich verstellbaren Anschlagbacken sicheren Halt. Auch ein Anschluss für die Staubabsaugung ist vorgesehen.

Wir haben für den Handoberfräsentisch eine eigene Handoberfräse gekauft. Wichtig waren uns dabei ein leistungsstarker Motor und die Möglichkeit der Höhenverstellung. Auch die einstellbare Geschwindigkeit war ein wichtiges Plus. Natürlich können Sie auch eine vorhandene Handoberfräse mit dem Tisch verwenden.

Als Grundplatte haben wir ein Modell vom Hersteller Veritas verwendet, das man anstatt der Seriengrundplatte der Oberfräse verwenden und mit dem man sie freihändig oder im Tisch verwenden kann, ohne die Grundplatte wechseln zu müssen. Außerdem lässt sich die Grundplatte ohne Werkzeug in den Tisch einsetzen. Für das Einsetzen und Herausnehmen benötigt man nur wenige Sekunden.

Jetzt kommt der Teil, der Spaß macht. Um den Handoberfräsentisch auf die richtige Arbeitshöhe zu bringen, ihn aber dennoch kompakt zu halten, haben wir eine Halterung entworfen, die am Tisch angebracht wird, um dann den Tisch einfach in der Vorderzange der Hobelbank einzuspannen. Handoberfräsentisch auf die Schnelle!

Konstruktion des Torsionskastens

Der Arbeitstisch selbst ist einfach herzustellen. Zwischen zwei Platten aus 20-mm-Sperrholz wird ein Rahmen aus 20 x 75-mm-Sperrholzwänden angebracht. In der unteren Platte wird eine Aussparung für die Handoberfräse gelassen (die Lage der Aussparung und der mittleren Rahmenteile muss man anhand der Abmessungen der Handoberfräse festlegen). Die obere Platte ragt an allen Seiten um 30 mm über den Rahmen hinaus, damit man Druckkämme und andere Führungen an der Platte festspannen kann.

Schneiden Sie zuerst die beiden Platten und die sieben Teile des Rahmens zu. Wenn Sie sich für die Grundplatte von Veritas entschieden haben, können Sie sich nach den sehr genauen Anweisungen richten, die für das Zuschneiden des Loches in der oberen Platte des Tischs gegeben werden, um die Grundplatte einzupassen. Bei einer anderen Grundplatte halten Sie sich an die Vorgaben des Herstellers.

Wir haben die Grundplatte der Handoberfräse nicht mittig im Arbeitstisch angebracht, sondern weiter vorne. Die meisten Arbeiten am Handoberfräsentisch werden mit 150 mm Abstand oder weniger vom Anschlag ausgeführt. Wenn die Handoberfräse nach vorne versetzt wird, muss man sich beim Fräsen nicht über den Arbeitstisch beugen. Wenn einmal größere Werkstücke bearbeitet werden müssen, kann man den Anschlag umgedreht auf den Arbeitstisch stecken, um eine größere Auflagefläche zu erhalten.

Wenn die Grundplatte in der oberen Tischplatte eingelassen ist, hängt man die Handoberfräse in die Platte, um die Lage der beiden mittleren Rahmenteile zu ermitteln, sodass die Handoberfräse zwischen ihnen hindurch passt. Notieren Sie sich dieses Maß, und konstruieren Sie den Rahmen dementsprechend.

Ich habe alle Teile des Handoberfräsentischs mit Leim und einem Druckluftnagler zusammengefügt. Das mag zwar nicht der Gipfel der Tischlerkunst sein, aber es ist schnell und zuverlässig.

Wenn der Rahmen zusammengebaut ist, wird er auf die untere Platte gelegt, und man reißt die Aussparung in der Mitte an. Die Aussparung wird ausgeschnitten und seitliche Rahmenteile werden angebracht. Man könnte den Kasten hier auch offen lassen, aber die zusätzliche Verstärkung des Torsionskastens lohnt die Mehrarbeit.

Bringen Sie die untere Platte auf die gleiche Weise an, wie Sie den Rahmen zusammengebaut haben.

Bevor die obere Platte auf dem Tisch befestigt wird, müssen die T-Nut-Schienen in ihr eingelassen werden, in denen der Anschlag verschoben werden kann. Ich habe ein Nutsägeblatt an meiner Tischkreissäge für diese Arbeit verwendet.

Wenn die Aussparung in den Boden geschnitten ist, wird dieser mit Leim und Nägeln auf dem Rahmen befestigt.

Nachdem man die Nuten für die T-Nut-Schienen geschnitten hat, werden diese Schienen mit Hilfe einer Zulage in die Nuten eingedrückt. Wenn man zu kräftig mit dem Hammer zuschlagen muss, hat man die Nuten zu klein geschnitten. Die Schienen werden mit 12 x 2,5 mm-Flachkopfschrauben befestigt. Die Schraubenlöcher werden vorgebohrt und versenkt.

Handoberfräsentisch

Anzahl	Buchstabe	Bezeichnung	Länge	Breite	Dicke	Material
1	T1	Deckelplatte	610	510	20	Sperrholz
1	B1	Boden	530	430	20	Sperrholz
2	B2	langes Rahmenteil	530	75	20	Sperrholz
4	B3	kurzes Rahmenteil	390	75	20	Sperrholz
1	B4	Rahmeninnenwand	265	75	20	Sperrholz
2	B5	Halterung-Seite	175	75	20	Sperrholz
2	B6	Halterung-Querteil	530	75	20	Sperrholz
2	F1	Anschlag	355	100	20	Sperrholz
1	F2	Anschlag-Backe	710	90	12	Sperrholz
1	F3	Anschlag-Grundplatte	710	75	12	Sperrholz
4	F4	Anschlag-Stütze	75	75	20	Sperrholz
1	F5	Haube-Deckel	90	125	12	Sperrholz
2	F6	Haube-Seite	75	65	12	Sperrholz
1	F7	Haube-Rückseite	75	75	12	Sperrholz
2	H1	T-Nut-Schiene	355	20	10	Aluminium
4	H2	Sechskantschraube	38	510	6	
4	H3	Drehknauf				
2	H4	Exzenterklemmhebel				
2	H5	T-Nut-Schiene	510	20	10	Aluminium

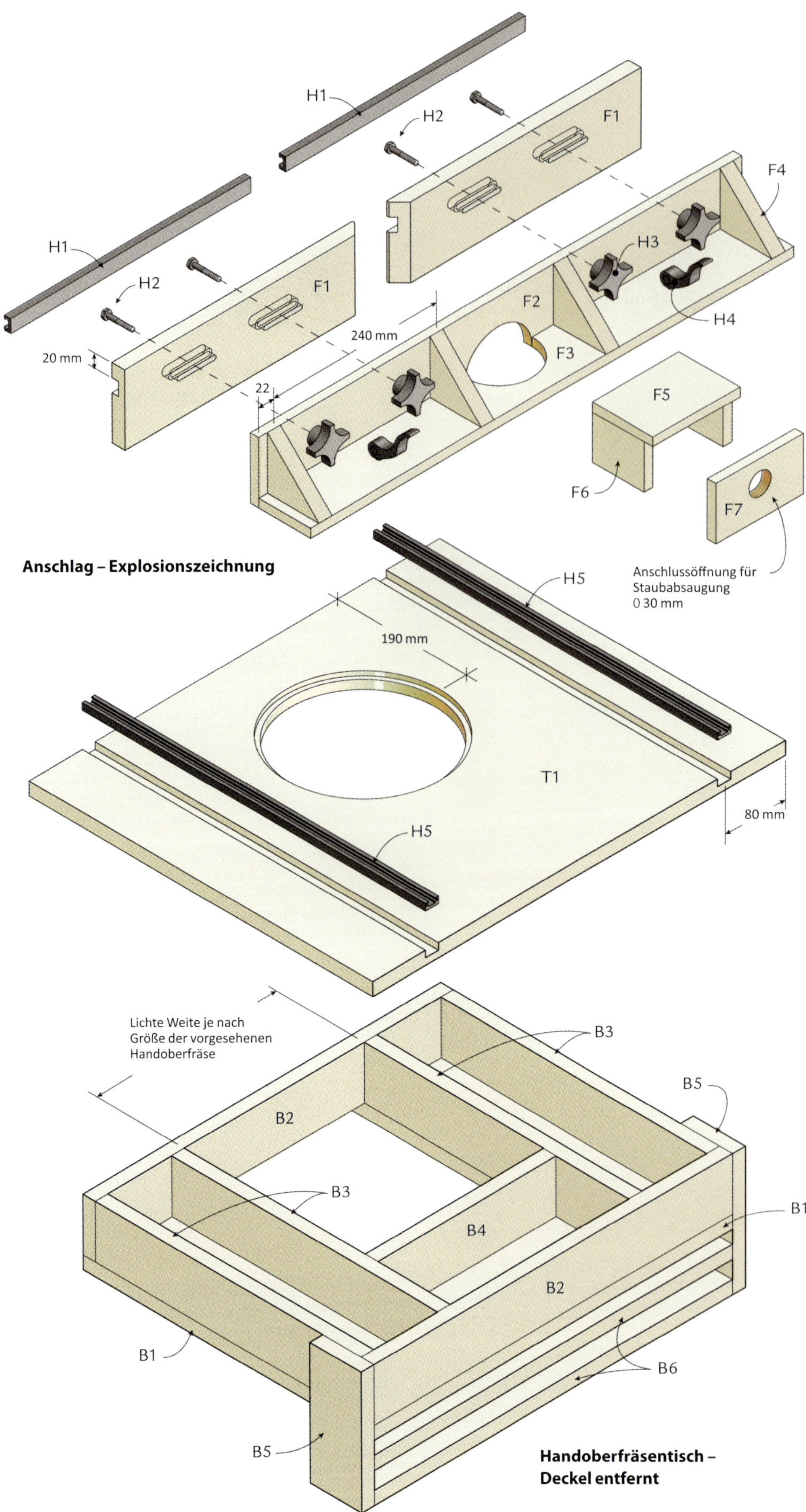

Anschlag – Explosionszeichnung

Handoberfräsentisch – Deckel entfernt

Dann wird die obere Platte mittig auf dem Rahmen angebracht. Achten Sie darauf, dass die Druckluftnägel beim Anbringen der oberen Platte bis unter die Oberfläche getrieben werden. So vermeiden Sie Kratzer auf ihren Werkstücken oder Schlimmeres: An einem hervorstehenden Nagel könnte sich das Holz beim Fräsen auch verfangen.

Die Öffnung für den Fräser lässt sich an der Bandsäge leichter schneiden, wenn man zuerst ‚Speichen' auf die angerissenen Halbkreise zu schneidet. Diese Schnitte ergeben dann kleinere Verschnittstücke, die leichter abzunehmen sind als ein großes Stück.

Anschlag – schnell und einfach

Der Anschlag ist schon fast lächerlich leicht zu bauen. Wichtig ist jedoch exaktes Arbeiten, damit er genau im rechten Winkel auf der Arbeitsfläche steht. Davon abgesehen: Leim und Druckluftnägel.

Schneiden Sie zuerst die Grundplatte, den Anschlag, die Backen und die Streben zu. Bis auf die Streben ist das vollkommen unkompliziert. Die Streben sind eigentlich Dreiecke. Am einfachsten schneidet man ein Stück Sperrholz auf 75 mm Breite und geht damit an die Gehrungssäge. Dort schneidet man beide Enden des Streifens auf 45° zu, stellt die Säge dann auf einen 90°-Schnitt ein und schneidet die 75-mm-Dreiecke vom Streifen ab. Wiederholen Sie den Vorgang, bis Sie vier Streben erhalten haben.

Der Anschlag und die Grundplatte müssen jeweils mit einem 75 mm breiten Halbkreis in der Mitte einer Kante versehen werden, so wie man es im Foto oben sehen kann. Sie ergeben die Öffnung für die Fräser.

Dann wird der Anschlag mit Leim und Nägeln an der Grundplatte befestigt. Leimen Sie dann die Streben in den Winkel zwischen Anschlag und Grundplatte ein. Achten Sie darauf, die Streben an den gezeigten Stellen anzubringen, damit sie nicht den Drehgriffen für die Backen im Wege stehen. Auch die Streben habe ich mit Druckluftnägeln befestigt.

Damit der Handoberfräsentisch so nützlich wie möglich ist, sollte er mit einer Staubabsaugung verbunden wer-

▲ Man kann sich das Aussägen der Aussparung für den Fräser erleichtern, indem man zuerst ‚Speichen' zum Riss hin sägt. Diese Schnitte erlauben es den kleineren Verschnittstücken herauszufallen, sodass man nicht mit einem großen Stück kämpfen muss.

▲ Wenn der Anschlag und die Grundplatte zusammengefügt sind, bringt man mit Leim und Drahtstiften vier dreieckige Streben an. Wählen Sie die Abstände so, dass der Anschlag sicher gehalten wird, aber lassen Sie hinreichend Raum für die Drehknäufe.

▲ Die Haube für den Anschluss der Staubabsaugung vervollständigt den Anschlag. Sie sollte dicht am Anschlag sitzen, um ihre Aufgabe gut zu erfüllen. Sparen Sie an dieser Stelle also nicht am Leim.

◄ Wenn die Exzenterspanner angebracht sind, wird der Anschlag auf dem Arbeitstisch fixiert und sein senkrechter Stand auf der Arbeitsfläche überprüft. Falls man nacharbeiten muss, bringt man entweder dünne Zulagen unter der Grundplatte oder schleift diese etwas nach. Hinter den Backen sollte man keine Zulagen anbringen, da es sich bei diesen um bewegliche Teile handelt. Korrigieren Sie stattdessen die Grundplatte.

den können. Dafür baut man eine einfache Haube, mit der die Fräseröffnung im Anschlag umgeben wird. Bohren Sie ein Loch in das rückwärtige Teil der Haube. Der Durchmesser des Loches sollte der Schlauchgröße Ihrer Staubabsauganlage entsprechen.

Bringen Sie die Exzenterspanner an, arretieren Sie den Anschlag auf der Arbeitsplatte und kontrollieren Sie, ob er senkrecht auf dieser steht. Falls nachjustiert werden muss, kann man die Grundplatte des Anschlags abschleifen oder mit dünnen Zulagen versehen. Solche Zulagen sollten nicht hinter den Backen angebracht werden, weil es sich bei diesen um bewegliche Teile handelt. Verändert werden sollte die Grundplatte. Bringen Sie dann die Seitenteile der Absaughaube am Rückteil so an, dass sie bündig mit der Oberkante des Rückteils abschließen. Befestigen Sie dann den Deckel an der Haube.

Als nächstes werden die Löcher für die Exzenterspanner angerissen und gebohrt, mit denen der Anschlag am Arbeitstisch befestigt wird, und für die Drehknäufe, von denen die Backen gehalten werden. Legen Sie den Anschlag auf den Tisch, und reißen Sie die Löcher mittig über den T-Nut-Schienen im Arbeitstisch an. Ein wenig Spiel ist akzeptabel, aber es sollte nicht zu viel sein.

Spannen Sie den Anschlag mit den Exzenterhebeln fest am Arbeitstisch an. Kontrollieren Sie mit einem Tischlerwinkel, ob der Anschlag rechtwinklig auf dem Arbeitstisch sitzt. Falls nicht, muss man die

▲ Hier sieht man die Nuten, die als Aufnahme für die T-Nut-Schienen in die Vorderseiten der Backen geschnitten worden sind, und die abgestuften Schlitze, durch die man die Backen anbringt und verstellen kann. Beachten Sie, dass in den Schlitzen noch die rauen Kanten zu sehen sind, die bei der Reihenbohrung an der Ständerbohrmaschine entstanden sind. Mit einer Feile und etwas Schleifpapier dauert es nur wenige Minuten, die Kanten so zu verputzen, dass sich die Schraube leichtgängig im Schlitz verschieben lässt.

▲ Man bohrt Durchgangslöcher für die Schrauben und Löcher in die Backen und steckt dann die Drehknäufe auf die Schrauben.

► Die Backen sind am Anschlag angebracht, und dieser ist in den T-Nut-Schienen im Arbeitstisch fixiert. In den Schienen kann man auch Druckkämme oder eine einfache Sicherheitsvorrichtung anbringen, die dafür sorgt, dass man mit den Fingern nicht zu dicht an den Fräser kommt.

Grundplatte etwas nachjustieren, entweder indem man Zulagen anbringt oder indem man Material von der Unterseite der Grundplatte abnimmt, bis der Anschlag im 90°-Winkel zum Arbeitstisch steht.

Bohren Sie dann Löcher für die Drehknäufe der Backen. Halten Sie auch dabei Abstand von den Streben, damit die Knäufe leicht zu drehen sind. Die Bohrlöcher sollten 50 mm über dem Arbeitstisch liegen.

Dann kommen die Backen des Anschlags an die Reihe. Die inneren Enden der Backen habe ich im Winkel von 45° angefast, um Freiraum für die Fräser zu schaffen. Dann werden in die Vorderseite jeder Backe zwei abgestufte Schlitze mit 60 mm Länge gefräst. Sie erlauben eine seitliche Verstellung der Backen, um Fräser unterschiedlicher Größe einsetzen zu können.

Am leichtesten lässt sich das am Handoberfräsentisch durchführen, falls Sie aber gerade dabei sind, Ihr erstes Exemplar davon zu bauen, können Sie auch an der Ständerbohrmaschine mit zwei unterschiedlich großen Bohrern arbeiten. Schneiden Sie zuerst mit einem 12-mm-Forstnernohrer einen 6 mm tiefen Schlitz. Bohren Sie dann mit einem 5-mm-Bohrer bis zur Rückseite der Backe durch. So entsteht ein Schlitz, in den der Kopf einer 12-mm-Sechskantschraube passt. Der Kopf liegt unter der Oberfläche, aber seine Seiten werden von den Wandungen des Schlitzes gehalten, sodass sich die Schraube nicht drehen kann.

Ich habe auf der Vorderseite jeder Backe außerdem eine T-Nut-Schiene angebracht. Darin kann man Druckkämme, eine Schutzhaube für die Finger und anderes Zubehör befestigen. Auch in diesem Fall kann man die Nut mit der Handoberfräse oder dem Nutsägeblatt an der Tischkreissäge schneiden. Sie sollte etwa 25 mm unterhalb der Oberkante des Anschlags liegen.

Befestigen Sie die Backen mit Schrauben, Unterlegscheiben und Drehknäufen am Anschlag.

Die Haltevorrichtung

Um an dem Handoberfräsentisch arbeiten zu können, muss er so in der Vorderzange der Hobelbank eingespannt werden können, dass man noch Zugang zur Handoberfräse hat. Wir haben dafür eine U-förmige Halterung an den Seiten des Handoberfräsentischs angeschraubt. Die Abmessungen der Halterung hängen von der Vorderzange Ihrer Hobelbank ab. Wichtig ist, dass der Handoberfräsentisch so großflächig wie möglich durch die Vorderzange abgestützt wird. Wenn der Handoberfräsentisch darüber hinaus auch hinten auf der Zange aufliegt, wird er noch besser abgestützt. Wegen der Größe unserer Handoberfräse mussten wir die Halterung ganz hinten am Handoberfräsentisch anbringen. Auch dies ist etwas, das Sie auf die individuellen Gegebenheiten Ihres Tisches ausrichten können.

Die Haltevorrichtung (man sieht im Bild die Ausführung für die Bankzange an meiner Hobelbank) hält den Handoberfräsentisch sicher an der Bank fest und lässt genügend Raum, um zu arbeiten, ohne zu ausladend zu sein.

Auf dem Foto ist zu sehen, dass wir zwei Querstreben für die Halterung verwendet haben, um sie sowohl oben als auch unten mit der Vorderzange greifen zu können. Ihre Vorderzange erfordert vielleicht eine andere Anordnung. Spannen Sie den Handoberfräsentisch zur Probe ein, um sicherzustellen, dass er sicher gehalten wird.

Die Oberfläche

Wenn die Halterung angebracht ist, können Sie beginnen, mit dem Handoberfräsentisch zu arbeiten. Vielleicht möchten Sie aber noch eine Oberflächenbehandlung vornehmen. Die rohe Sperrholzoberfläche ist schon recht gut, aber eine glattere Oberfläche bringt die Dinge erst richtig in Bewegung. Sie können eine Schicht Sprühlack aufbringen (wie wir das taten), oder einfach Öl, Schellack oder Polyurethanlack verwenden.

Mit einfachem Zubehör kann man den Tisch noch verbessern, zum Beispiel selbst angefertigte Druckkämme (die gut in der T-Nut-Schiene der Anschlagbacken verwendet werden können). Falls Sie wirklich arbeitswütig sind, können Sie auch auf beiden Seiten der Öffnung in der Oberseite Schubladen unterbringen, die nach vorne zu öffnen sind und allerlei Zubehör aufnehmen können. Mit anderen Worten: Verändern Sie den Tisch nach Ihren individuellen Anforderungen.

Kapitel Zwölf

Arbeitsplatz für die Kapp-und-Gehrungssäge

Jim Stuard

In den gewerblichen Tischlereien, in denen ich bisher gearbeitet habe, gab es immer eine Kapp-und-Gehrungssäge, die auf irgendeiner Art von Wagen stand. In den nicht ganz so gut organisierten Werkstätten war das der nächstbeste Materialtransportwagen. Dort nahm die Säge zwar nicht viel Platz in Anspruch, sie war aber auch nicht so nützlich, wie sie es hätte sein können. In den besseren Werkstätten war die Säge auf einem Rollwagen angebracht, der mit Auslegern versehen war, um längere Werkstücke abzustützen und wiederholte Schnitte anhand einer Anlage mit Längenanschlägen leicht ausführen zu können. Das war ein nützliches Arrangement, nahm jedoch viel Raum in Anspruch.

Für die Werkstatt der Zeitschrift Popular Woodworking schwebte mir ein Arbeitsplatz mit sehr genauen Längenanschlägen und klappbaren Auslegern vor, die weniger Platz benötigten. Der Maschinentisch des Wagens ist höhenverstellbar, sodass man den Arbeitstisch der Säge bündig an den Auslegern ausrichten kann. (Außerdem ermöglicht der verstellbare Maschinentisch es, auch eine Ständerbohrmaschine oder eine Schlitzstemmmaschine auf dem Wagen zu verwenden.) Die integrierte Staubabsauganlage schaltet sich selbsttätig ein und aus. Das Ganze entstand aus je einer Platte Sperrholz mit 20 mm und 12 mm Stärke, für die Umleimer kam noch etwas Vollholz hinzu.

Schneiden Sie zuerst die Bestandteile anhand der Schnittliste und dem Schnittdiagramm zu. Der Korpusdeckel ist auf dem Schnittdiagramm in zwei Teilen dargestellt. Die beiden Teile müssen kantenverleimt und dann auf Größe geschnitten werden. Bei diesem Werkstück entsteht nicht viel Abfall.

Schnell! Ein Schrank!

Bauen Sie zuerst den Schrank. Schneiden Sie Fälze (12 x 20 mm) an den oberen und unteren Kanten der Seitenteile an, um sie mit dem Deckel und Boden zu verbinden. Die Rückwand wird von Fälzen (12 x 12 mm) an den hinteren Kanten der Seitenteile, des Deckels und Bodens aufgenommen. Bauen Sie dann den Korpus zusammen. Legen Sie dazu den Korpus mit der Vorderseite nach unten auf die Montagebank. So können Sie sicherstellen, dass die Rückwand fugenlos und bündig im umlaufenden Falz liegt. Sichern Sie jede Verbindung mit ein paar Nägeln und schrauben Sie dann den Korpus zusammen. Kontrollieren Sie auf Rechtwinkligkeit und guten Sitz der Rückwand. Befestigen Sie die Rückwand mit Schrauben. Putzen Sie die Vorderkanten mit dem Hobel bündig und bügeln Sie einen Anleimer aus Birkenfurnier auf. Nehmen Sie den Überstand des Anleimers mit einer Feile ab, schleifen Sie den Korpus und befestigen Sie die Rollen.

Die Höhe der Säge lässt sich einfach verstellen, indem man die Flügelmuttern im Schrank löst und die Kontermuttern auf dem Korpusdeckel dreht. So wird der Arbeitstisch der Säge fluchtend mit den beiden Auslegern ausgerichtet.

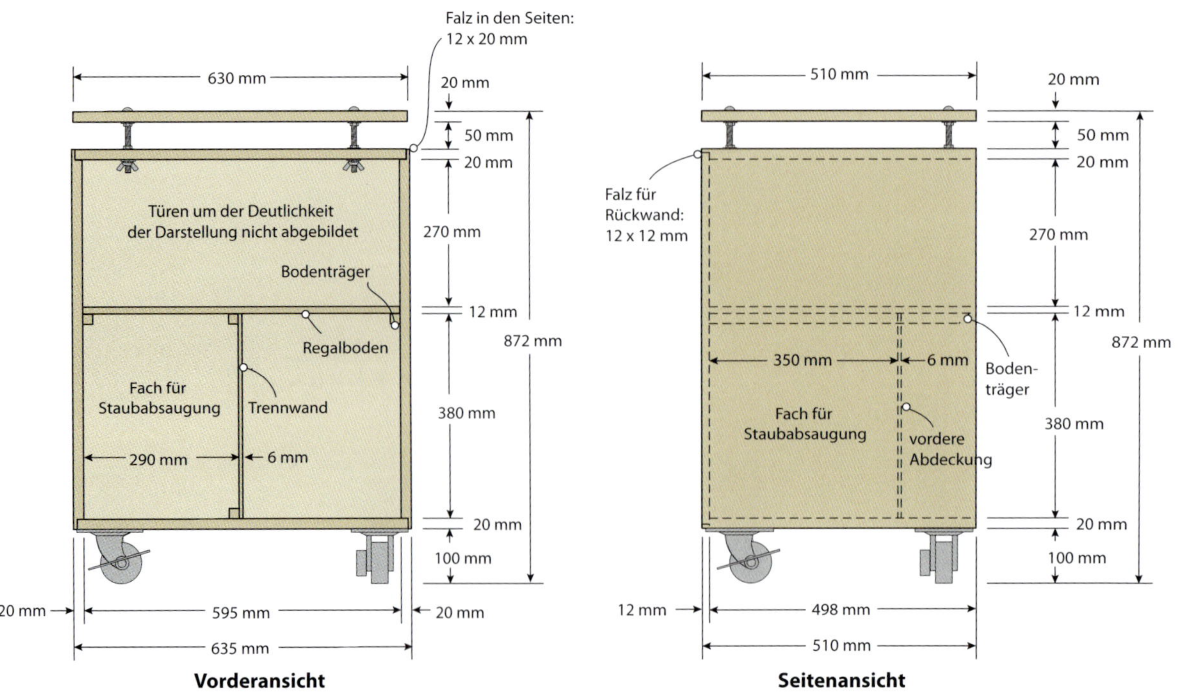

Arbeitsplatz für die Kapp-und-Gehrungssäge						
An-zahl	**Buch-stabe**	**Bezeichnung**	**Länge**	**Breite**	**Dicke**	**Material**
Schrank						
2	A	Deckel und Boden	620	510	20	Sperrholz
2	B	Seite	705	510	20	Sperrholz
1	C	Rückwand	690	620	12	Sperrholz
1	D	Maschinentisch	630	510	20	Sperrholz
2	E	Tür*	620	305	20	Sperrholz
1	F	Tür- Umleimer	4900	30	5	Vollholz
1	G	Regalboden	600	495	12	Sperrholz
2	H	Regalträger	480	20	20	Vollholz
1	I	Trennwand	355	380	6	Sperrholz
1	J	vordere Abdeckung	290	380	6	Sperrholz
2	K	Leiste	350	20	20	Vollholz
1	L	Leiste	125	20	20	Vollholz

*Größe ohne Umleimer

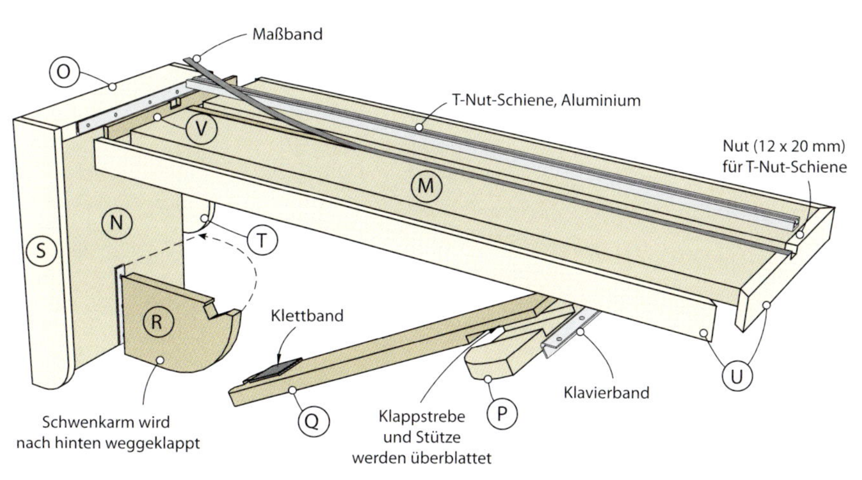

Detailzeichnung des Auslegers

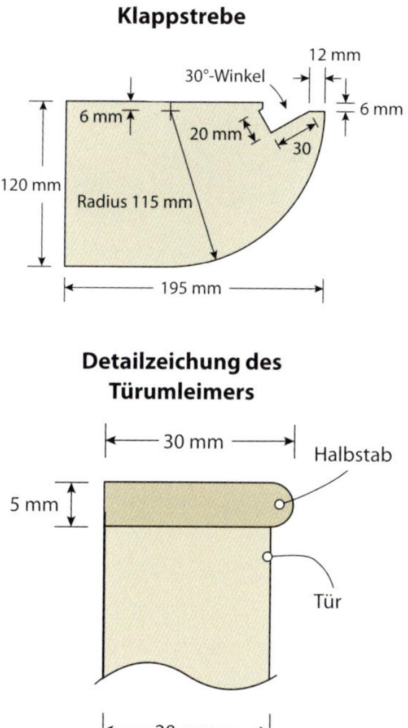

An-zahl	Buch-stabe	Bezeichnung	Länge	Breite	Dicke	Material
Ausleger						
2	M	Ausleger	760	265	20	Sperrholz
2	N	Rückwand	360	290	20	Sperrholz
2	O	Deckel für Rückwand	290	70	20	Vollholz
2	P	Stütze	265	100	20	Vollholz
2	Q	Schwenkarm	510	75	20	Vollholz
2	R	Klappstrebe	195	120	20	Vollholz
2	S	vorderes Seitenstück	380	70	12	Vollholz
2	T	hinteres Seitenstück	255	70	12	Vollholz
1	U	Ausleger- Umleimer	4600	38	12	Vollholz
1	V	Anleimer	610	30	6	Vollholz
2	W	Anschlag	410	75	20	Sperrholz
1	X	Längenanschlag	75	50	20	Vollholz

Table title: **Arbeitsplatz für die Kapp-und-Gehrungssäge**

Ein verstellbarer Maschinentisch

Jetzt kann man den höhenverstellbaren Maschinentisch auf dem Schrank anbringen und die Kapp-und-Gehrungssäge installieren. Runden Sie zuerst die Ecken der Platte mit einem Radius von 30 mm ab. Achten Sie darauf, dass die Schnittkante senkrecht zur Fläche der Platte steht, damit Sie das Umleimerband ohne größere Probleme anbringen können. Es ist nicht ganz leicht, auf alle vier Kanten der Platte ein durchgehendes Stück Umleimer aufzubügeln, aber das Ergebnis kann sich sehen lassen.

Spannen Sie die fertige Platte mittig auf dem Deckel des Korpus' an. Stellen Sie die Kapp-und-Gehrungssäge auf die Mitte der Platte und übertragen Sie die Lage der Füße von der Säge auf die Platte. Markieren Sie auch die Lage der Löcher in den Füßen, mit denen die Säge am Maschinentisch befestigt werden wird. Das ist wichtig, weil die Platte des Maschinentischs auf vier Schrauben über dem Schrank gehalten wird, mit denen man die Säge in der Höhe verstellen kann. Reißen Sie dann die Lage der Schrauben an, mit denen die Platte am Schrankkorpus befestigt wird. Platzieren Sie die Schrauben so dicht wie möglich an den Füßen der Säge, ohne dass sie sich gegenseitig im Weg sind.

Am leichtesten lassen sich die Ausleger montieren, indem man das Klavierband an der Rückwand anschraubt, dann wieder abnimmt und am Ausleger befestigt. Dann wird die Rückwand in die Bankzange eingespannt und das Klavierband wieder angeschraubt. Markieren Sie die Lage der Klavierbänder, weil sie sonst unweigerlich Teile miteinander vertauschen.

Wenn Sie die Lage der Verstellschrauben markiert haben, bohren Sie dort durchgehende Löcher in die Maschinentischplatte und den Korpusdeckel. Halten Sie von innen eine Zulage gegen den Korpusdeckel, um Faserausrisse zu verhindern. Reiben Sie die Bohrlöcher etwas aus, damit die Maschinentischplatte sich leichtgängig verstellen lässt.

Nehmen Sie die Platte vom Schrankkorpus ab und bohren Sie die Befestigungslöcher für die Säge. Dann kann die Platte des Maschinentischs am Schrank befestigt werden (die notwendigen Beschläge finden Sie in der Liste). Stecken Sie die Schraube durch die Unterlegscheibe und dann in das Bohrloch im Maschinentisch. Bringen Sie eine zweite Unterlegscheibe auf der anderen Seite an und drehen Sie eine Kontermutter auf das Gewinde, um die Schraube an Ort und Stelle zu halten. Bringen Sie eine zweite Mutter in 50 mm Entfernung von der Maschinentischplatte an. Platzieren Sie Unterlegscheiben über die Löcher im Schrankkorpus und bringen Sie den Maschinentisch an.

Auf der Unterseite des Korpusdeckels wird eine Unterlegscheibe auf die Schraube gezogen, dann ein Federring und schließlich eine Flügelmutter. Wenn man die Höhe des Arbeitstischs verändern möchte, löst man die Flügelmuttern und verstellt die Mutter auf der Oberseite des Korpusdeckels, bis die gewünschte Höhe erreicht ist.

Stellen Sie den Schrank fertig, indem Sie Türen aus Sperrholz anfertigen und einhängen. Bringen Sie an den Kanten einen profilierten Vollholzumleimer aus 20 mm starkem Ahorn an.

Verwenden Sie zum Einhängen der Türen Topfscharniere. Bohren Sie die Sacklöcher für diese Scharniere etwa 100 mm von der Ober- und Unterseite des Schranks. Die genaue Lage der Sacklöcher und Schraubenbohrungen reißen Sie anhand der Schablone des Scharnierherstellers an.

Automatische Staubabsaugung

Bringen Sie dann die Kapp-und-Gehrungssäge an und statten Sie den Schrank mit der Staubabsaugung und den Elektroanschlüssen aus. Wenn man die Säge und die Staubabsaugung richtig anschließt, nimmt die Staubabsaugung dank einer sogenannten Master-Slave-Einrichtung automatisch den Betrieb auf, wenn man die Säge einschaltet, und schaltet sich einige Sekunden nach Beendigung des Schnitts wieder aus.

Bohren Sie zuerst zwei Löcher mit 50 mm Durchmesser am unteren Ende der Korpusrückwand. Durch das eine Loch wird der Schlauch der Staubabsaugung geführt (die Lage wird durch das Gerät bestimmt). Die andere ist für die elektrischen Anschlüsse. Ich habe das Absauggerät in einem Fach untergebracht, das aus zwei Sperrholzwänden und dem Regalboden besteht. Die in der Zeichnung angegebene Anbringungshöhe für den Regalboden ist für die meisten kleineren Absauggeräte geeignet. Übertragen Sie die Höhe der Unterseite des Regalbodens auf die Seitenteile. Bringen Sie dort Trageleisten an. Legen Sie den Regalboden von oben ein und schrauben Sie es an den Leisten an.

Bringen Sie dann Leisten auf der Innenseite des Korpus' an, um die Trennwand und die vordere Abdeckung zu befestigen, hinter der das Absauggerät versteckt wird. Schneiden Sie Ausklinkungen für die Trageleisten des Regals und das Elektrokabel des Absauggeräts in das Sperrholz. Stellen Sie den Schalter des Absauggeräts auf "Ein", das Gerät in sein Fach, schieben Sie den Schlauch durch das Loch in der Rückwand und schließen Sie ihn an die Säge an. Schrauben Sie eine Steckdosenleiste auf dem Boden des Schranks an und führen Sie die Anschlussleitung durch das zweite Loch in der Rückwand. Schließen Sie die Einschaltautomatik (Master-Slave-Einrichtung) an der Steckdosenleiste und die Säge an der Automatikeinrichtung an. Schrauben Sie dann die Trennwand und die Abdeckung an, um das Absauggerät zu verbergen.

Riesige Ausleger

Als Letztes verbleiben noch die Ausleger. Bringen Sie zuerst mit Leim und Nägeln 6-mm-Umleimer aus Vollholz an einem Ende jedes Auslegers an. Der Umleimer erleichtert die Anbringung des Klavierbandes. Die anderen drei Kanten werden mit 6 x 30-mm-Umleimern versehen.

Aus dem Diagramm auf Seite 90/91 ist zu entnehmen, wie die Ausleger abgestützt werden. Bringen Sie zuerst die oberen Deckel an den Rückwänden an. Schneiden Sie die 50-mm-Rundungen an den Seitenteilen an und befestigen Sie sie an den oberen Deckeln und den Rückwänden.

Schneiden Sie die Klappstreben, Stützen und die Schwenkarme zu. Die Klappstreben und Stützen werden T-förmig überblattet. Oben an diesem T wird das Klavierband angebracht. Die Überblattung lässt sich am besten mit einem Nutsägeblatt an der Tischkreissäge schneiden. Am Ende der Klappstreben wird eine Ausklinkung mit 20 x 20 mm als Aufnahme für die Schwenkarme geschnitten.

Abschließend werden noch die Ecken der Klappstreben abgerundet: an den Enden mit 25 mm Radius, an den Stützen mit 85 mm Radius. Bringen Sie dann die Klappstreben an den Unterseiten der Ausleger mit einem 250 mm langen Stück Klavierband an, sodass das ausgeklinkte Ende der Klappstrebe 6 mm von dem Punkt entfernt liegt, an dem der Ausleger auf den Schrankkorpus stößt. Um zu verhindern, dass sich die Ausleger frei bewegen, wenn sie herabgeklappt sind, werden selbstklebende Klettverschlüsse an ihnen und den Klappstreben befestigt. Die Klebung sollte man durch Klammern unterstützen.

Schneiden Sie in die Oberseite der Ausleger mittig eine Nut mit 6 x 20 mm als Aufnahme für die T-Nut-Schiene aus Aluminium, in

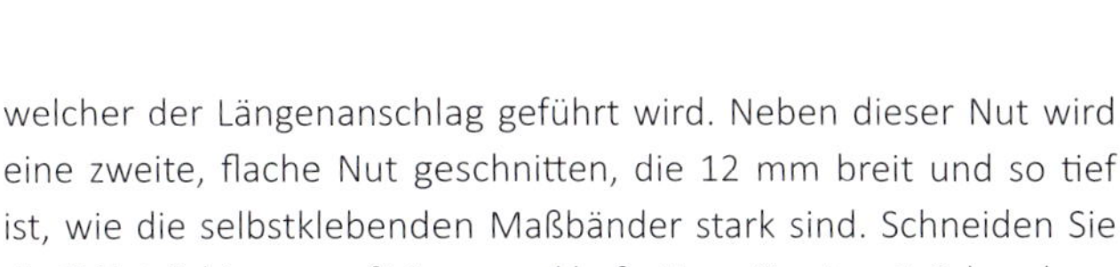

Es gibt T-Nut-Schienen aus Aluminium in sehr vielen verschiedenen Ausführungen. Ich habe mich für eine entschieden, bei der der Kopf einer M6-Maschinenschraube genau in die Nut passt. Achten Sie darauf, dass die Schiene vorgebohrte, versenkte Löcher für die Schrauben aufweist. Unter Umständen müssen Sie Schrauben, die zu lang sind, kürzer feilen.

Hier sieht man, wie der Längenanschlag im Zusammenspiel mit der T-Nut-Schiene funktioniert. Beachten Sie die Führungsleiste, die für einen guten Sitz des Längenanschlags beim Einstellen sorgt.

welcher der Längenanschlag geführt wird. Neben dieser Nut wird eine zweite, flache Nut geschnitten, die 12 mm breit und so tief ist, wie die selbstklebenden Maßbänder stark sind. Schneiden Sie die T-Nut-Schienen auf Länge und befestigen Sie sie mit Schrauben.

Als Nächstes werden die Schwenkarme angefertigt. Schneiden Sie erst die Gegenstücke zu den Ausklinkungen an den Klappstreben. Dann das Ende des Schwenkarms mit einem Falz (5 x 10 mm) versehen, um ein 120 mm langes Stück Klavierband aufzunehmen. Reißen Sie die Lage des Schwenkarms an der Rückwand so an, dass er in der Breite mittig und bündig mit der Unterkante der Rückwand sitzt. Befestigen Sie ihn mit dem Klavierband.

Dann werden die Ausleger an der senkrechten Rückwand der Halterung befestigt. Arbeiten Sie dabei sorgfältig, damit die Oberfläche des Auslegers mit dem oberen Deckel der Halterung bündig abschließt. Wenn alles nach Plan gelaufen ist, sollten sich die Ausleger jetzt bündig und im rechten Winkel zur Halterung hochklappen lassen. Falls dies nicht der Fall sein sollte, bringen Sie an der Innenseite jeder Ausklinkung eine Flachkopfschraube an, mit der Sie die Höhe des Auslegers einstellen können.

Nehmen Sie den Maschinentisch mit der Kapp-und-Gehrungssäge vom Schrank ab und entfernen Sie die Ausleger wieder aus den Halterungen, um die Halterungen endgültig zu befestigen. Schneiden Sie eine Zulage, die so hoch ist wie der Arbeitstisch der Kapp-und-Gehrungssäge, plus 70 mm. Spannen Sie die Zulage bündig am oberen Deckel der Halterung an. Legen Sie den Ausleger auf die Kante des Schrankkorpus'. Messen Sie den Abstand von der Vorderkante des Maschinentischs bis zum Anschlag an der Säge. Subtrahieren Sie 45 mm von diesem Maß und tragen Sie diese Entfernung von der Vorderkante des Schrankkorpus' her ab. Hier wird die Halterung angebracht. Die Entfernung berücksichtigt die Stärke des Sägeanschlags (20 mm) und die Entfernung vom Mittelpunkt des Längenanschlags zum Sägeanschlag. Bringen Sie die Halterung mit den Beschlägen an, die in der Liste genannt sind. Achten Sie darauf, die Schraubenköpfe und Unterlegscheiben zu versenken. Das stellt sicher, dass die Schwenkarme dicht an die Halterung eingeklappt werden können. Bringen Sie die Ausleger wieder an und stellen Sie die Höhe des Arbeitstisches der Kapp-und-Gehrungssäge so ein, dass er bündig mit den Auslegern abschließt, indem sie ein langes, gerades Stück Holz über die Ausleger legen. Stellen Sie die Höhe der Säge dementsprechend ein und fixieren Sie die Einstellschrauben.

Als letztes werden der Anschlag und die Längenanschläge angefertigt und die Maßbänder angebracht. Schneiden Sie zuerst einige Reststücke Sperrholz auf 85 mm Breite. Die Länge sollte 25 mm mehr betragen als die Entfernung vom Sägeblatt zur Außenkante der Halterung. Wenn die Säge genau mittig auf dem Schrank steht, sollte dieses Maß etwa 412 mm betragen.

Schneiden Sie Nuten mit 12 x 20 mm in 25 mm Entfernung von einer Kante der Streifen. Diese Kante wird die Unterkante des Anschlags. Schneiden Sie oberhalb dieser Nut eine flache 12-mm-Nut für das Maßband an. Leimen Sie ein 100 mm langes Füllstück in das Nutende beim Sägeblatt und legen Sie in den verbliebenen Teil der Nut ein zugeschnittenes Stück T-Nut-Schiene. Wiederholen Sie diese Schritte spiegelbildlich für die andere Seite. So bleiben Ihre Hände bei der Arbeit mindestens 100 mm vom Sägeblatt entfernt – ein guter Sicherheitsabstand. Senken Sie das Sägeblatt ab, als ob Sie schneiden wollten, und schieben Sie die beiden Anschläge von den Seiten gegen das Sägeblatt. Spannen Sie die Anschläge in dieser Lage an und befestigen Sie sie mit Schrauben.

Schneiden Sie das Maßband auf 400 mm Länge und kleben Sie es in die flache Nut des Anschlags. Schneiden Sie zwei lange Stücke Maßband zu und verwenden Sie einen rechtwinkligen Holzklotz als Anschlag, um die 400-mm-Punkte zu markieren. Kleben Sie die Maßbänder dann auf beiden Seiten der Säge so in die Nut ein, dass ihre Enden an den Anschlagklotz anstoßen.

Fertigen Sie dann noch den Längenanschlag an, der in den T-Nut-Schienen angebracht wird. Der Anschlag selbst ist ein einfacher Holzblock mit 50 x 75 mm, in dem ein 6-mm-Loch gebohrt ist. Stellen Sie eine Führungsleiste mit etwa 7 x 2 mm her. Das ist einfacher, wenn Sie die Leiste etwas dicker zuschneiden und auf 2 mm abhobeln. Bohren Sie das 6-mm-Loch durch den Längenanschlag und kontrollieren Sie die Funktion mit einer Schraube und einem Drehknauf.

Kapitel Dreizehn

Arbeitstisch für die Ständerbohrmaschine

Steve Shanesy

Für die Ständerbohrmaschine gibt es viele unterschiedliche Arbeitstische und Anschläge, vom einfachen Kantholz, das am gusseisernen Tisch der Maschine selbst festgespannt wird, bis hin zu aufwendigen Tischen mit allen denkbaren Vorrichtungen und Hilfsmitteln. So etwas ist nicht ganz mein Stil. Als es also darum ging, den Tisch an meiner Ständerbohrmaschine zu ersetzen, war das Pflichtenheft nicht sehr umfangreich:

- **Genauigkeit.** Der Tisch muss eben sein und es auch bleiben und der Anschlag muss im rechten Winkel auf dem Tisch stehen.
- **Einfache Bedienung.** Mein voriger Arbeitstisch hatte einen Anschlag, der am Tisch selbst befestigt war, sodass man den Anschlag nur verstellen konnte, indem man Schraubzwingen löste und wieder anzog, die an der unregelmäßig geformten Unterseite des gusseisernen Tisches angesetzt wurden.
- **Dauerhaftigkeit.** Obwohl ich versuchte, es zu vermeiden, hatte ich meinen alten Tisch auf Dauer dadurch ruiniert, dass ich zu oft in ihn hineingebohrt hatte.
- **Fixierungsmöglichkeiten für Werkstücke.** Manchmal muss ich ein Werkstück festspannen, aber normale Schraubzwingen bieten nicht die notwendige Ausladung.

Von diesen Gedanken ließ ich mich bei der Entwicklung des Arbeitstischs für die Ständerbohrmaschine leiten.

Materialwahl

Ich entschied mich für MDF, weil es eben, glatt und maßbeständig ist. Sperrholz ist eine weitere Option, solange es eben und glatt ist (was nur bei den hochwertigen Sorten zutrifft). Melaminbeschichtete Spanplatte kam nicht in Frage, weil die Kunstharzoberfläche zu glatt ist. Der Anschlag wird aus einem fehlerfreien Stück Nadelholz (50 x 100 mm) zugeschnitten, das rechtwinklig abgerichtet ist. An der Unterseite wird ein Streifen Sperrholz am Anschlag angeschraubt. Dieser Streifen wird am MDF-Tisch festgespannt. T-Nut-

Die Nuten (20 mm breit, 12 mm tief) für die T-Nut-Schiene habe ich mit der Handoberfräse geschnitten. Der Endpunkt der Fräsung wird durch eine Zulage bestimmt, die an der Hobelbank festgespannt wird.

Schienen und T-Schrauben dienen der einstellbaren Anbringung des Anschlags am Tisch. Näher an der Vorderkante des Arbeitstischs wird eine weitere T-Nut-Schiene eingelassen, die gegebenenfalls Vorrichtungen zur Fixierung des Werkstücks aufnehmen kann. Dabei kann es sich um eine der vielfältigen käuflich erhältlichen Haltevorrichtungen handeln.

Die Herstellung des Tischs

Mein Arbeitstisch misst 460 x 710 mm – für die meisten Arbeiten ist das mehr als genug. Falls der Platz in Ihrer Werkstatt eingeschränkt ist, können Sie die Maße natürlich reduzieren. Ich sollte auch darauf hinweisen, dass meine Ständerbohrmaschine eine Ausladung von 460 mm hat. Falls Ihre Maschine kleiner ist, muss die Entfernung, um die der Anschlag verstellt werden kann, entsprechend verkürzt werden.

Arbeitstisch für die Ständerbohrmaschine					
Anzahl	**Bezeichnung**	**Länge**	**Breite**	**Dicke**	**Material**
1	Arbeitstisch	710	460	20	MDF
1	Untertisch	580	410	20	MDF
1	Tischeinsatz		Ø 120	20	MDF
1	Anschlag	700	70	35	Kiefer
1	Anschlag-Grundplatte	620	90	20	Sperrholz

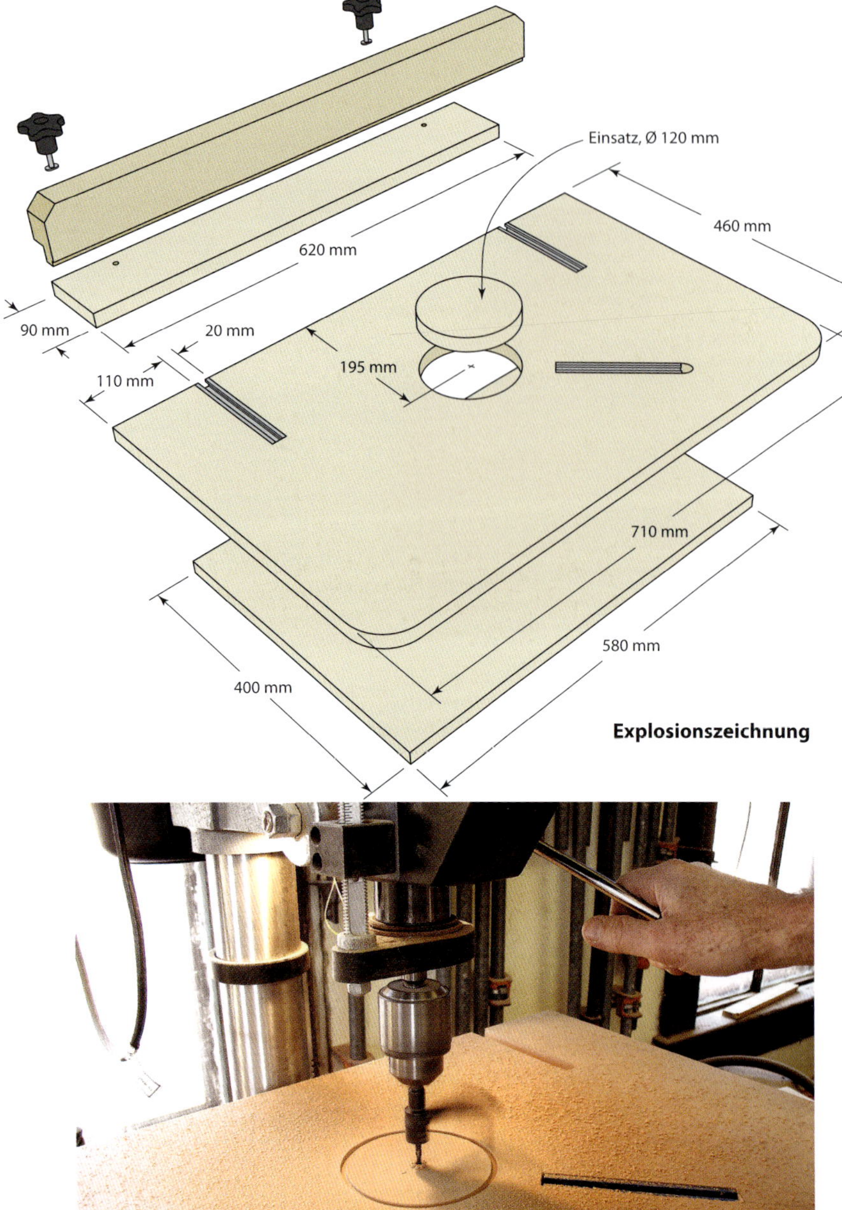

Explosionszeichnung

Das große Loch im Arbeitstisch wird mit einem Kreisschneider geschnitten. Achten Sie auf Ihre Sicherheit im Umgang mit diesem Werkzeug, kommen Sie ihm vor allem mit den Händen nicht zu nahe.

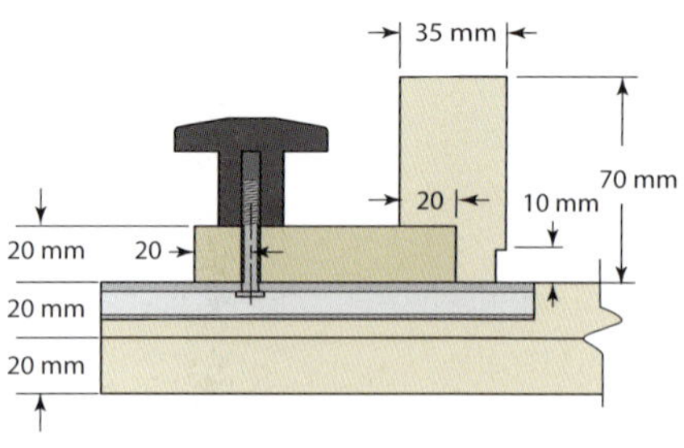

Querschnitt
Arbeitstisch und Anschlag

Unter dem Maschinentisch befindet sich eine zweite MDF-Platte in den Maßen 400 x 580 mm, die ich im Folgenden als Untertisch bezeichnen werde. Der Untertisch wird später angeschraubt. Sein Hauptzweck liegt darin, die Dicke des Tischs zu erhöhen, damit die T-Nut-Schiene sicher befestigt werden kann. Lassen Sie den Untertisch vorerst beiseite.

Als erstes werden die Nuten für die T-Nut-Schiene gefräst. Meine Schiene ist 20 mm breit und 12 mm stark. Die Aufnahmenuten werden eine Winzigkeit tiefer gefräst als die Stärke der Schiene. Ich habe für den Anschlag zwei Nuten im Abstand von etwa 110 mm von den Seitenkanten des Tischs geschnitten, die sich von der Hinterkante 145 mm nach vorne erstrecken. Die Handoberfräse war für die Schnitte mit Parallelanschlag und einem Nutfräser ausgestattet.

Die Nut für die Schiene, die Werkstückhalter aufnimmt, wird in einem Winkel von etwa 45° geschnitten. Die genaue Lage ist Geschmackssache, aber aus der Zeichnung ist zu erkennen, wo ich meine angebracht habe. Auch diese Schiene ist etwa 145 mm lang, die Nut wird aber etwas länger geschnitten, damit man eine T-Schraube in die Schiene einstecken kann.

Als nächstes habe ich mit einem Kreisschneider ein rundes Loch mit 120 mm Durchmesser geschnitten. Es liegt mittig zwischen den Seitenkanten des Arbeitstisches und 195 mm von der Hinterkante entfernt. Dieses Loch nimmt Einsätze der gleichen Größe auf, die sich leicht ersetzen lassen – damit löst man das Problem der Beschädigung des Arbeitstisches durch wiederholtes Hineinbohren. Die Einsätze stelle ich her, indem ich sie mit dem Zirkel anreiße und dann sorgfältig an der Bandsäge aussäge. Die Außenkante wird in Minutenschnelle nachgeschliffen, und dann ist die Passung gut.

Die Ecken des Arbeitstisches werden an der Bandsäge mit einem Radius von 50 mm abgerundet, bevor man die Teile des Tisches zusammenbaut.

Der Anschlag und der Arbeitstisch müssen genau senkrecht aufeinander stehen. Überprüfen Sie das sorgfältig.

Die runden Einsätze für den Arbeitstisch werden mit dem Zirkel auf dem Material angerissen und dann an der Bandsäge ausgeschnitten.

Den Anschlag für die Ständerbohrmaschine kann man gut senkrecht abrichten, indem man sicherstellt, dass der Anschlag an der Abrichthobelmaschine senkrecht steht und dann den Holzanschlag daran entlang führt.

Schrauben Sie den Untertisch von unten am Arbeitstisch fest. Die Schrauben sollten nicht in der Mitte des Arbeitstisches oder in der Nähe der T-Nut-Schienen gebohrt werden. Schrauben Sie dann die T-Nut-Schienen in die Nuten und legen Sie den Einsatz in den Tisch ein. Der Arbeitstisch kann dann am gusseisernen Tisch der Ständerbohrmaschine angeschraubt werden.

Die Herstellung des Anschlags

Das Material für den Anschlag muss allseits eben und rechtwinklig abgerichtet sein. Wie bereits erwähnt, habe ich ein fehlerfreies Stück Nadelholz (50 x 100 mm) abgerichtet und auf Stärke gehobelt. Schneiden Sie dann ein Stück 85 mm breites Sperrholz zu, das ungefähr so lang ist wie der Anschlag. Kennzeichnen Sie die Vorder- und Rückseite des Anschlags. Schneiden Sie an der hinteren unteren Kante einen etwa 20 mm breiten Falz, der so tief ist wie die Stärke des Sperrholzes. Sowohl der Sperrholzstreifen als auch der Falz sollten möglichst genau rechtwinklig geschnitten werden. Dann wird an der vorderen unteren Kante des Anschlags ein kleiner Falz mit 10 mm Breite und etwa 3 mm Höhe geschnitten. Sägen Sie die oberen Ecken des Anschlags im 45°-Winkel ab, bevor Sie den Sperrholzstreifen am Anschlag anschrauben. Das ist benutzerfreundlicher und sieht gefällig aus.

Wenn der Anschlag zusammengeschraubt ist, stellt man ihn auf den Arbeitstisch und kontrolliert sorgfältig, ob er senkrecht auf diesem steht. Wenn das nicht der Fall ist, lässt sich die Abweichung beheben: Stellen Sie sicher, dass der Anschlag Ihrer Abrichthobelmaschine genau senkrecht zu ihrem Arbeitstisch steht. Legen Sie dann den Sperrholzstreifen des Anschlags für die Ständerbohrmaschine am Anschlag der Abrichte an und nehmen Sie einen dünnen Span von der Sichtseite des Anschlags der Ständerbohrmaschine ab. Damit sollten Abweichungen vom rechten Winkel beseitig sein. Stellen Sie den Anschlag zur Kontrolle wieder auf den Arbeitstisch der Ständerbohrmaschine. Wenn er jetzt rechtwinklig auf dem Tisch steht, ist alles in Ordnung.

Platzieren Sie den Anschlag dann über der T-Nut-Schiene, sodass er mittig zwischen den beiden Seitenkanten steht. Übertragen Sie die Mitten der T-Nuten von den Schienen auf den Sperrholzstreifen des Anschlags. Bohren Sie dann in einem solchen Abstand von der Rückseite des Anschlags, dass man die Drehknäufe bequem drehen kann, Löcher in das Sperrholz, durch die Sie die T-Schrauben stecken können.

Der Anschlag hat einige zusätzliche Merkmale. Der flache Falz, den Sie an der Vorderseite unten angeschnitten haben, dient als Aufnahme für eine 6 mm breite Zulage, die aber noch Raum für Bohrspäne lässt, sodass das Material dicht am Anschlag anliegt. Man kann den Anschlag auch umdrehen, sodass der Sperrholzstreifen nach vorne weist. Dieser flache Anschlag ist perfekt, um kleine Löcher in der Nähe der Kante eines Werkstücks zu bohren. Außerdem verhindert er, dass das Bohrfutter auf dem Anschlag aufsetzt, bevor man den Bohrer soweit abgesenkt hat, dass er ins Material greift.

Kapitel Vierzehn

Platzsparender Abnahmetisch

Eric Hedberg

Wer sagt denn, dass eine Tischkreissäge nicht ‚hip' sein kann? Mit dieser Version eines Abnahmetisches hat eine der nützlichsten, aber auch problematischsten Maschinen in meiner Werkstatt plötzlich das ‚gewisse Etwas' und wie Duke Ellington sagt: "It don't mean a thing if it ain't got that swing." Das stimmt ganz besonders in meiner Werkstatt, weil es dort sehr eng zugeht. Platz an der Wand ist sehr wertvoll, ich finde kaum eine Lücke, um Zubehör und Vorräte unterzubringen. Das einzige, was noch wertvoller ist, ist der Stellplatz auf dem Fußboden.

Die Kreissäge in dieser Werkstatt ist eine klassische Baukreissäge. Bei Längsschnitten laufen die Werkstücke vom Ende des Maschinentischs und fallen auf den Motor. Das ist nicht gerade sicher und es ist auch nicht sehr gut für die Bauteile meiner Werkstücke. Ich brauchte also einen kleinen Abnahmetisch für die meisten meiner Arbeiten, aber für die längeren Schnitte oder für große Holzwerkstoffplatten benötigte ich einen Abnahmetisch mit mehr Fläche. Man kann an den meisten Tischkreissägen einen Abnahmetisch anbringen, ob es nun eine Baukreissäge ist wie meine oder eine normale Kreissäge wie die hier gezeigte aus der Werkstatt der Zeitschrift Popular Woodworking. Mit ein paar Metallhalterungen, einem Klavierband und einer Handvoll Schrauben und Muttern entstand meine eigene Version eines Klapptischs. Das Tischblatt 'schwingt' nach unten, die Konstruktion eignet sich für fast jede Tischkreissäge, für die man mehr Arbeitsfläche benötigt.

Im Fluss

Der Abnahmetisch besteht aus zwei Teilen. Der kurze, feste Tisch misst 300 x 1000 mm. Die Klappe misst 600 x 1000 mm. Beide können aus einem geeigneten Plattenwerkstoff hergestellt werden – Sperrholz oder Melamin zum Beispiel. Schneiden Sie die Tischplatten auf Größe (wäre es nicht schön, wenn Sie dafür einen Abnahmetisch hätten?) Man kann den Zuschnitt auch mit der Handkreissäge vornehmen, da die Kanten nicht absolut rechtwinklig sein müssen, um ihren Dienst zu leisten.

Wenn man separate Halterungen an der hinteren Führung der Tischkreissäge und an der Zarge des Abnahmetischs anbringt, kann man dessen Höhe und seine Entfernung von der Hinterkante des Arbeitstischs an der Säge genau einstellen.

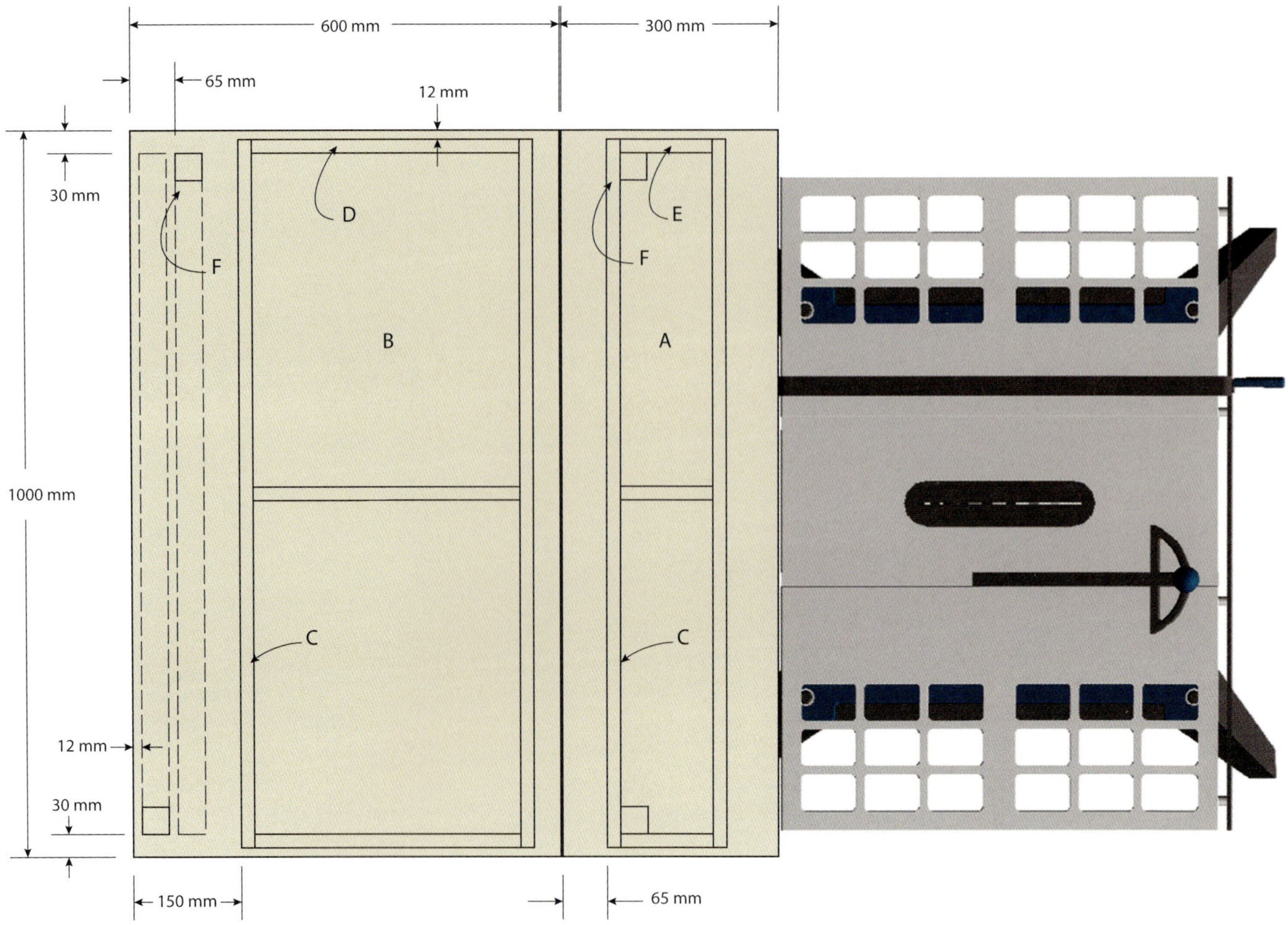

Der kleine Tisch wird mit wenigen Handgriffen an der Tischkreissäge befestigt. Zum Teil entscheiden diese sich durch die Beschläge, die den Tisch mit der Säge verbinden. Jedes Tischkreissägenmodell wird leicht unterschiedliche Vorrichtungen aufweisen, um einen Abnahmetisch zu befestigen. So wird je nach Befestigungsart ein mehr oder weniger großer Abstand zwischen der Säge und den Zargen des Tischs einzuhalten sein. Bei der auf S. 97 gezeigten Säge musste der Tisch mit einem 20 x 3 mm großen Falz versehen werden, um ihn fugenlos anbringen zu können. Außerdem werden Sie einige Nuten fräsen wollen, um die Führungsnuten für den Queranschlag der Tischkreissäge in den Abnahmetisch hinein zu verlängern. Andernfalls würde der Queranschlag auf den Arbeitstisch der Tischkreissäge beschränkt bleiben.

Wenn die Tischplatten zugeschnitten sind, werden die Teile für die Zargen hergestellt. Die Zargen können aus jedem geeigneten Laub- oder Nadelholz oder aus Sperrholz hergestellt werden, das Ihnen zur Verfügung steht.

Die Beine haben einen Querschnitt von 40 x 40 mm, die Länge wird auf die Höhe der Tischkreissäge abgestimmt. Stellschrauben für Möbelfüße sind im Handel zu bekommen. An allen vier Beinen angebracht, machen sie es leicht, die Höhe des Abnahmetischs fein zu justieren, sodass er genau bündig am Arbeitstisch der Kreissäge anliegt.

Die Montage

Bevor Sie die Zargen an den Tischen anbringen, sollten Sie die Beschläge an der Tischkreissäge anbringen, um den kleinen Tisch zu befestigen. Folgen Sie der Anleitung des Sägenherstellers. Richten Sie die vordere Zarge mittig aus und reißen Sie die Lage der Halterungen und Schrauben an. Vergessen Sie nicht, 20 mm für die Stärke der Tischplatte einzuplanen, wenn Sie die Zarge am Arbeitstisch der Tischkreissäge ausrichten. Schrauben Sie die Halterungen an die Zarge und ziehen Sie die Muttern an der Tischkreissäge an. Kleine Höheneinstellungen kann man jetzt noch gut vornehmen, weil man nicht den gesamten Tisch dazu bewegen muss

Jetzt kommt der Teil, der Spaß macht. Ich habe meine Lehre für schräge Sacklöcher verwendet, um die Bohrungen vorzunehmen, durch die ich die Zarge mit dem kleinen Tisch verbunden habe. Schräge Sacklöcher sind schnell und leicht zu bohren, die Verschraubung ist belastbar genug für diesen Zweck. Falls Sie lieber mit Formfedern arbeiten, ist das natürlich auch möglich. Fast jede aus dem Tischbau bekannte Methode ist zur Verbindung geeignet.

Die hintere Kante der großen Tischplatte ragt 150 mm über die Zarge hinaus, um Platz für die Klappbeine zu lassen. Die feststehenden Beine werden innen an die Zarge geschraubt, die Klappbeine mit einem entsprechenden Beschlag aus dem Fachhandel. Die

Platzsparender Abnahmetisch						
Anzahl	**Buchstabe**	**Bezeichnung**	**Länge**	**Breite**	**Dicke**	**Material**
1	A	kurzer Tisch	1000	300	20	Sperrholz
1	B	Klapptisch	1000	600	20	Sperrholz
4	C	Zarge	975	55	20	Eiche
3	D	Zarge	380	50	20	Eiche
3	E	Zarge	130	50	20	Eiche
4	F	Bein	810 – 915	38	38	Eiche

Klappbeine sind gegeneinander versetzt, damit sie nebeneinander eingeklappt werden können. Der Abstand kann nach Belieben gewählt werden, aber 12 mm sind vollkommen ausreichend. Bringen Sie zuerst die Beschläge an und dann die Beine an den Beschlägen. Achten Sie darauf, dass die Beschläge in die richtige Richtung einklappen.

Legen Sie alles kopfüber auf die Werkbank und schieben Sie den beweglichen Teil des Abnahmetischs gegen die korrespondierende Kante am zusammengebauten kleineren Tisch. Bringen Sie in der Lücke zwischen den beiden Tischen ein Klavierband an. Achten Sie darauf, dass das Gewerbe des Klavierbandes mittig in der Lücke liegt. Wenn der Klapptisch abgesenkt wird, bildet das Klavierband einen Winkel von 90°.

Hängen Sie die zusammengebauten Teile jetzt an der Säge an. Dies ist ein guter Zeitpunkt, um die Länge der Beine und die genaue Lage der Halterungen zu überprüfen und gegebenenfalls zu korrigieren. Dazu sollten Sie die Baugruppe wieder aus der Tischkreissäge aushängen.

Bis zum Boden hinab

Wenn Sie mit den Einstellungen zufrieden sind, hängen Sie die beiden Tische wieder an der Tischkreissäge ein. Kontrollieren Sie den klappbaren Tisch auf einwandfreie Funktion und nehmen Sie eine Oberflächenbehandlung nach Ihren Wünschen vor. Für die meisten Arbeiten wird Ihnen wie mir vermutlich der kleine Abnahmetisch reichen. Wenn aber dann doch die großen Platten und langen Bretter gesägt werden müssen, ist es ein Leichtes, die Verlängerung hochzuklappen und mit der Arbeit zu beginnen.

Kapitel Fünfzehn

Stoßladen

Graham Blackburn

Früher, bevor Elektrowerkzeuge aufkamen, war der Hobel das typische Werkzeug des Tischlers. Heute haben die Tischkreissäge und die Handoberfräse (neben vielen anderen Elektrowerkzeugen) oft diese Rolle übernommen. Da aber immer mehr Holzwerker die Freude entdecken – um nicht vom größeren Spektrum an Arbeitsverfahren, von den ökonomischen und Sicherheitsaspekten zu sprechen –, die darin liegen kann, verschiedene Handwerkzeuge und Methoden bei ihrer Arbeit anzuwenden, kommt wieder ein erneutes Interesse an der traditionellen Tischlerei auf.

Der heutige Freizeitholzwerker sieht sich einer wachsenden Schar von immer besser konstruierten Handwerkzeugen gegenüber, die oft den Vergleich mit den Produkten so legendärer Hersteller wie Norris, Preston und sogar den frühen Erzeugnissen von Stanley nicht zu scheuen brauchen. Auch die verfügbare Information über die Restaurierung, Instandhaltung und das Schärfen dieser Werkzeuge wächst stetig an.

Ob man nun aber einen brandneuen Handhobel kauft, ein teures Modell vom Anfang des 20. Jahrhunderts, einen antiken Hobel mit Holzkorpus oder sogar ein preiswertes modernes Exemplar: Kenntnisse über die Pflege und Instandhaltung des Werkzeugs sind nur die halbe Miete. Die andere Hälfte ist das Wissen um die Verwendung des Werkzeugs. Auch der teuerste und bestgepflegte Hobel der Welt führt vielleicht nur zu Frustrationen, wenn man nicht weiß, wie er am besten zu verwenden ist.

Die andere Hälfte

Früher war es selbstverständlich, dass mit dem Begriff ‚Handarbeit' nur selten ‚freihändiges Arbeiten' gemeint war. Mit der Ausnahme von Schnitzern hätten traditionelle Holzwerker nicht daran gedacht, einen Hobel freihändig zu führen, genauso wie die heutigen Holzwerker nie auf die Idee kämen, eine Tischkreissäge oder eine anderer Maschine ohne einen Anschlag oder eine andere Form der Führung zu verwenden. Diese Hilfsmittel sind deshalb auch immer wesentlicher Bestandteil der Maschine selbst.

Aber auch die allermeisten Hobel – und es gibt eine ungeheure Auswahl unterschiedlicher Modelle – benötigen eine Führungsvorrichtung, wenn man konsistente und präzise Ergebnisse erzielen möchte.

Manche Hobel, etwa Falz- oder Profilhobel, haben zwar integrierte Anschläge und sogar Tiefenanschläge, aber nur selten gibt es darüber hinaus eingebaute Vorrichtungen, um genaues Arbeiten zu gewährleisten.

Das ist vor allem bei den häufigsten Hobeltypen so, die zum Schruppen, Abrichten und sogar Verputzen von Material und Werkstücken dienen: Schrupphobel, Raubank, Schlichthobel und Putzhobel.

Die Stoßlade von Stanley trug die Modellnummer 52, zum Lieferumfang gehörten der Hobel und die Stoßlade aus Gusseisen. Sie wurde von 1909 bis 1943 verkauft. Wenn man heute ein gut erhaltenes Exemplar findet, dann kaum für weniger als 1000 US-$. Dafür leistet es dann aber auch gute Dienste.

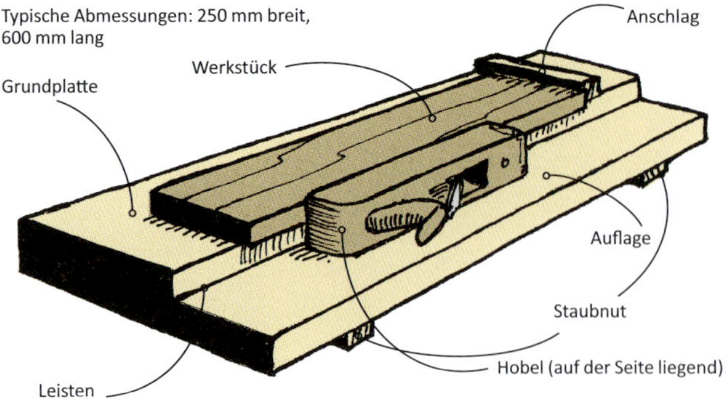

Einfache Stoßlade. Mit dieser einfachen Vorrichtung kann man Schmalkanten sicher rechtwinklig abrichten.

Präzise Kanten

Wenn es um die Bearbeitung von Kanten geht, ist die unabdingbare Ergänzung zu all diesen Hobeln eine Stoßlade. Diese Vorrichtung ist heutigen Holzwerkern oft unbekannt, weil sie mit Ausnahme einiger recht seltener (und inzwischen als Sammlerstücke sehr teuren) Modelle von Herstellern wie Stanley in der Regel vom Holzwerker selbst hergestellt wurden, anstatt sie im Werkzeughandel zu kaufen.

Die gute Nachricht ist, dass es nicht sehr schwierig ist, selbst eine Stoßlade herzustellen und ihre Verwendung zu erlernen.

Wenn man ein Werkstück so in der Vorderzange einspannt, dass die zu bearbeitende Kante oben liegt, kann man leicht einen Hobel auf dieser Kante entlangführen. Aber je nach Stärke des Materials (also Breite der Kante), fällt es einem unter Umständen schwer, den Hobel genau im rechten Winkel zur Fläche des Brettes zu führen. Wenn man dagegen das Brett auf die Fläche legt und den Hobel auf seine Seite, dann kann man theoretisch die Kante genau im Winkel von 90° zur Fläche hobeln. Vorausgesetzt ist dabei, dass die Oberfläche der Hobelbank absolut eben und die Korpusseite des Hobels genau rechtwinklig zu seiner Sohle ist.

Aber auch dann gibt es noch zwei Probleme bei dieser Methode. Zum einen muss das Brett mit Zwingen oder Anschlägen fixiert werden; zum anderen haben die meisten Hobel keine Eisen, die bis zu den äußeren Kanten der Sohle reichen. Wenn man den Hobel auf die Seite legt und direkt die Kante bearbeitet, greift das Eisen deshalb nicht auf der gesamten Breite ins Material.

Die Stoßlade bietet für beide Probleme eine Lösung. Im Wesentlichen ist sie einfach nur eine Vorrichtung, um ein beliebiges Werkstück sicher genug und hoch genug zu halten, dass der Hobel auf der Seite liegend verwendet werden kann, um eine Kante in einem präzisen Winkel zu bearbeiten.

Einfache Stoßlade

Die Grundform der Stoßlade besteht aus drei Teilen: einer Grundplatte, auf die der Hobel mit der Seite gelegt wird; eine Auflage, die das Werkstück so anhebt, dass das Hobeleisen an der gesamten Werkstückkante ins Holz greift; und ein an der Auflage befestigter Anschlag, gegen den das Werkstück gelegt wird.

Wenn die Stoßlade nicht aus einem (formstabilen) Holzwerkstoff wie Sperrholz hergestellt wird, bringt man meist noch an der Unterseite der Grundplatte Querleisten an, damit sie sich nicht verziehen kann.

Wenn man diese Querleisten geschickt platziert, kann man die Stoßlade mit ihnen auch an der Hobelbank anbringen, entweder indem man sie über die Vorderkante der Arbeitsplatte (und vielleicht auch die Kante einer Werkzeuglade in der Arbeitsplatte) hängen lässt oder indem man sie zwischen Bankhaken einspannt.

Als Alternative kann man auch einen Längskiel auf der Unterseite der Grundplatte anbringen, der sich in der Vorderzange einspannen lässt. Auch dann sind Querleisten aber vielleicht zu empfehlen, um dem Verziehen der Stoßlade entgegenzuwirken.

Der Anschlag (das Holzstück, an dem das Werkstück angelegt wird) kann einfach angenagelt oder in eine tiefe Nut eingelegt werden, die man in die Oberseite der Auflage schneidet. (Die zweite Methode halte ich für besser, weil man den Anschlag dann einfach nach vorne verschieben kann, wenn sein Ende abgenutzt oder beschädigt ist.)

So oder so muss der Anschlag genau im rechten Winkel zur Auflage stehen, damit das Werkstück dagegen gelegt werden kann, um seine Enden rechtwinklig zu bestoßen.

Das Werkstück wird beim Hobeln so auf die Auflage gelegt, dass seine Kante etwas übersteht; der Hobel wird nie so verwendet, dass er auch die Kante der Auflage schneidet. Stattdessen hobelt man bis zu einer angerissenen Markierung auf dem Werkstück. Trotzdem ist es eine gute Idee, eine kleine Staubnut neben der Auflage in die

Eine Leiste am vorderen Ende der Stoßlade wird vor der Vorderkante der Hobelbank angelegt, eine zweite am hinteren Ende in die Werkzeuglade eingelegt. Bei einer Stoßlade aus sehr stabilem Material wie Sperrholz kann man auch auf die hintere Leiste verzichten.

Ein an der Unterseite der Stoßlade angebrachter Kiel lässt sich in der Bankzange einspannen.

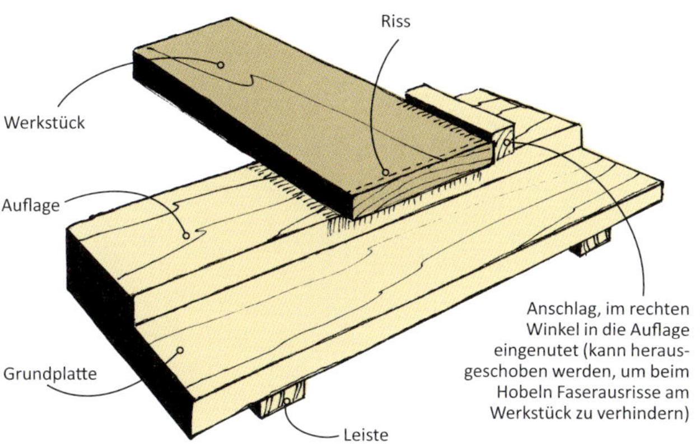

Um Hirnholz genau rechtwinklig zu bestoßen, muss der Anschlag genau im Winkel von 90° zur langen Kante der Auflage stehen.

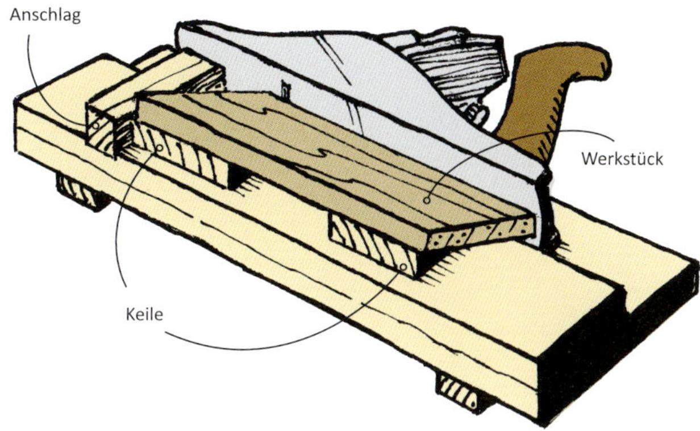

Eine einfache Stoßlade lässt sich auch verwenden, um Kanten anzufasen. Man legt einfach Keile mit dem gewünschten Winkel unter das Werkstück.

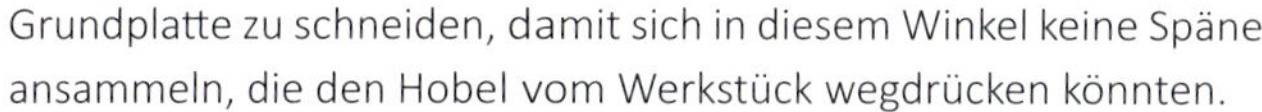

Grundplatte zu schneiden, damit sich in diesem Winkel keine Späne ansammeln, die den Hobel vom Werkstück wegdrücken könnten.

Wie sorgfältig man auch die Stoßlade herstellen mag, sie kann ihre Aufgabe nicht erfüllen, wenn die Sohle des Hobels nicht genau im rechten Winkel zu der Korpusseite steht, auf der man den Hobel führt.

Die meisten rechtshändigen Holzwerker legen den Hobel vorzugsweise auf seine rechte Seite. Deshalb werden die Auflage und der Anschlag an der linken Seite der Grundplatte angebracht. Falls Sie Linkshänder sind, vertauschen Sie die Positionen und verwenden den Hobel auf seiner linken Seite.

Bei Holzhobeln muss man darauf achten, dass die Hobelsohle auch bei häufiger Verwendung an der Stoßlade stets im rechten Winkel zu seinen Seiten bleibt. (Man kann ein Werkstück nicht ebener hobeln, als die Hobelsohle eben ist.)

Bei Hobeln mit einem Holzkorpus lässt sich diese Rechtwinkligkeit leicht sicherstellen. Metallhobel sind etwas problematischer. Hochwertige Metallhobel haben meist rechtwinklige Sohlen. Falls man die Sohle jedoch abrichten muss, ist es wichtig, dass man sicherstellt, dass sie rechtwinklig zu den Korpusseiten bleibt (vor allem der Seite, auf der man den Hobel führt).

Wenn Ihnen das Wirkprinzip klar ist, mit dem man an einer einfachen Stoßlade eine rechtwinklige Kante anhobelt, können Sie sich auch mit den folgenden Abwandlungen beschäftigen.

Angefaste Kanten

Manchmal möchte man Kanten in einem Winkel hobeln, der nicht 90° beträgt. Das lässt sich leicht mit einer normalen Stoßlade erledigen, bei der man einfach den Winkel der Auflage verändert, auf die das Werkstück gelegt wird. Mit entsprechend zugeschnittenen Keilen, die man unter das Werkstück legt, ist das ganz leicht. Alternativ kann man auch provisorisch eine schmale Leiste an der hinteren Kante der Auflage anbringen.

Eine etwas aufwendigere Methode, die aber sicherer und auf die Dauer flexibler ist, besteht darin, die Vorderkante der Auflage mit Scharnieren an der Grundplatte anzubringen. An der hinteren Kante sollte man dann eine feststellbare Höheneinstellung vorsehen, damit sich der Winkel während der Arbeit nicht verändert.

Angefaste Hirnholzenden

Ein genau rechtwinklig angebrachter Anschlag ist nützlich, wenn man das Ende eines Werkstücks mit 90° zu seinen Längskanten bestoßen möchte. Manchmal benötigt man aber auch andere Winkel. Solche abweichenden Winkel lassen sich leicht bearbeiten, indem man einen Hilfskeil zwischen den Anschlag und das Werkstück legt. In Verbindung mit einer der genannten Methoden, um Fasen zu hobeln, kann man die Stoßlade außerdem auch verwenden, um die Enden von Gehrungen oder anderen schrägen Enden zu bestoßen.

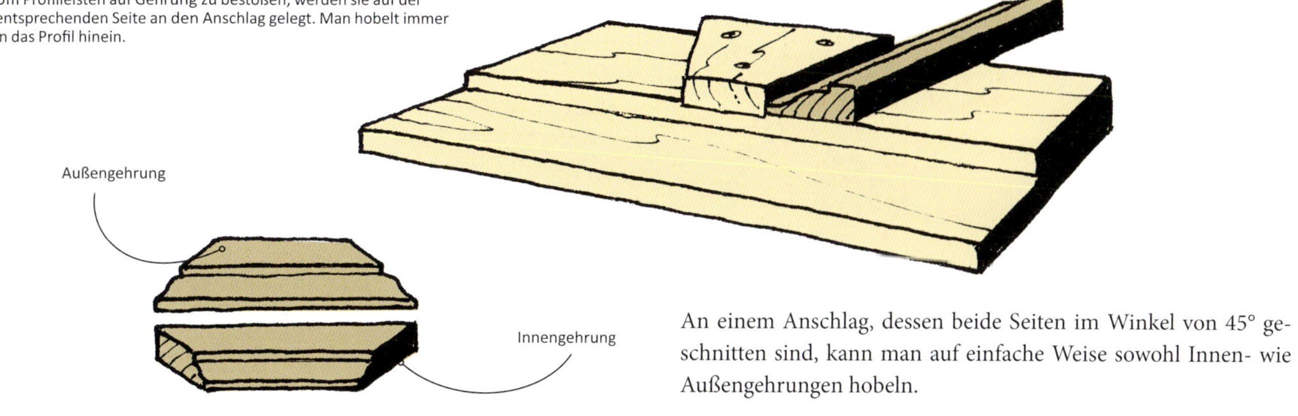

An einem Anschlag, dessen beide Seiten im Winkel von 45° geschnitten sind, kann man auf einfache Weise sowohl Innen- wie Außengehrungen hobeln.

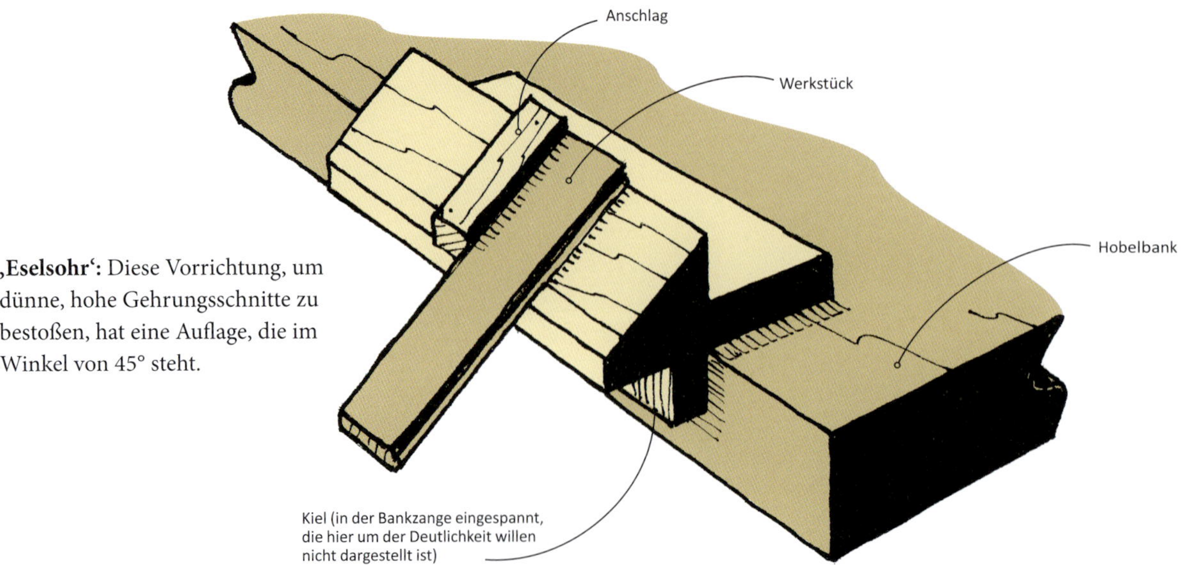

‚Eselsohr‘: Diese Vorrichtung, um dünne, hohe Gehrungsschnitte zu bestoßen, hat eine Auflage, die im Winkel von 45° steht.

Gehrungen

Gehrungen freihändig zu verputzen ist eine riskante Angelegenheit. Wenn man an relativ schmalen Werkstücken wie Profilleisten die Gehrungen nacharbeiten muss, sollte man sich eine Stoßlade herstellen, bei der mittig auf der Auflage ein Anschlag angebracht ist, der auf beiden Seiten im Winkel von 45° angeschnitten ist. So kann man Innen- und Außengehrungen bestoßen, ohne Faserausrisse an den Kanten zu riskieren.

Falls man Gehrungen an hohen Leisten oder Brettern bestoßen muss, wie sie etwa an Scheuerleisten für Fußböden oder an Kranzgesimsen im Möbelbau vorkommen, greift man zu einer Stoßlade, die im Englischen den schönen Namen „Eselsohr“ (Donkey's Ear) trägt. Im Wesentlichen ist das eine normale Stoßlade, bei der die Auflage in einem Winkel von 45° auf der Grundplatte angebracht ist und der Anschlag in ihrer Mitte sitzt.

Da die so zu bestoßenden Werkstücke oft recht lang sind, muss die Stoßlade nahe an der Vorderkante der Hobelbank verwendet werden. In der Regel wird das heißen, dass man sie mit einem Längskiel in der Vorderzange einspannt.

Gehrungsstoßlade

Diese Gehrungsstoßlade unterscheidet sich zwar von den anderen hier vorgestellten, aber sie sollte nicht außer Acht gelassen werden.

Man kann an ihr sowohl hohe als auch breite Gehrungen bestoßen. Nützlich ist sie vor allem wegen der großen Auflagefläche für den Hobel, mit dem man das Werkstück bestößt. Meist werden diese Flächen mit einem aufgeleimten dünnen Stück Karton davor geschützt, versehentlich mit bestoßen zu werden. Es gibt sie in unterschiedlichen Varianten noch gebraucht zu kaufen, man kann sich aber auch eine einfache Version leicht selbst herstellen.

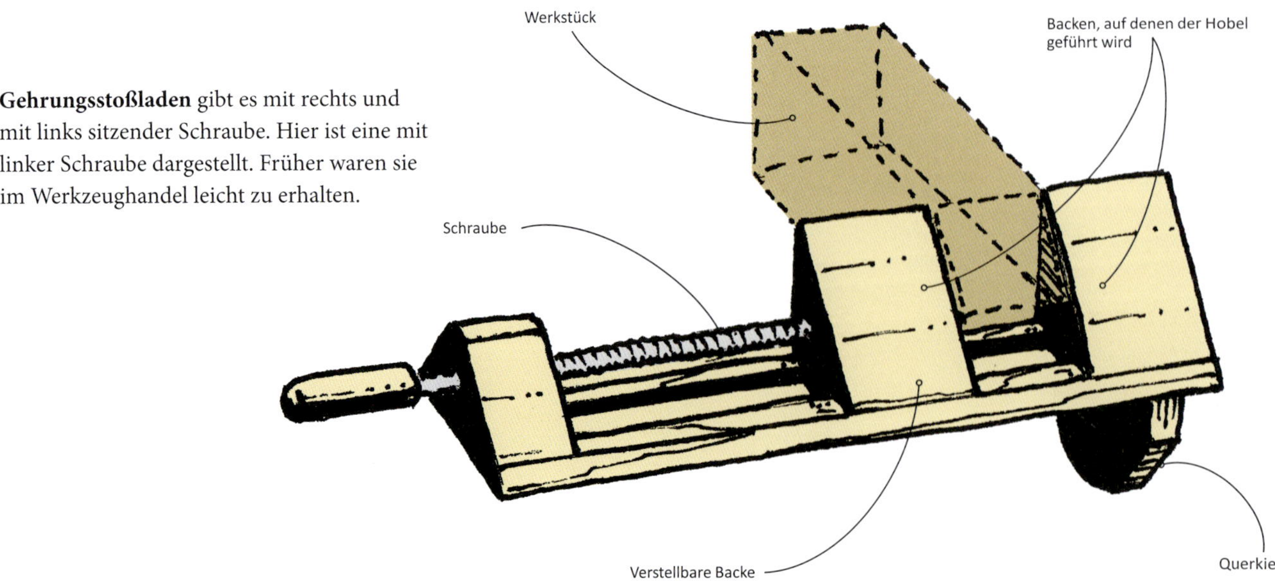

Gehrungsstoßladen gibt es mit rechts und mit links sitzender Schraube. Hier ist eine mit linker Schraube dargestellt. Früher waren sie im Werkzeughandel leicht zu erhalten.

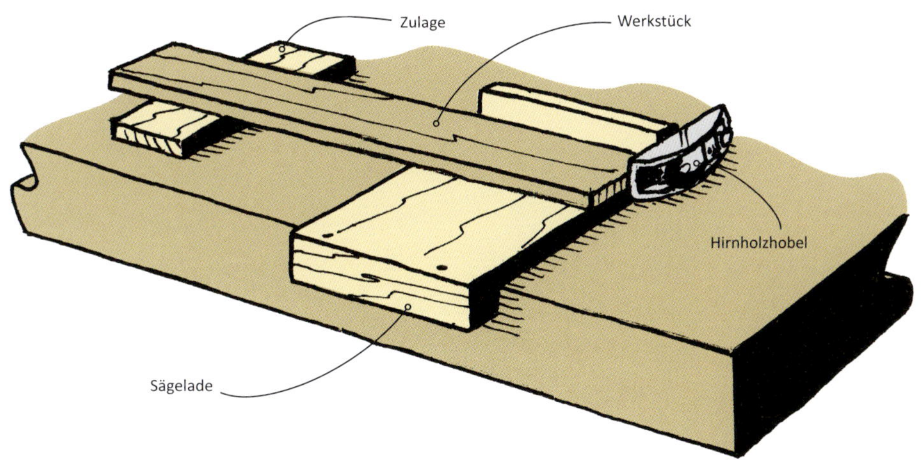

◄ Wenn die Oberfläche der Hobelbank eben ist, kann man ein Werkstück auch in die Sägelade legen, um das Hirnholz rechtwinklig zu bestoßen.

▼ Mit etwas Einfallsreichtum (und wenig Aufwand) kann man leicht eine einfache Gehrungsstoßlade selbst herstellen.

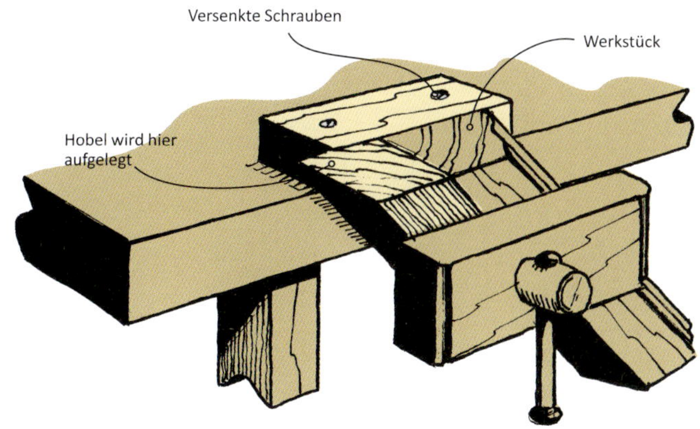

Abschließende Gedanken

Wenn man überhaupt keine Stoßlade besitzt, kann man Hirnholz auch an einer einfachen Sägelade bestoßen. Sie bietet die beiden wichtigen Funktionen: einen Anschlag für das Werkstück und eine erhöhte Kante, sodass der Hobel mit der Korpusseite direkt auf der Hobelbank geführt werden kann.

Die meisten Sägeladen sind relativ klein, meist messen sie nicht mehr als 300 x 300 mm. Die Länge der Werkstücke, die man bestoßen kann, ist also dementsprechend gering. Wenn man aber ein paar Bankhaken oder sogar nur einen Bankhaken und eine Zulage verwendet, kann man das Hirnholz jedes Brettes rechtwinklig bestoßen.

Schließlich stellt sich noch die Frage, was man tut, wenn ein Werkstück zu lang ist, um es in einer Stoßlade zu bearbeiten. (Es gibt in der Praxis doch eine Obergrenze für die Länge einer Stoßlade.)

Analog zum Berg und dem Propheten kann man dann sagen: „Dann kommt die Stoßlade halt zum Werkstück". Spannen Sie ein starkes, ausgefälztes Brett als Führung an die Seite des Hobels. Das Werkstück wird in der Bankzange eingespannt und der Hobel mit dem Führungsbrett am Werkstück entlang geführt. So erreicht man die gleiche Wirkung: Die Hobelsohle wird in einem gleichbleibenden Winkel an der zu bestoßenden Kante entlang geführt. Natürlich kann man das Führungsbrett auch einem von 90° abweichenden Winkel zuschneiden, wenn solche Kanten bestoßen werden sollen.

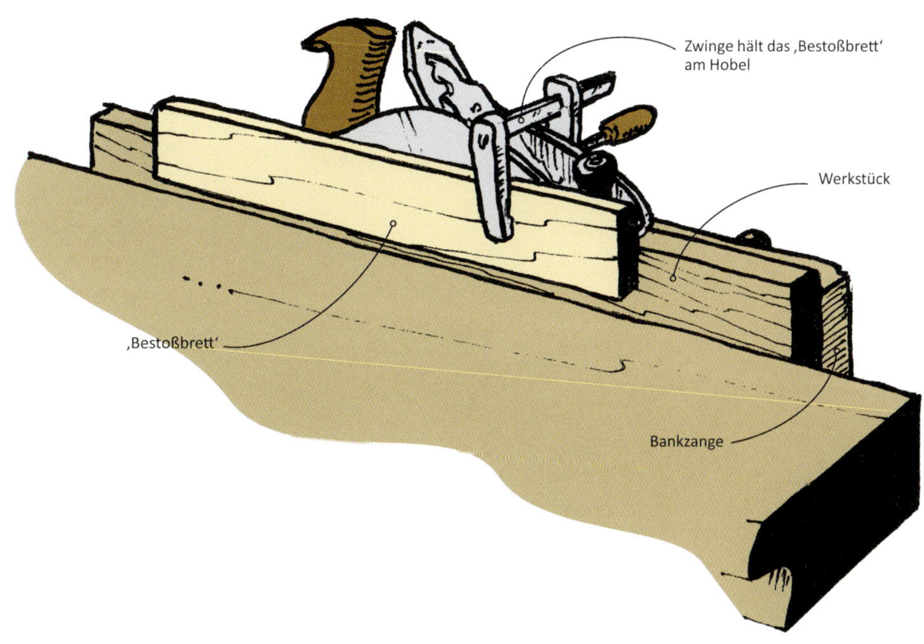

Wenn Sie nicht über eine Stoßlade verfügen, deren Größe dem Werkstück entspricht, können Sie auch einen Anschlag am Hobel befestigen, um ihn im gewünschten Winkel zu führen.

THE Fastener Center
THE Fastener Center

Kapitel Sechzehn

Ein praktischer Schrank für die Werkstatt

Troy Sexton

Eine meiner Lieblingsbeschäftigungen in arbeitsfreien Zeiten ist es, Ordnung in die Kleinteile in meiner Werkstatt zu bringen. Es macht mir wirklich Spaß, Nägel, Bohrer und Heftklammern zu sortieren. Ein Haufen wild zusammengewürfelter Schrauben unterschiedlicher Größe kann mich in den Wahnsinn treiben. So bin ich auch ein großer Anhänger von Sortimentskästen aus Kunststoff. Ich habe etwa 100 Exemplare.

Das mag etwas übertrieben wirken, aber ich verwende sie auch, um meine Angelköder zu sortieren und zu lagern. Oft werden solche Kunststoffkästen mit verstellbaren Einteilungen sogar als Köderboxen beworben.

Jeder Holzwerker, jeder Angler weiß, dass die Menge der Schrauben, Nägel, Bits und Köder, die man besitzt, exponentiell zunimmt. Am Schluss besitzt man sehr viele Kleinteile. (Als ich vor kurzem meine künstlichen Köder sortiert habe, stellte ich fest, dass es fast eintausend Stück waren.) Sortimentskästen mit verstellbaren Unterteilungen erleichtern es, Ordnung zu halten und lassen sich leicht in der Werkstatt, auf einer Baustelle oder auf ein Boot transportieren. Allerdings sind 100 einzelne Kästen auch schon wieder einem unsortierten Haufen von Schrauben ähnlich. Ich brauchte einen Kasten, um meine Kästen zu organisieren. Der Schrank, den Sie hier sehen, war das Ergebnis dieser Überlegung.

Das Stück ist leicht und schnell zu bauen – so wie es jedes Ausrüstungsstück für die Werkstatt sein sollte. Die Kunststoffkästen werden einfach auf Hartfaserplatten gestellt, die man in Nuten in den Seiten- und der Mittelwand des Schranks einschiebt. Die Türen haben Rahmen mit Konterprofil. Man kann aber auf Türen auch verzichten.

Die Maße des Schranks sind auf Sortimentskästen der 3700er Serie des Herstellers Plano abgestimmt, können aber leicht für jede andere Größe angepasst werden.

Mit einem Nutsageblatt lassen sich die Nuten an der Tischkreissäge leicht schneiden. Schneiden Sie jeweils eine Nut in die beiden Seitenteile und zwei in die Mittelwand, verstellen Sie den Anschlag der Tischkreissäge, sägen Sie den nächsten Satz von vier Nuten und so weiter.

Reihennutungen

Schneiden Sie Seitenwände, Deckel, Boden und Mittelwand aus Pappelholz, die Rückwand aus Sperrholz und die Regalböden aus Hartfaserplatte nach Maßgabe der Schnittliste auf Größe zu. Dann werden die Nuten in die Wände geschnitten. Rüsten Sie die Tisch-

Mit entsprechend großen Schrauben stellt man sicher, dass der Schrank hält, auch wenn er voll beladen ist.

Zwei Aufhängeleisten, eine oben und eine unten, sorgen dafür, dass man den Schrank in der Werkstatt an der Wand aufhängen kann. Beachten Sie die Ausklinkung für die Leiste in der Mittelwand.

Die Türrahmen habe ich mit einem Konterprofilfräsersatz in der Handoberfräse geschnitten. Die Türen sind nicht unbedingt notwendig. Sie können je nach eigenen Vorlieben konstruiert werden.

kreissäge mit dem Nutsägeblatt aus. Da die Nuten 6 mm breit und 6 mm tief sind, muss man beim Nutsägeblatt nicht allzu viel mit Zwischenringen arbeiten.

Ich habe die Nuten im Abstand von 55 mm angebracht. Sie werden jeweils auf der Innenseite der Seitenwände und auf beiden Seiten der Mittelwand geschnitten. Schneiden Sie die erste Nut an den vorgesehenen Stellen aller vier Teile, verstellen Sie den Anschlag der Tischkreissäge und schneiden Sie dann den nächsten Vierersatz Nuten. An jeder Seite werden 11 Nuten geschnitten, insgesamt also 44 Nuten. Bei dieser Methode müssen Sie den Anschlag der Tischkreissäge nicht öfter verstellen als notwendig. Wenn die Nuten geschnitten sind, werden die hinteren Kanten der Seitenwände mit einem Falz (6 x 6 mm) versehen, der die 6 mm starke Rückwand aufnimmt.

Montage des Schranks

Als Nächstes werden die Kanten am Deckel und Boden mit einem Halbstabprofil versehen. Dafür wird die Handoberfräse mit einem 12-mm-Abrundfräser verwendet. Schleifen Sie alle Korpusteile bis zu einer 180er Körnung.

Reißen Sie, wie auf der Zeichnung rechts zu sehen, die Lage der Seitenwände und Mittelwände am Deckel und Boden an. Bohren Sie an diesen Rissen die Löcher für die Schrauben vor, und schrauben Sie dann die Seitenwände, den Deckel und Boden (aber nicht die Mittelwand) mit 4 x 50-mm-Schrauben zusammen.

Im Inneren des Schranks befinden sich zwei Leisten, um ihn an der Wand anschrauben zu können. Ihre Lage oben und unten im Schrank ist der Zeichnung zu entnehmen. Sie werden zwischen die Seitenwände eingepasst, aber die Mittelwand muss entsprechend ausgeklinkt werden. Schneiden Sie dafür mit der Bandsäge eine 20 mm breite und 30 mm lange Ausklinkung an die obere und untere Ecke der Hinterkante der Mittelwand. Schrauben Sie die Mittelwand in den Schrank, und befestigen Sie dann, wie links zu sehen, die Aufhängeleisten mit Nägeln.

Falls Sie alle Schritte richtig ausgeführt haben, sollte die 6 mm starke Rückwand jetzt genau zwischen die Seitenwände passen und flach auf den Aufhängeleisten aufliegen. Dafür wird sie in den 6 mm tiefen Falz eingelegt, der bei der Montage des Schranks entstanden ist. Schneiden Sie sie auf Größe, schleifen Sie sie glatt, und bringen Sie sie mit dem Druckluftnagler an.

Türen mit Konterprofil

Die Türen sind nicht zwingend notwendig. In der Werkstatt sorgen sie dafür, dass die Sortimentskästen nicht staubig werden. Außerdem bieten sie Gelegenheit, die eigenen handwerklichen Fähigkeiten unter Beweis zu stellen. Ob man den Schrank mit Türen versieht und wie man sie baut, bleibt einem selbst überlassen.

Ich habe zwei Türen hergestellt, deren Rahmenverbindungen ich mit Konterprofilfräsern am Handoberfräsentisch hergestellt habe. Die Abplattungen an den Füllungen habe ich mit der Tischkreissäge angeschnitten. Schneiden Sie zuerst alle Teile für die Türen auf Maß. Fräsen Sie dann mit dem Konterprofilfräser die Zapfen an den vier Querfriesen an. Danach werden die Profile und die Nuten an den vier Längsfriesen angeschnitten. Es ist immer eine gute Idee, bei Konterprofilen Probefräsungen an Restholzstücken vorzunehmen.

Um die Füllungen abzuplatten, wird die Säge der Tischkreissäge auf 7° geneigt. Stellen Sie den Parallelanschlag der Tischkreissäge

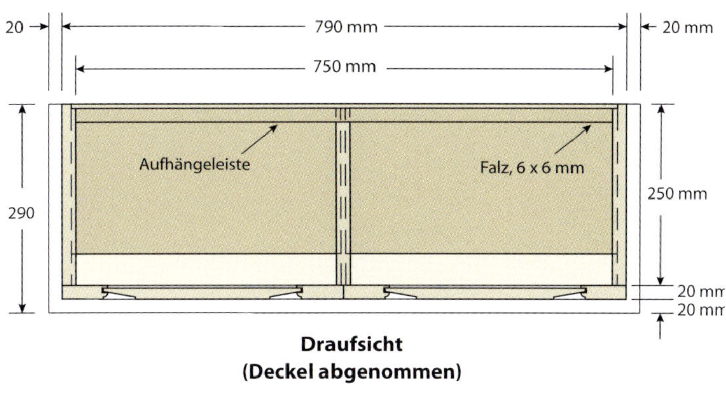

Draufsicht
(Deckel abgenommen)

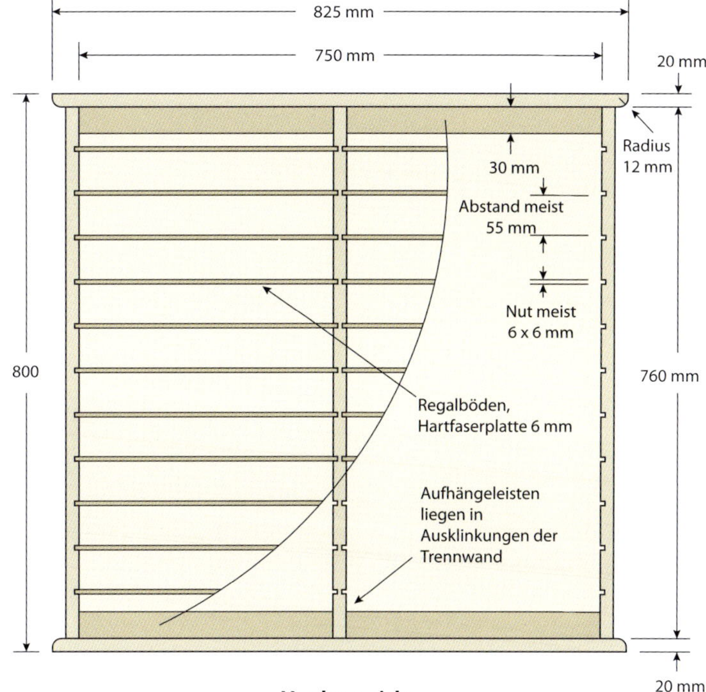

Vorderansicht
(Türen abgenommen)

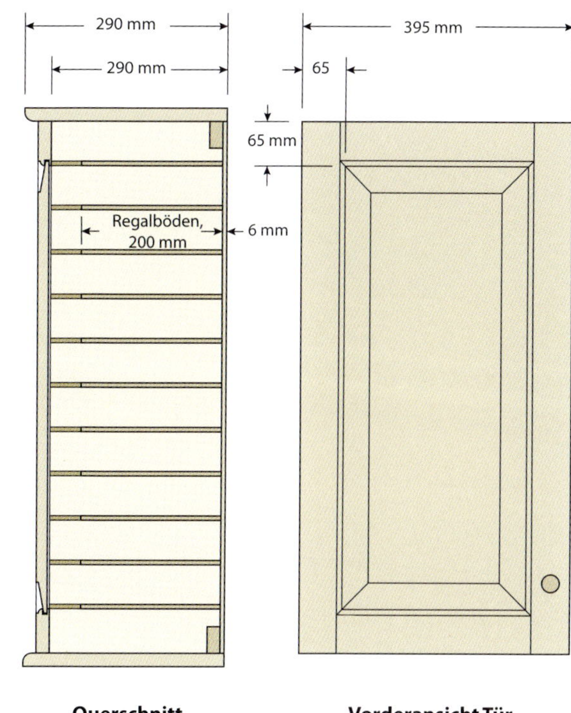

Querschnitt **Vorderansicht Tür**

so ein, dass das Sägeblatt oben an der Füllung eine Platte stehen lässt, die dünn genug ist, um in die Nuten zu passen, die Sie soeben in die Rahmenfriese gefräst haben. Auch hier sollte man an einem Probestück die richtige Passung ermitteln. Schleifen Sie die Füllungen mit 180er Schleifpapier, legen Sie sie in die Rahmen ein und verleimen Sie die Rahmen. Die Innenkanten der Längs- und Querfriese werden an den Verbindungen nicht geschliffen, damit keine hässlichen Fugen entstehen.

Beim Verleimen wird kein Leim an die Füllungen gegeben, sie liegen lose im Rahmen. Das erlaubt es ihnen zu schwinden und quellen, wenn sich die Luftfeuchtigkeit ändert.

Ich habe die Türen mit jeweils zwei Winkelscharnieren am Korpus angeschlagen und Magnethalter als Schließen angebracht. Denken Sie auch an die Türgriffe aus Holz.

Ich habe den Schrank zuerst gelb lackiert, so ist er hier auch zu sehen. Dann entschied ich mich jedoch gegen das Gelb und lackierte ihn später schwarz. Mit etwas Schleifarbeit nahm er ein ansprechend abgenutztes Aussehen an. Die Regalböden aus Hartfaserplatte bedürfen keiner Oberflächenbehandlung, sie werden einfach auf

Praktischer Werkstattschrank

Anz.	Bezeichnung	L	B	D	Material
1	Deckel	825	290	20	Pappel
1	Boden	825	290	20	Pappel
2	Seite	760	250	20	Pappel
1	Trennwand	760	245	20	Pappel
1	Rückwand	760	760	6	Sperrholz
22	Regalboden	375	200	6	Hartfaserplatte
2	Aufhängeleiste	750	38	20	Pappel
4	Tür-Längsfries	760	60	20	Pappel
4	Tür-Querfries	285*	60	20	Pappel
2	Tür-Füllung	655*	285	20	Pappel

* Endmaß abhängig vom verwendeten Konterprofilfräser

Endgröße geschnitten und in die Nuten eingeschoben. Der Schrank ist die perfekte Lösung für meine Aufbewahrungsprobleme bei der Angelausrüstung wie auch in der Holzwerkstatt. Besucher in der Werkstatt sind immer von seiner Zweckmäßigkeit beeindruckt. Zweckmäßig, aber leicht herzustellen. Es gibt nur ein Problem: Ich habe den Schrank nicht groß genug gebaut. Zurzeit feile ich an einem Entwurf für einen hohen, schmalen Schrank, um dieses Problem zu lösen.

Kapitel Siebzehn

Werkzeugschrank im Arts-&-Crafts-Stil

Christopher Schwarz

Irgendwann, als ich den sechzigsten Schwalbenschwanz für einen Schubladensatz sägte und mein Geduldsfaden dünner war als das Deckfurnier auf billigem Sperrholz, da machte sich ein vertrautes Gefühl in meinem Körper breit. Ich empfand Gelüste nach meiner Flachdübelfräse.

Sie lag ganz geduldig auf ihrem Platz im Regal und ich wusste, dass ihre eifrigen, scharfen Zähne die Arbeit an diesem Werkzeugschrank sehr viel schneller erledigen würden. Ich widerstand der Versuchung aber, weil mir die Worte eines englischen Sozialreformers, Kunstkritikers und zeitweilig Verrückten durch den Kopf gingen.

Die Schriften des Viktorianers John Ruskin (1819-1900) waren ein Eckpfeiler der amerikanischen Arts-&-Crafts-Bewegung. Ruskin prangerte die übelsten Auswüchse der Industrialisierung im 19. Jahrhundert an. Er setzte sich für Handwerkserzeugnisse ein, für Pensionen und ein öffentliches Erziehungswesen, alles zu einer Zeit, als es diese Dinge für die Armen kaum gab.

In seinem Buch "Die Sieben Leuchter der Baukunst, Die Leuchte der Erinnerung", das 1849 erschien, steht eine Passage, die jeder Holzwerker lesen sollte. Sie ist etwas länger und etwas dramatisch, aber sie ist mir in der Erinnerung haften geblieben. „Wenn wir bauen, sollten wir uns vorstellen, dass wir für die Ewigkeit bauen. Es sollte nicht für die Freude der Gegenwart sein, auch nicht für den gegenwärtigen Nutzen. Es sollte eine Arbeit sein, für die unsere Nachfahren uns danken werden; und wir sollten bedenken, während wir Stein auf Stein legen, dass eine Zeit kommen wird, in der diese Steine für heilig gehalten werden, weil unsere Hände sie berührt haben, und dass Menschen sagen werden, wenn sie auf die Arbeit und die bearbeitete Substanz dieser Steine blicken: „Siehe! Das hat unser Vater für uns getan."

Die Flachdübelfräse blieb im Regal. Ich habe noch vier oder fünf Stunden gesägt, nachgestochen und eingepasst. Ruskin hätte, so hoffte ich, sein Wohlgefallen daran gehabt.

Aus dem Buch von Jim Tolpin

Es war Ruskin, der mir das Durchhaltevermögen für dieses zeitaufwendige und schwierige Werkstück gab, aber es ist ein Autor aus dem 20. Jahrhundert, dem ich meine Versessenheit, einen schönen Werkzeugschrank zu bauen, wirklich zu verdanken habe. Seitdem es 1995 zuerst erschien, ist "The Toolbox Book" von Jim Tolpin das am gründlichsten studierte Buch meiner Bibliothek. Ich habe jede Seite, jede Zeichnung, jede Werkzeugtruhe zwischen seinen weinroten Deckeln (der Schutzumschlag hat schon lange das Zeitliche gesegnet) immer und immer wieder betrachtet.

Vor Jahren beschloss ich, mir einen Werkzeugschrank zu bauen, der den Vergleich mit einigen Beispielen aus „The Toolbox Book" nicht zu scheuen brauchte. Dann habe ich schließlich alles daran gesetzt. Seit längerer Zeit hatte ich viele freie Augenblicke mit kariertem Papier oder vor dem Computer verbracht, um einen Entwurf zu gestalten, der die drei Bedingungen erfüllte, die ich an einen Werkzeugschrank stellte: Er sollte viele Werkzeuge aufnehmen können, er sollte gut aussehen und er sollte für die Ewigkeit gebaut sein. Nachdem ich meine eigenen Arbeitsgewohnheiten untersucht hatte, alle meine Werkzeuge vermessen hatte und mich durch abertausende Beispiele für Schränke im Arts-&-Crafts-Stil gearbeitet hatte, war dies dann das Ergebnis.

Der Schrank ist klein, aber geräumig. Es ist wie in einem alten VW-Käfer. Sie bieten innen erstaunlich viel Platz, vor allem nach oben hin. Dem Käfer gelingt es, die physikalischen Raumgesetze außer Kraft zu setzen: Er ist geräumig, aber so klein, dass er quer zwischen manchen heutigen SUVs parken könnte. Dieser Schrank soll das Gleiche erreichen. Der Innenraum ist nur 285 mm tief, 570 mm breit und 800 mm hoch. Aber dank guter Planung nimmt er jedes Handwerkzeug auf, das ich verwende.

Die Fächer und Regale für die Hobel sind genau so abgemessen, dass alle Hobel, die man in einer modernen Werkstatt benötigt, darin Platz finden. In den Schubladen sind Tablare mit Werkzeugen untergebracht. Jedes Tablar enthält alle Werkzeuge für eine Routineaufgabe, etwa für das Zinken, das Schärfen oder das Formen geschwungener Werkstücke.

Der Schrank sieht recht gut aus. Ich habe monatelang alte Möbelkataloge mit Arts-&-Crafts-Möbeln und moderne Beschlagkataloge durchgesehen, um mich inspirieren zu lassen. Der Schrank und seine Linienführung vereinen stilistische Züge von Gustav Stickley, von Harvey Ellis und von mir selbst.

Beim Sägen der Schwalbenschwänze werden die beiden Seitenwände zusammengespannt. Dadurch erspart man sich Zeit und Arbeit, zudem verringert sich die Gefahr von Fehlern beim Anreißen.

Wenn die Fälze für die Rückwand genau rechtwinklig sind, ist die Wahrscheinlichkeit sehr viel höher, dass auch der Korpus genau rechtwinklig wird. Unsauberkeiten im Falz werden wie hier zu sehen mit einem Falzhobel nachgearbeitet.

Mit einer selbst angefertigten T-Lehre und der Handoberfräse sind die Nuten schnell geschnitten.

Hier sieht man, wie die Nut in der Lehre an den Rissen auf dem Werkstück ausgerichtet wird. Eine Handoberfräse, deren Grundplatte eine gerade Kante hat, erlaubt präziseres Arbeiten als eine mit vollkommen runder Grundplatte.

Der Schrank wird die Zeiten überdauern. Bei den Verbindungen bin ich keine Kompromisse eingegangen. Jedes wichtige Bauteil (mit Ausnahme der auswechselbaren, zusammengenagelten Tablare) ist so konstruiert, dass es starken Belastungen widerstehen kann. Natürlich ist mit ‚dauerhafter Verbindung' meist die Schwalbenschwanzzinkung gemeint. Mit ihr werden wir auch die Konstruktion beginnen.

Ein Korpus, der einiges aushält

Wenn dieser Schrank vollgeräumt ist, wiegt er vermutlich mehr als irgendein Mitarbeiter hier bei unserer Zeitschrift (der Anstand verbietet mir zu enthüllen, wo genau diese Obergrenze liegt). Um sicherzustellen, dass der Deckel und Boden diesem Gewicht standhalten, habe ich sie mit Schwalbenschwanzzinkungen an den Seitenwänden befestigt.

Eine interessante Abweichung, auf die hier hingewiesen werden soll, ist die Tatsache, dass ich nicht einen durchgehenden Deckel aus Vollholz verwendet habe. Stattdessen habe ich zwei 75 mm breite Querstreben in die Seitenwände eingezinkt, um etwas Gewicht zu sparen. Da ich die Schwalbenschwänze mit der Hand geschnitten habe, war das Anreißen dieser ungewöhnlichen Konstruktion nicht schwierig. Wenn Sie mit einer Zinkenfrässchablone arbeiten, können Sie sich viel Mühe sparen, indem Sie auf diese Querstreben verzichten und stattdessen einen Deckel aus einem Stück bauen.

Wenn man die Zinkung mit der Hand schneidet, ist es einfacher und genauer, die beiden Seitenwände zusammenzuspannen und

Die Facheinteilungen lassen sich mit Hilfe eines Hobels leicht einpassen. Ich hobele einfach die Trennwände auf einige Hundertstel Millimeter dicker als das gewünschte Maß aus. Dann dünne ich sie mit dem Putzhobel weiter aus, bis sie mit leichtem Druck eingesteckt werden können.

die Schwalben in einem Zug an ihnen anzusägen. Ich habe mich jahrelang gegen dieses Verfahren gesperrt, weil es mir schwieriger erschien, inzwischen bin ich jedoch eines Besseren belehrt.

Ein weiteres Merkmal des Korpus, das man beachten sollte, ist die beträchtliche Breite des Falzes, in den die Rückwand eingelegt wird: 25 mm. Das schafft Raum für die 12 mm starke abgeplattete Rückwand und für eine 12 mm starke Keilleiste, mit der man den Schrank sicher an der Wand aufhängen kann.

Dann gibt es auch noch abgesetzte Nuten. In diese 6 mm tiefen Nuten in den Seitenwänden werden alle Zwischenböden eingeschoben. Mit drei Werkzeugen sind diese Nuten leicht zu schneiden: einer Handoberfräse, einem Nutfräser mit Kugellager und einer selbstgefertigten T-Schablone als Führung. Reißen Sie die Lage

Nachdem die Seitenwände mit dem Boden und den oberen Querstreben verleimt worden sind, werden die Schwalbenschwanzzinkungen mit dem Hirnholzhobel bündig verputzt. Wenn man das Hirnholz mit etwas Terpentinersatz anfeuchtet, lässt es sich leichter schneiden. Im Foto sieht man auch, wie ich den Korpus abstütze, während ich an ihm arbeite: Das große, dunkle Brett im Hintergrund, das ich unter die Seitenwand geschoben habe, ist ein Reststück von einer alten Tür, das ich an der Hobelbank festgespannt habe.

Der Falz an der Rückseite der Tür wird mit einem Falzfräser am Handoberfräsentisch geschnitten. Auf einem großen Arbeitstisch wie hier ist das eine leichte Arbeit.

der Nuten an den Seitenwänden an. Legen Sie die T-Schablone an den Rissen an und schneiden Sie die Nuten in zwei Durchgängen.

Die Zwischenböden lassen sich leicht in die Nuten einpassen. Die 12 mm starken Böden benötigen an der Vorderkante lediglich eine kleine Ausklinkung, die über das runde Ende passt, das der Nutfräser hinterlassen hat. Eine scharfe Rückensäge ist dafür das Werkzeug der Wahl.

Der 20 mm starke Zwischenboden benötigt etwas mehr Arbeit, um in die 12 mm breiten Nuten zu passen. Er wird an den Enden mit entsprechenden Fälzen (6 x 6 mm) versehen.

Die durchgehenden Nuten für die senkrechten Trennwände werden mit der gleichen Schablone und Handoberfräse geschnitten, allerdings wird der Nutfräser in diesem Fall auf eine Schnitttiefe von nur 3 mm eingestellt. Die Lage dieser Trennwände anzureißen, mag zuerst etwas schwierig wirken. Wenn die Fächer gleich groß sein sollen, müsste jedes 81,6 mm breit sein. Zehntel Millimeter abzumessen, ist kein Vergnügen. Die Fächer lassen sich aber leicht mit einem Stechzirkel (bei dem sich anstatt der Bleistifthalterung am zweiten Bein ebenfalls eine Metallspitze befindet) anreißen. Man kann den Stechzirkel so lange nachjustieren, bis er die Fächer so präzise anreißt, wie Sie sich das wünschen. Der Stechzirkel ist eine meiner Geheimwaffen.

Wenn alle Teile zugeschnitten und eingepasst sind, schneiden Sie die Rückwand für den Schrank zu. Ich habe dafür Ahorn verwendet, der Spuren von Borkenkäferbefall zeigte. Das Holz ist billig und ähnelt dem versporten Ahorn, den ich für die Türen und Schubladen verwendet habe. Die Bretter der Rückwand werden mit Wechselfälzen (6 x 10 mm) an den Längskanten verbunden.

Die obere Deckplatte ist leicht herzustellen. Schneiden Sie an der Unterseite mit der Tischkreissäge eine breite Fase an. Verputzen Sie den Schnitt mit dem Hirnholzhobel. Befestigen Sie die Platte mit Schrauben an den Querstreben.

Jetzt wird es kritisch. Es führt zu einer gewissen Zufriedenheit, den Schrank zu montieren. Aber viel Spaß, wenn Sie dann die Oberflächen behandeln wollen. Die Oberflächen in und an den Fächern zu bearbeiten, ist hart. Die bessere Lösung besteht darin, nur die Seitenwände, den Boden und die oberen Querstreben miteinander zu verleimen. Kleben Sie die offenen Verbindungen ab, und behandeln Sie die Oberflächen aller Korpusteile (ich habe zwei Schichten eines seidenmatten Sprühlacks aufgetragen). Bauen Sie dann den Korpus zusammen. Ich weiß, dass sich das mühselig anhört. Es ist mühselig. Aber das Ergebnis lohnt die Mühe.

Sie können auch zu gleicher Zeit die Oberflächen der Rückwand und der oberen Deckplatte bearbeiten. Dann werden diese beiden Teile angeschraubt. Als nächstes kommen die Türen und Schubladen an die Reihe.

Leichter, als es aussieht

Die Türen sind nicht allzu schwierig. Die Sprossen der Fenster in den Türen mögen schwierig aussehen, aber dank einer kleinen Taschenspielerei gibt es eigentlich kein Problem.

Bevor Sie sich jedoch an diesen Details festbeißen, müssen Sie überhaupt erst die Türen bauen. Das geht folgendermaßen: Die Quer- und Längsfriese werden mit Schlitz-und-Zapfen-Verbindungen zusammengefügt. Bei mittelgroßen Türen wie diesen schneide ich die Zapfen 10 mm stark und 25 mm lang.

Schneiden Sie die Schlitze und die Zapfen und fräsen Sie dann eine 6 mm breite und 10 mm tiefe Nut als Aufnahme für die Füllung in die Friese. Meist schneide ich diese Nuten am Handoberfräsentisch mit einem Nutfräser und Druckkämmen. Das erleichtert es, den richtigen Anfangs- und Endpunkt für die Nuten an den Längsfriesen zu treffen.

Die Türfüllungen werden an der Rückseite gefälzt, damit sie in die Nut eingelegt werden können. Bevor Sie aber die Füllung bearbeiten, sollten Sie etwas über versportes Ahornholz wissen. Die schwarzen Linien im Holz rühren von Pilzen her, die den Baum nach dem Fällen befallen. Das Holz ist mit anderen Worten teilweise verfault.

Bei der Arbeit mit versportem Holz sollte man deshalb Atemschutz tragen. Es gibt immer wieder Berichte über Personen, die den Staub eingeatmet und in der Folge Atemprobleme bekommen haben.

Wenn die Füllungen eingepasst sind, werden die Türen zusammengebaut. Die Sprossen in den Fenstern werden nachträglich angebracht. Wenn der Leim an den Türen trocken ist, schneiden Sie einen 6 mm breiten und 12 mm tiefen Falz an der Rückseite der Fensteröffnung an. Darin werden die schmalen Halteleisten eingelegt, auf denen die Sprossen befestigt werden.

Die Fotos oben erklären es besser als Worte das könnten. Im Wesentlichen bestehen die Sprossen aus T-förmigen Profilleisten, die

Leimen Sie eine Halteleiste hochkant in den Falz der Fensteröffnung. Drehen Sie dann die Tür um, und leimen Sie eine Sprosse von vorne auf die Halteleiste. Setzen Sie Federzwingen an, um die Teile zusammenzuhalten, während der Leim trocknet.

Die waagerechten Sprossen werden auf die gleiche Weise angebracht. Zuerst wird eine Halteleiste in den Falz auf der Rückseite der Tür eingeleimt, dann die Sprosse von der Vorderseite auf der Halteleiste angebracht.

man aus 6 mm dicken und 12 mm breiten Holzstreifen zusammenleimt. Es ist eine einfache Arbeit.

Nicht so leicht ist es, die Türen mit den Kreuzgehängen einzuhängen. Diese schönen Scharniere sind zwar handgearbeitet, aber dennoch preiswert. Allerdings müssen sie auch meist noch etwas nachjustiert und zurechtgehämmert werden, bevor sie unter Flüchen dazu zu bewegen sind, die Tür in der richtigen Stellung aufzuhängen. Mein Rat: Legen Sie den Schrank auf seine Rückseite, und schrauben Sie die Kreuzgehänge an. Stellen Sie den Schrank dann wieder aufrecht, lockern Sie die Schrauben etwas und justieren Sie nach. Für manche der Einpassarbeiten nahm ich den Hirnholzhobel, für andere den Klüpfel. Lassen Sie sich bei dieser Wahl vom Frustrationsniveau leiten, das sich in Ihnen aufgebaut hat.

Schubladen in den Griff bekommen

Die Schubladen sind ein hartes Stück Arbeit. Ich bin zwar nicht der schlechteste Zinker, aber es dauerte doch drei ganze Arbeitstage, bis ich die Schubladen gebaut und eingepasst hatte. Bevor Sie jetzt aber dem verführerischen Flüstern der Handoberfräse erliegen, halten Sie sich Folgendes vor Augen: Die Schubladen werden eine ungeheure Menge Stahl aufnehmen. Und wenn Sie später bei der Arbeit an einem anderen Werkstück die Schubladen öffnen, wird Ihnen der Anblick der Schwalbenschwanzzinkungen sicher keine Enttäuschung bereiten.

Um mir die Arbeit ein wenig zu erleichtern, habe ich alle Schubladen mit offenen Zinkungen gebaut und 12 mm starkes Material für die Vorder-, Seiten- und Hinterstücke verwendet. Nach dem Verleimen habe ich dann eine 6 mm starke Aufdoppelung aus versportem Ahorn auf dem Vorderstück aufgeleimt. So konnte ich auch meinen Vorrat an versportem Ahorn besser nutzen.

Die vier kleinen Schubladen sind etwas anders konstruiert als die beiden großen. Da sie flach sind, wollte ich den Platz bestmöglich ausnutzen. Die Böden bestehen deshalb aus 6 mm starkem Sperrholz, das in einen 6 x 6 mm großen Falz an der Schubladenunterseite eingenagelt wird.

Die großen Schubladen sind konventioneller konstruiert. In das Vorderstück und die Seitenstücke werden Nuten (6 x 6 mm) geschnitten, die als Aufnahme für den 12 mm starken Boden dienen, der entsprechend angefälzt wird, um in die Nuten zu passen.

Bauen Sie die Schubladen so, dass sie genau in ihre Öffnungen passen. Verputzen Sie dann die Seiten mit dem Hobel, bis sich die Schubladen wie geölte Kolben bewegen. Nehmen Sie an den Türen und Schubladen die Oberflächenbehandlung vor, bevor es zum vergnüglichen Teil der Arbeit weitergeht: der Aufteilung der Schubladen, dem Bau von Tablaren für die Werkzeuge und dem Justieren der Beschläge, bis alles perfekt funktioniert.

Beim Aufteilen der Schubladen und Tablare sollten Sie einen Rat beherzigen: Befestigen Sie die Unterteilungen nicht unlösbar. Ihre Werkzeugausstattung wird sich im Lauf der Zeit verändern und dann möchten Sie ohne Aufwand die Einteilung

Werkzeugschrank im Arts-&-Crafts-Stil						
Anzahl	**Bezeichnung**	**Länge**	**Breite**	**Dicke**	**Material**	**Anmerkung**
Korpus						
2	Seite	840	310	20	Kirsche	Falz (10 x 25 mm) an Hinterkante
2	Querstreben, oben	610	75	20	Kirsche	in Seiten eingezinkt
1	Boden	610	285	20	Kirsche	in Seiten eingezinkt
1	Deckel	810	430	25	Kirsche	Fase (12 mm tief, 75 mm breit)
	Rückwand, Wechselfalz	840	590	12	Ahorn	Wechselfalz (6 x 6 mm)
1	Zwischenboden, stark	585	260	20	Kirsche	in Nut (6 x 12 mm)
1	Zwischenboden, dünn	585	260	12	Kirsche	in Nut (6 x 12 mm)
3	Zwischenboden, dünn	585	235	12	Kirsche	in Nut (6 x 12 mm)
5	Trennwand	165	255	12	Kirsche	in Nut (3 x 12 mm)
2	Trennwand dünn	70	235	12	Kirsche	in Nut (3 x 12 mm)
Türen						
2	Längsfries, breit	840	70	20	Kirsche	
2	Längsfries, schmal	840	35	20	Kirsche	
2	Querfries, oben	255	70	20	Kirsche	25-mm-Zapfen an beiden Enden
2	Querfries, Mitte	255	55	20	Kirsche	25-mm-Zapfen an beiden Enden
2	Querfries, unten	255	95	20	Kirsche	25-mm-Zapfen an beiden Enden
2	Füllung	425	215	12	Ahorn	in Nut (6 x 10 mm)
2	Sprosse, senkrecht	200	12	6	Kirsche	
4	Sprosse, waagrecht	95	12	6	Kirsche	
2	Halteleisten	215	12	6	Kirsche	in Falz (6 x 12 mm), an senkrechter Sprosse angeleimt
4	Halteleisten, klein	205	12	6	Kirsche	an waagerechter Sprosse angeleimt
Schubladen						
4	Vorderstück, klein	280	65*	20	Ahorn	Falz (6 x 12 mm) an unterer Kante
8	Seitenstück, klein	230	65	12	Pappel	Falz (6 x 12 mm) an unterer Kante
4	Hinterstück, klein	280	55	12	Pappel	
4	Boden, klein	230	265	6	Sperrholz	am Schubladenrahmen angeschraubt
1	Vorderstück, mittel	570	125*	20	Ahorn	Nut (6 x 6 mm) für Boden
2	Seitenstück, mittel	230	125	12	Pappel	Nut (6 x 6 mm) für Boden
1	Hinterstück, mittel	570	115	12	Pappel	
1	Boden, mittel	560	220	12	Sperrholz	Falz (6 x 6 mm) an Unterseite
1	Vorderstück, groß	570	170*	20	Ahorn	Nut (6 x 6 mm) für Boden
2	Seitenstück, groß	230	170	12	Pappel	Nut (6 x 6 mm) für Boden
1	Hinterstück, groß	570	165	12	Pappel	
1	Boden, groß	560	220	12	Sperrholz	Falz (6 x 6 mm) an Unterseite

* Endmaß, aus zwei Lagen laminiert

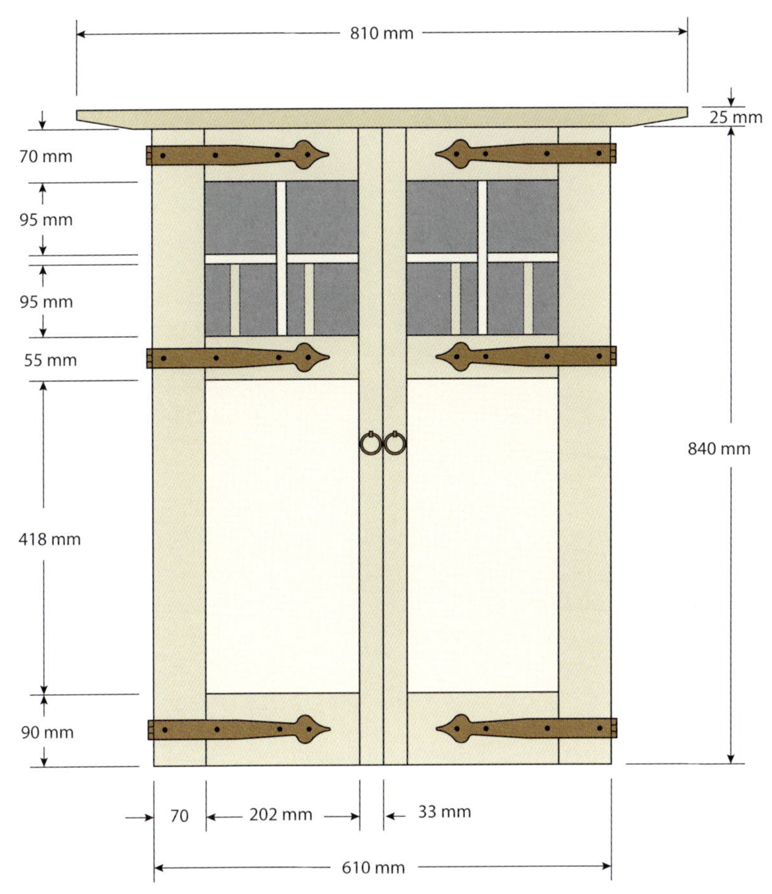

Vorderansicht (Türen geschlossen)

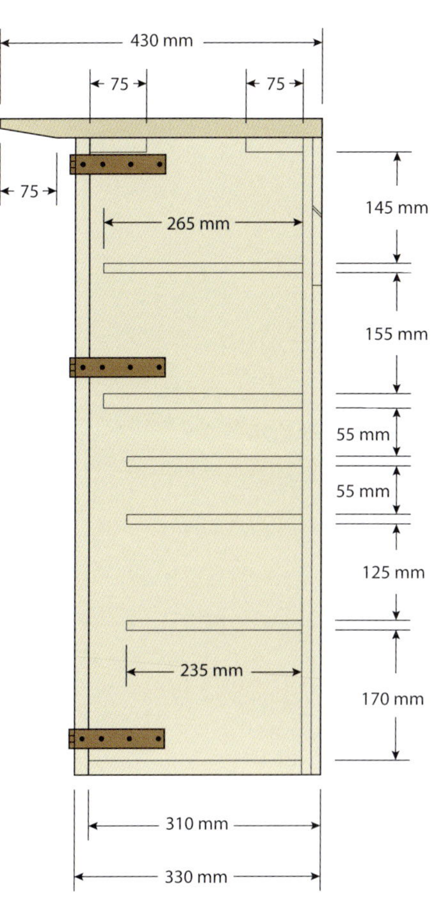

Seitenansicht

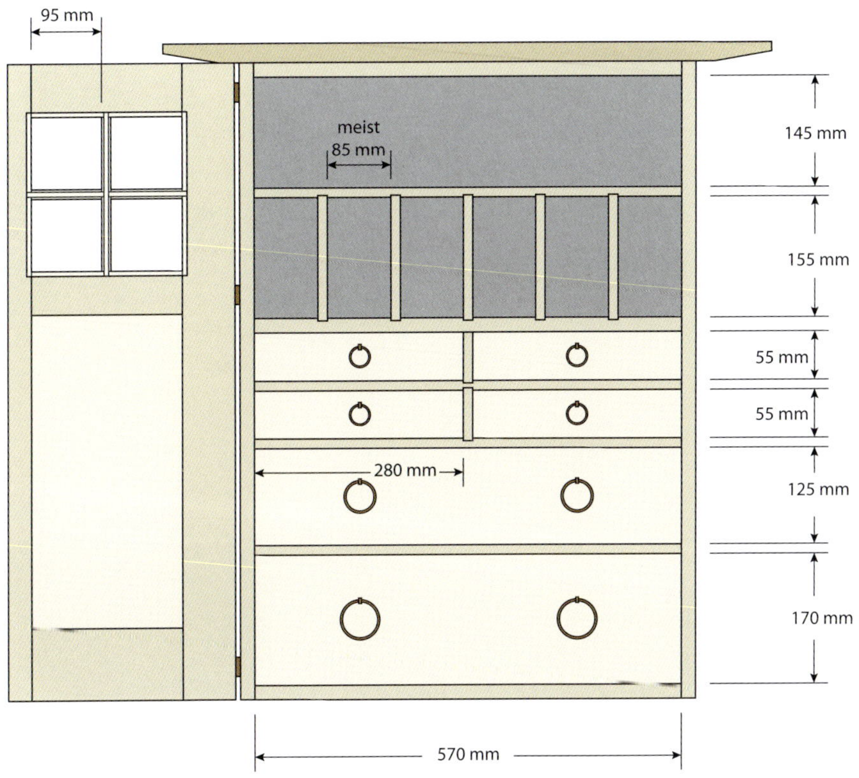

Vorderansicht (Türen geöffnet)

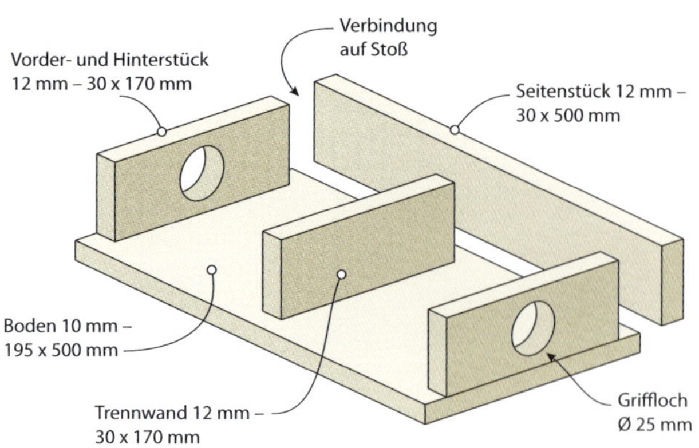

Verbindungen an kleinen Schubladen

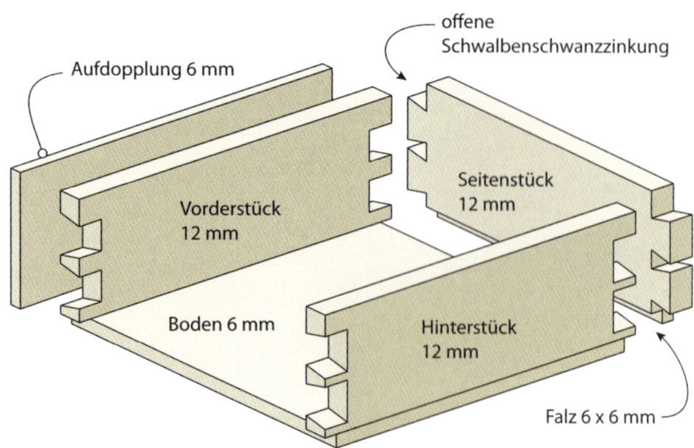

Verbindungen an mittlerer Schublade

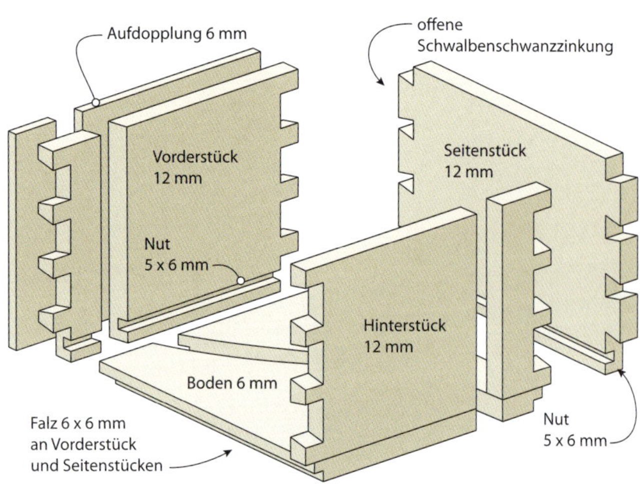

Verbindungen an großer Schublade

Die Schubladen werden mit offenen Schwalbenschwanzzinkungen konstruiert. Das Vorderstück bekommt dann eine Aufdopplung aus 6 mm starkem Material.

Hier sieht man die beiden verschiedenen Bodenkonstruktionen für die Schubladen. In der oberen Schublade wird der Boden in einen Falz in den Seitenstücken eingelegt. Bei der größeren Schublade unten wird er in eine dreiseitig umlaufende Nut eingeschoben.

verändern. Ich habe meine auf Presspassung gearbeitet und dann mit dünnen Drahtstiften befestigt. Wenn ich Platz für ein neues Werkzeug benötige, kann ich die Unterteilungen mit etwas Kraftaufwand wieder herausziehen.

Hängen Sie den Schrank an breiten Leisten auf – meine waren jeweils 125 mm breit. So haben Sie mehr Platz für die Schrauben, mit denen Sie die Leiste am Schrank und an der Wand befestigen. Zusätzlich habe ich die Unterkante des Schranks noch auf eine 50 mm breite Leiste gesetzt, die ich an der Wand angeschraubt habe.

Als der Schrank fertig war, schwieg die Stimme von Ruskin kurze Zeit, während ich meine Arbeit betrachtete. (Das Schweigen war mir recht; Ruskin wechselte in seinen letzten Lebensjahren zwischen Nervenzusammenbrüchen und luziden Zeiten.) Ich schalt mich selbst wegen einiger Dinge: Die Fugen um die Schubladen an der linken Schrankseite sind etwas breiter als jene an der rechten Seite. Und bei einigen der Zinkungen an den Hinterstücken der Schubladen gibt es kleine Fugen. Der Schrank ist nicht perfekt.

Aber bevor ich mir selbst zu viele Vorwürfe machte, fiel mir ein weiteres Zitat von Ruskin ein, dass sich mit unserer Hände Arbeit und dem Streben nach Perfektion beschäftigt. Es verdient genauso viel Raum wie das erste.

„Eine gute Arbeit kann niemals perfekt sein und das Verlangen nach Perfektion ist immer ein Zeichen dafür, dass die Ziele der Kunst missverstanden worden sind."

Die Fachunterteilungen in den Schubladen sollte man so befestigen, dass sie leicht wieder entfernt werden können. Ein Druckluftnagler mit Drahtstiften ist dafür gut geeignet.

Wenn alle Oberflächen behandelt sind, werden die Glasscheiben mit kleinen Glashalteleisten aus Kirschholz (3 x 6 mm) installiert. Etwas durchsichtiger Silikonkleber und kleine Drahtstifte reichen vollkommen aus.

CS
JA
MMXV

Kapitel Achtzehn

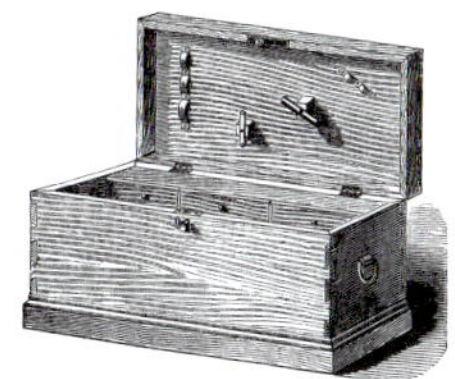

Werkzeugtruhe

Christopher Schwarz

Um das Jahr 1993 begann ich, mit Holz zu arbeiten. Seitdem habe ich meine Werkzeuge in fast allen denkbaren Behältnissen aufbewahrt – von Plastikeimern über Wandschränke und Regal bis hin zu unterschiedlichen Werkzeugtruhen.

Aber nach all diesen Versuchen bin ich doch immer wieder zur traditionellen Werkzeugtruhe zurückgekehrt, weil ich keine bessere Methode gefunden habe, mein Werkzeug zu organisieren und zu schützen. Außerdem empfinde ich die begrenzte Aufnahmefähigkeit einer solchen Truhe als Vorteil – sie zwingt mich, über die Notwendigkeit eines neuen Werkzeugs gründlich nachzudenken. Bei den meisten Besuchen im Werkzeugfachgeschäft komme ich zu dem Schluss: Wenn es nicht in die Truhe passt, brauche ich es vermutlich nicht.

Die richtige Größe

Werkzeugtruhen gibt es in unterschiedlichen Größen, die meisten fallen in bestimmte Kategorien, die von der Größe typischer Werkzeuge und den Beschränkungen unserer Körper abhängig sind.

Große Bodentruhen sind meist etwa 600 x 600 x 1000 mm groß und können auch größere Sägen und eine ausgewachsene Raubank aufnehmen, die oft länger als 750 mm sind. Sie nehmen auch einen kompletten Satz Profil- und Bankhobel sowie all die kleinen Werkzeuge auf, die man bei der Möbeltischlerei benötigt. Eine solche Truhe ist von einer Person kaum zu bewegen. Das ist ein Nachteil, wenn man alleine arbeitet, aber ein Vorteil, wenn jemand versucht, die volle Truhe zu stehlen (der Dieb braucht einen Komplizen).

Mittelgroße Truhen sind gerade geräumig genug, um Fuchsschwanzsägen und kleinere Raubänke aus Metall aufzunehmen. Sie messen etwa 450 x 450 x 750 mm und können von einer Person getragen werden. Das ist die ideale Größe für jemanden, der alleine arbeitet, die Truhe gelegentlich bewegen muss und keinen kompletten Satz Profilhobel benötigt.

Eine solche mittelgroße Truhe kann eine erstaunliche Anzahl von Werkzeugen aufnehmen – zwei Fuchsschwänze, drei Rückensägen, die drei Standardhobel, ein Falzhobel, ein Nut- und ein Grundhobel passen nebeneinander auf den Boden. Die beiden Schiebetablare und die Halteleiste nehmen alles andere auf, das man benötigt oder benötigen könnte.

Kleinere Truhen – die dritte Gruppe – wurden früher auf der Baustelle eingesetzt oder sie nahmen die kleinere Werkzeugausrüstung des 'gentleman woodworker' auf.

Die mittelgroße Truhe, die hier vorgestellt wird, ist ideal für jemanden, der anfängt, sich mit der Tischlerei zu beschäftigen, eine kleine Werkstatt und die Anfänge einer Werkzeugausrüstung hat. Sie ist leicht zu bauen, recht stabil und kann leicht mitgenommen werden, wenn man einen Kurs belegt. Wenn ich Werkzeugtruhen für Kunden baue, ist dies die Größe, die bei weitem am häufigsten verlangt wird.

Die Konstruktion

Der Korpus wird gezinkt – Schwalbenschwanzzinkungen sind die belastbarsten Verbindungen, die es gibt. Der Boden wird allerdings am Korpus angenagelt, damit er leicht ersetzt werden kann, falls er faulen sollte. Da wir vom Faulen sprechen: Die Truhe ruht auf zwei Bodenleisten aus Eiche, die am Boden angeschraubt werden, um den Korpus über feuchte Fußböden hochzuheben.

Bei offenen Schwalbenschwanzzinkungen schneide ich die Schwalben alle in einem Durchgang, um Zeit und Arbeit zu sparen.

Wenn man die Innenecken der Schwalben leicht anfast, lassen sich die Zinkungen leichter zusammenstecken. Außerdem ist die Gefahr geringer, die Schwalben dabei zu beschädigen.

Stülpen Sie den zusammengebauten Korpus über das Ende der Hobelbank, um die Vorder- und Rückseite leichter verputzen zu können.

Die Sockelleiste und das obere Kranzgesims der Truhe sind auf Gehrung geschnitten und mit Nägeln am Korpus angebracht. Normalerweise verbinde ich diese Leisten an den Ecken mit Schwalbenschwanzzinkungen, aber eine sauber geschnittene Gehrung hält sich auch sehr gut.

Der Deckel besteht aus einer kräftigen Platte, die an drei Seiten von einer Staubleiste umgeben ist. Die Eckverbindungen sind gezinkt, da diese Stellen an einer Werkzeugtruhe stark beansprucht werden.

Der Korpus besteht großteils aus einem leichten und preiswerten Holz, etwa Kiefer. Die stärker beanspruchten Teile sind aus Eiche. Die Inneneinrichtung betrachten wir, wenn der Korpus fertig ist.

Der Korpus

Die Korpusecken werden mit Schwalbenschwanzzinkungen hergestellt – sechs Schwalben sind eine geeignete Anzahl für eine Truhe dieser Größe. Verputzen Sie die Innenseiten der Bretter und bauen Sie den Korpus zusammen. Lassen Sie den Leim trocknen und verputzen Sie dann die Verbindungen von außen und entfernen Sie Werkzeugspuren von der Korpusaußenseite.

Nehmen Sie dann die Bodenbretter aus Kiefer zur Hand. Die Holzfasern sollten aus Stabilitätsgründen von vorne nach hinten verlaufen und die Längskanten der Bretter sollten so verbunden sein, dass das Holz arbeiten kann. Ich habe sie gespundet. Außerdem habe ich als Schmuck einen 5-mm-Rundstab angeschnitten.

Bringen Sie die Bodenbretter mit 50 mm langen Nägeln an – ich habe Dachpappennägel verwendet. Lassen Sie Fugen zwischen den Brettern, damit sie arbeiten können. Hobeln Sie die Bodenbretter mit dem Korpus bündig.

Bringen Sie dann an der Unterseite die Bodenleisten an. Ich habe dafür feuchtigkeitsbeständiges Eichenholz verwendet, das ich mit Messingschrauben und wasserfestem Leim befestigt habe. Die Leisten werden geölt und gewachst, um sie wasserabweisend zu machen.

Die Längskanten der Bodenbretter werden mit Nuten und Federn verbunden. Ich verwende einen Nut- und Federhobel, der mit entsprechenden Eisen beide Teile der Verbindung schneidet.

Falls der Korpus nicht rechtwinklig ist, setzt man eine Zwinge über die lange Diagonale und zieht ihn gerade, um dann den Boden mit Nägeln anzubringen.

Die Bodenleisten sollten entweder wasserfest gemacht werden (oder gleich aus Kunststoff hergestellt werden) oder so konstruiert werden, dass sie schnell von alleine abfallen, wenn sie faulen (Kiefernholz und Eisennägel).

Leisten auf Gehrung

Die Sockelleiste schützt den Korpus vor Tritten und Stößen. Das Kranzgesims unterstützt einen staubdichten Abschluss des Inneren und schützt die Staubleisten am Deckel. Die Leisten für beide werden aus 12 mm starkem Material hergestellt. Sie werden um den gesamten Korpus geführt und an den Ecken auf Gehrung verbunden.

Bevor man die Gehrungen schneidet, werden die Leisten profiliert. Das ist nicht rein dekorativ – eine rechtwinklige Kante ist empfindlich und wird im Werkstattalltag schnell beschädigt. Ich habe an der Sockelleiste einen 10-mm-Viertelstab angeschnitten. Das Kranzgesims hat an der Oberkante einen 3-mm-Rundstab, die Unterkante ist mit 30° angefast. Bringen Sie die profilierten Leisten am Korpus an. Ich schneide Gehrungen an Profilleisten mit der Gehrungslade, weil ich die Ergebnisse für genauer halte als die von Maschinenarbeit. Die Gehrungen an diesem Beispiel wurden so, wie sie gesägt worden waren, direkt verleimt. Das liegt nicht daran, dass ich ein so wahnsinnig guter Tischler bin, sondern weil eine Gehrungslade es einem erlaubt, die Säge genau in einer mit dem Messer angerissenen Linie anzusetzen.

Befestigen Sie die Sockelleiste und das Kranzgesims mit Leim und Nägeln am Korpus. Vergessen Sie nicht, auch Leim an die Gehrungsschnitte selbst anzugeben. Setzen Sie Zwingen an die Eckverbindungen, während der Leim trocknet. Ich habe in dieser Zeit die Innenausstattung angebracht: Tablare, Sägehalterung und eine Halteleiste.

Das Innere

Die Innenausstattung dieser Truhe ist bewährt und funktioniert gut. Auf dem Boden sind zwei kleine Sägehalterungen angebracht – eine für Rückensägen, die andere für zwei Fuchsschwänze. Ich schätze diese Halterungen, weil sie nur wenig Platz beanspruchen.

Über dem Boden sind zwei verschiebbare Tablare eingehängt, eines flach, das andere tief. Das tiefe Tablar nimmt sperrige Werkzeuge wie die Bohrwinde auf, außerdem auch die Werkzeuge, die in einer Rolltasche aufbewahrt werden. Das obere Tablar ist für alle

Profilieren Sie das gesamte umlaufende Kranzgesims, bevor Sie die Gehrungen schneiden. So stellt man sicher, dass das Profil an den Ecken keinen Versatz aufweist.

Ich schneide zuerst die Gehrung an einer Vorderecke an. Wenn die Gehrung perfekt sitzt, arbeite ich mich um den Korpus herum.

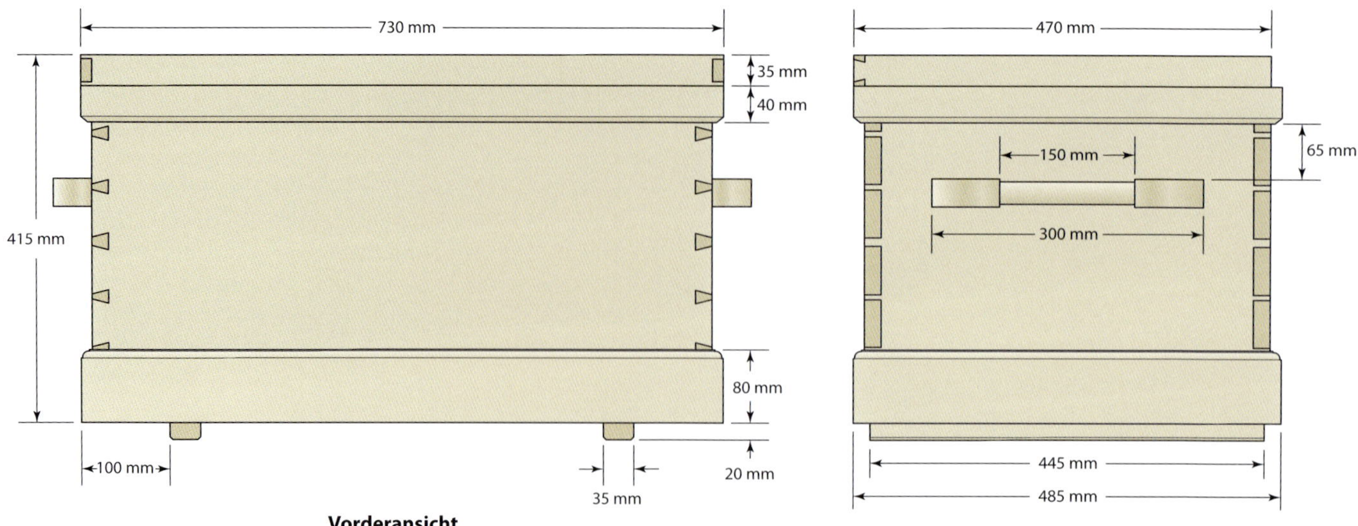

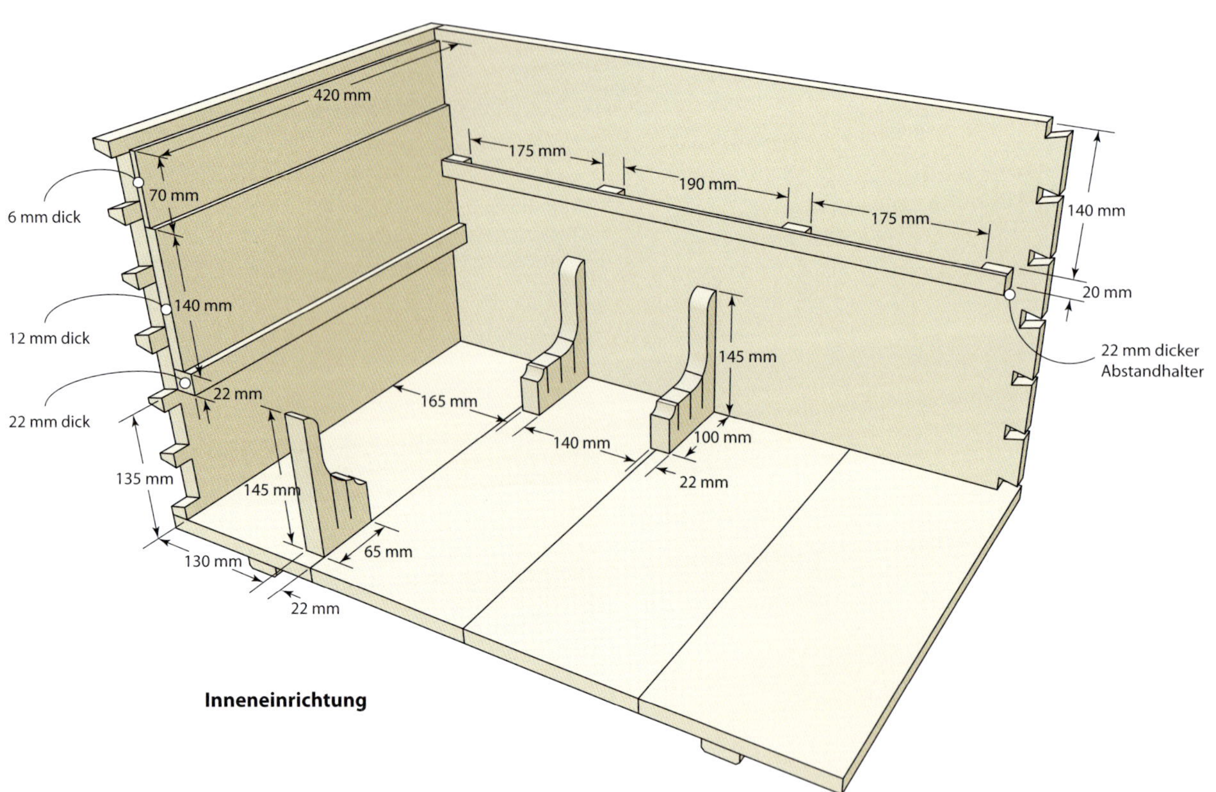

Werkzeuge, die man jeden Tag benutzt – Anreißwerkzeug, Messwerkzeug, einen Hirnholzhobel, Klüpfel, Hammer, Wachs und ähnliches mehr.

Die Wände der Tablare sind aus Kiefernholz, die Böden und die Laufleisten, auf denen sie verschoben werden, sind aus Eiche, weil sie abriebfester ist.

An der Rückwand der Truhe befindet sich eine einfache Halteleiste für Stechbeitel und andere kleine Werkzeuge oder solche mit Griff: Stechzirkel, Kombi-Winkel und Schraubendreher.

Die Laufleisten anbringen

Die Tablare liegen auf Eichenleisten, die an der Korpusinnenseite angebracht sind. Die Laufleisten sind in drei Lagen angeordnet, die sich jeweils in Stärke und Breite unterscheiden, damit die Tablare nach oben aus der Truhe genommen werden können.

Die untersten Laufleisten werden 130 mm über dem Boden der Truhe angebracht, damit über den Hobeln auf dem Boden genügend Raum ist. Um sie anzubringen, habe ich zuerst aus Restholz ein Distanzstück hergestellt, das 130 mm breit ist (siehe Foto auf

Werkzeugtruhe					
Anzahl	**Bezeichnung**	**Länge**	**Breite**	**Dicke**	**Material**
2	Vorder- und Hinterwand	710	375	20	Kiefer
2	Seitenwand	460	375	20	Kiefer
1	Boden	460	710	15	Kiefer
2	Standleiste	450	35	20	Eiche
2	Sockelleiste, vorne und hinten	735	80	12	Kiefer
2	Sockelleiste, Seite	485	80	12	Kiefer
2	Kranzgesims oben, vorne und hinten	735	40	12	Kiefer
2	Kranzgesims oben, Seite	485	40	12	Kiefer
2	Griff	300	45	30	Eiche
1	Deckel	720	460	22	Kiefer
1	Staubleiste, vorne	735	38	12	Kiefer
2	Staubleiste, Seite	485	38	12	Kiefer
Laufleisten					
2	Staubleiste, unten	420	22	22	Eiche
2	Staubleiste, Mitte	420	140	12	Eiche
2	Staubleiste, oben	420	95	6	Eiche
Unteres Tablar					
2	Vorder- und Hinterstück	645	130	12	Kiefer
2	Seitenstück	200	130	12	Kiefer
1	Boden	650	200	6	Eiche
Oberes Tablar					
2	Vorder- und Hinterstück	655	65	12	Kiefer
2	Seitenstück	200	65	12	Kiefer
1	Boden	660	200	6	Eiche
Werkzeughalterung					
1	Sägehalterung für Fuchsschwänze	145	65	22	Eiche
2	Sägehalterung für Rückensägen	145	100	22	Eiche
1	Halteleiste	650	20	6	Eiche
4	Distanzstücke für Halteleiste	25	20	15	Eiche

* aus mehreren Brettern verleimt;
** aus Sperrholz, falls der Deckel mit Intarsien versehen wird

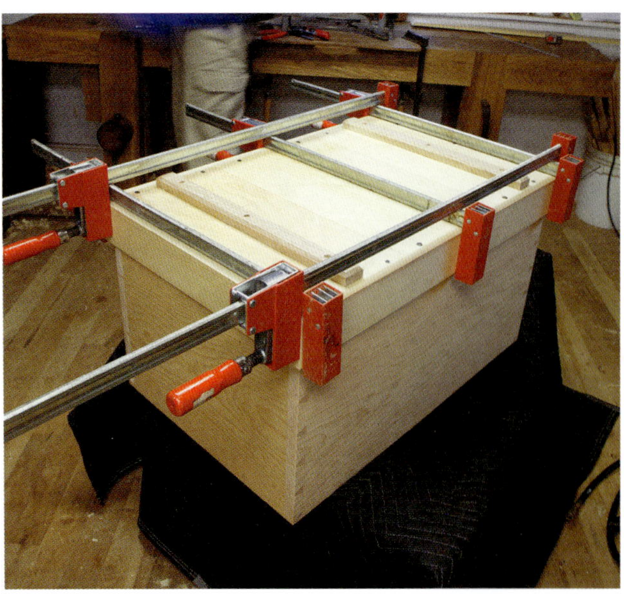

Geben Sie auch an das ‚kurze Holz' der Gehrungen Leim an, und setzen Sie über die Ecken Zwingen an. So wird die Verleimung gestärkt.

Das 130 mm hohe Distanzstück dient als Auflage, während man die darüberliegende Laufleiste anbringt. 130 mm Höhe sind wichtig, damit die Handhobel unter dem Tablar Platz finden.

Die Bodenbretter sind die einzigen Teile der Tablare, die auf den Laufleisten aufliegen. Längen Sie sie also genau ab, sodass sie leichtgängig auf den Leisten laufen, ohne sich zu verkanten.

Hier sieht man, wie der Boden über die Seite des Tablars hinausragt, wodurch das Einpassen des Tablars zum Kinderspiel wird.

S. 130). Auf das Distanzstück werden die Leisten provisorisch aufgelegt, während man sie mit Leim und Nägeln befestigt.

Wenn die unteren Laufleisten angebracht sind, nimmt man das Distanzstück heraus und befestigt die oberen Laufleisten ebenfalls mit Nägeln und Leim. Ich habe die oberen Kanten der Laufleisten jeweils mit einem kleinen Rundstab versehen, um sie vor Beschädigungen zu schützen und der Innenausstattung ein gefälligeres Aussehen zu geben.

Die Tablare

Die Tablare sind an den Ecken gezinkt, die dünnen Eichenböden werden mit Nägeln befestig. Das interessante Detail dabei ist, dass die fertigen Tablare 3 mm kürzer als die Böden sind. Mit anderen Worten, die Böden stehen an beiden Seiten der fertigen Tablare 1,5 mm über.

Dadurch wird das Einpassen der Tablare erleichtert: Man muss nur dafür sorgen, dass sich die Böden leichtgängig auf den Laufleisten verschieben lassen. Die Tablare selbst berühren die Laufleisten überhaupt nicht und können sich beim Verschieben nicht störend bemerkbar machen.

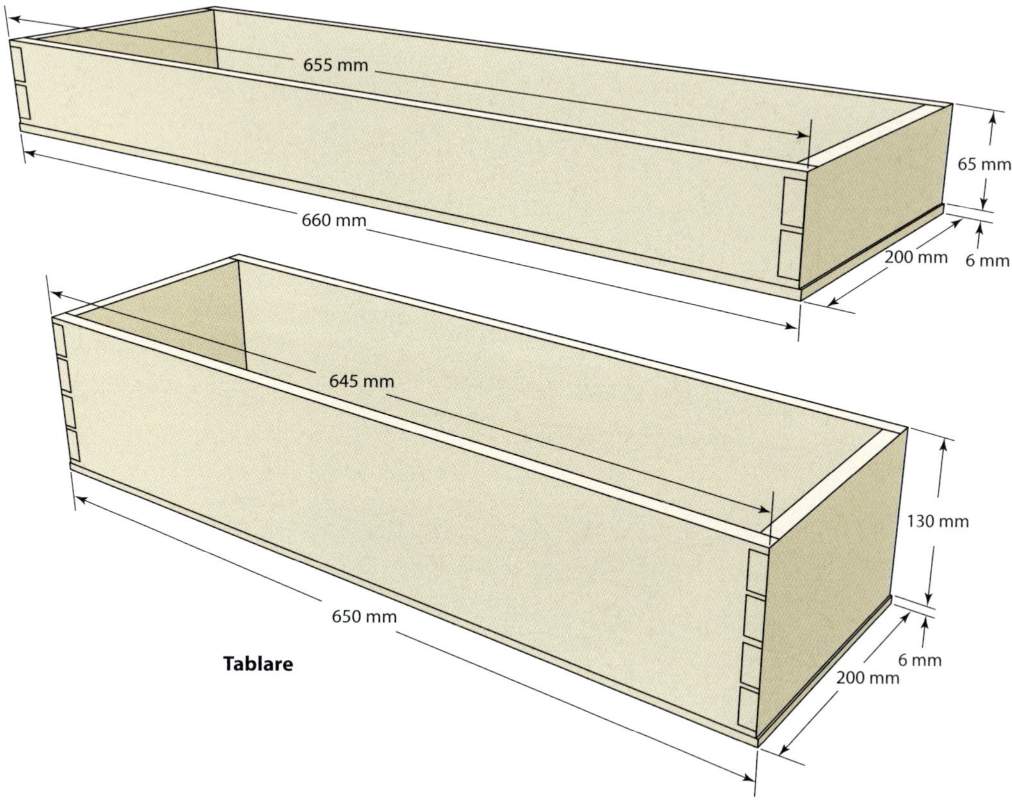

Tablare

Die Böden arbeitet man also so, dass sie eine genaue, aber leichtgängige Passung haben.

Dann werden die Tablare gezinkt und zusammengebaut. Abschließend befestigt man die Böden mit Schrauben oder Nägeln. Falls man die Böden aus mehreren Brettern zusammenstellt, werden die Längskanten mit Wechselfälzen versehen.

Sägehalterungen und Halteleiste

Ich statte meine Werkzeugtruhen gerne mit einfachen Halterungen und Halteleisten aus, weil man so Platz gewinnt, um die Werkzeuge anzuordnen. Die Halteleiste an der Rückseite besteht aus Reststücken Eichenholz, die ich miteinander verleimt und dann mit 4 x 30 mm-Schrauben angebracht habe.

Die Halterung für die Fuchsschwanzsägen besteht aus einem Stück Eichenholz mit zwei eingesägten Schlitzen. Einer der Schlitze ist für den Fuchsschwanz für Querschnitte, der andere für Längsschnitte. Die Sägen werden mit den Spitzen in die Halterung gesteckt. Das Gewicht des Griffes und die Sägezähne am griffnahen Ende des Blatts hindern die Säge daran, in der Truhe hin und her zu wandern.

Die Halterung für die Rückensägen wird auf die gleiche Weise angefertigt und angebracht. Der einzige Unterschied besteht darin, dass die Sägen von zwei Halterungen aufgenommen werden und dass es drei Schlitze gibt für die Zinken-, die Rücken- und die Zapfensäge. Diese Halterung befindet sich hinten in der Truhe.

Griffe

Man könnte die Werkzeugtruhe zwar auch bewegen, indem man unter ihren Boden greift (oder sie auf einen Wagen stellt), aber mit den Griffen lässt sie sich leichter transportieren und die Last besser verteilen. Jeder der Griffe besteht aus einem einzelnen Stücke Eichenholz, die am Anfang aussehen wie Kauknochen für einen Hund. Das Mittelstück wird zu einer runden Griffstange gedrechselt. Dann formt man die Enden des ‚Knochens', um ihm ein gefälliges Aussehen zu geben. Ich habe ein einfaches Karniesprofil angeschnitten.

Die richtige Befestigung für die Griffe besteht aus einer Verschraubung von der Außen- und der Innenseite der Truhe. Die äußeren Schrauben gehen durch die dünnen Teile der Endstücke an den Griffen. Die inneren Schrauben werden in der Nähe des runden Griffstücks in die dicken Teile der Endstücke gedreht.

Der Deckel

Die Innenseite meines Truhendeckels ist mit schönen Einlegearbeiten verziert. Wenn Sie Zeit und Lust haben, können Sie das ebenfalls tun. Aber eine schlichte Innenseite ist natürlich auch denkbar. Falls Sie auf die Intarsien verzichten, verwenden Sie ein Nadelholz mit gutem Stehvermögen – etwa Kiefer – für den Deckel. Verleimen Sie ihn außerdem aus mehreren Brettern mit stehenden Jahresringen, um das Arbeiten des Holzes möglichst einzuschränken.

Wenn die Platte auf Maß geschnitten ist – also etwas über den Korpusrand hinausragt –, wird sie mit Scharnieren am Korpus befestigt. Bei geschlossenem Deckel kann man dann die umlaufende

Staubleiste so anpassen, dass sie dicht sitzt.

Nachdem ich etwa 20 von diesen Truhen gebaut hatte, bin ich auf eine bessere Methode gekommen, um die Staubleiste anzupassen. Ich fälze jedes Teil aus, bis es genau bündig mit dem Kranzgesims und der Oberkante des Deckels abschließt. Diese Passung kann ich sehr gut mit dem Simshobel nacharbeiten.

Wenn alle drei Stücke der Staubleiste perfekt passen, verbinde ich sie an den Ecken mit Schwalbenschwanzzinkungen.

Die Staubleiste wird mit Leim und Nägeln befestigt. Die vordere Leiste wird am Deckel angebracht. Die Seitenteile werden an den vorderen 100 mm des Deckels ebenfalls mit Leim und Nägeln befestigt. Für die restliche Länge der Seitenkanten verwendet man dann nur Nägel, damit das Holz arbeiten kann.

◄ Diese einfache Halteleiste kann eine Vielzahl unterschiedlicher Werkzeuge aufnehmen. Meine andere Lieblingskonstruktion für eine Halteleiste ist ein schmales Brett, das im Abstand von 30 mm mit runden Bohrungen mit 12 mm Durchmesser versehen ist.

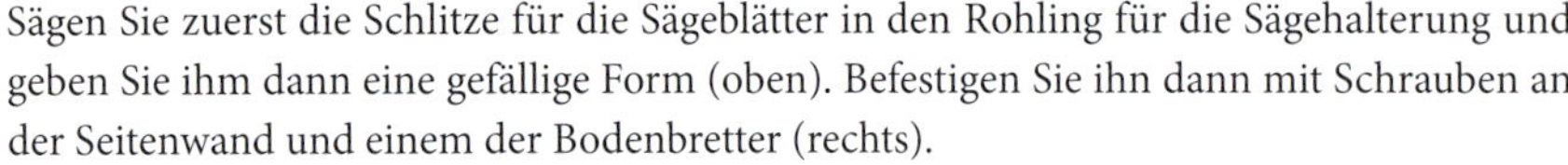

Sägen Sie zuerst die Schlitze für die Sägeblätter in den Rohling für die Sägehalterung und geben Sie ihm dann eine gefällige Form (oben). Befestigen Sie ihn dann mit Schrauben an der Seitenwand und einem der Bodenbretter (rechts).

Die Halterung für Rückensägen bietet mehr Schutz als jene für die Fuchsschwänze, weil Rückensägen empfindlicher sind als Fuchsschwänze.

Der mittlere Teil der Kantel wird rund gedreht (Durchmesser 25 mm). Dann wird das Stück aus der Drechselbank genommen.

Danach werden die Endstücke der Griffe geformt. Die gezeigte Version lässt genug Holz stehen, um den Schrauben Halt zu geben.

▲ Die Griffe werden mit kräftigen Schrauben von innen wie von außen am Korpus befestigt.

Der Falz an diesem Teil der Staubleiste erlaubt ein sehr einfaches Nacharbeiten bis zur perfekten Passung.

▼ Diese ausgefälzte Zinkung sieht recht kompliziert aus, ist aber dennoch einfach herzustellen. Schneiden Sie zuerst den Schwalbenschwanz an und legen Sie diesen dann an sein Gegenstück. Danach wird Ihnen schon klar, wie es weitergehen muss.

Als Sicherheitsmaßnahme habe ich ein traditionelles Hakenschloss an der Truhe angebracht, das dem Holz ebenfalls ein gewisses Maß an Schwinden und Quellen erlaubt. Sie sind leicht anzubringen, weil sie auf der Innenseite der Truhe angeschraubt werden. Und sie sehen großartig aus.

Die beste Oberflächenbehandlung

Traditionell wurden Werkzeugtruhen fast immer farbig lackiert. Es ist die haltbarste und am leichtesten instandzusetzende Oberflächenbehandlung. Man kann jede gewünschte Farbe, jeden Lack verwenden ¬– Kaseinfarben, Ölfarben, Latex. Streichen Sie die Außenseite der Truhe, aber lassen Sie die Innenseite unbehandelt. Falls Sie möchten, tragen Sie nur etwas Wachs auf.

Als deckendes Oberflächenmittel kommt höchstens Schellack in Frage. Meiden Sie bitte alle Öle – der Gestank geht nie aus der Truhe.

Wenn die Truhe fertig ist, sollten Sie meinem Rat folgen und sie nicht mit nach Hause nehmen. Viele solcher Truhen beginnen ihr Leben mit dem Zweck, Werkzeug aufzunehmen, beenden es dann aber am Fußende des Ehebettes, vollgestopft mit Decken und Bettwäsche. Ein wirklich trauriges Schicksal.

Das einzig Schwierige bei der Montage eines Hakenschlosses ist das Ausstechen eines wohlplatzierten und sauberen Schlüssellochs. Den runden Teil habe ich an der Ständerbohrmaschine gebohrt, den unteren Teil dann mit dem Stechbeitel ausgestochen.

BOSCH

Kapitel Neunzehn

Handoberfräsenschrank

Glen D. Huey

Wenn ich mich in meiner Werkstatt umsehe oder in den meisten anderen Tischlerwerkstätten, sehe ich Schränke aus Sperrholz, die von Schrauben zusammengehalten werden. Es gibt jedoch auch andere Möglichkeiten. Ich beschloss, anders an die Dinge heranzugehen und einen Schrank aus Laubholz für die Werkstatt zu bauen. Ich wollte die Gelegenheit auch nutzen, um mit verschiedenen Techniken zu experimentieren.

Ich halte die Handoberfräse für ein sehr wichtiges Werkzeug bei der Holzbearbeitung. Da ich Fräser und anderes Zubehör in kleinen Schachteln aufbewahre, in Schubladen und in Werkzeugtruhen (oder sie an nicht gerade idealen Stellen aufhänge), schien ein Schrank für alles, was mit der Handoberfräse zusammenhängt, ein ideales Bauvorhaben.

Der Korpus

Als erstes wählt man das Holz für die Seiten, den Deckel, die Regalböden und die Trennwand aus und sägt die Stücke zu. Der Deckel und die Seitenwände werden auf Maß geschnitten, aber die Regalböden und die Trennwand lässt man mit 6 mm Überbreite und 25 mm Überlänge.

Die perfekte Verbindung zwischen Seitenwänden und Deckel ist die Schwalbenschwanzzinkung. Die Schwalben werden an den Seitenwänden angeschnitten, dann ist die Verbindung auch bei großer Belastung sehr dauerhaft.

Die Zinkung wird hinter einer Profilleiste verborgen. Wenn ich eine Verbindung verberge, möchte ich keinen Hinweis auf sie sehen können. Das kann man erreichen, indem man 3 mm tiefe Fälze auf der Innenseite der Deckelschmalkanten anschneidet. Dadurch scheint die Stärke des Deckels von der Seite aus gesehen geringer zu sein, aber man gibt nicht wirklich etwas vom Holz preis. Außerdem erleichtert die kleine Brüstung es bei der Montage, den Schrank rechtwinklig auszurichten.

Reißen Sie am Deckel die Zinken so an, dass der hinterste etwas breiter ist. Schneiden Sie mit der Säge ein, stechen Sie den Verschnitt mit dem Beitel aus und übertragen Sie die Risse auf die Seitenwände. Stellen Sie das Streichmaß auf die verbliebene Stärke der Deckelschmalkante, bevor Sie irgendwelche Linien anreißen. Ich habe die Schwalben mit der Bandsäge eingeschnitten und dann den Verschnitt mit Beiteln entfernt und die Verbindung eingepasst. Da sie von dem Kranzgesims verborgen wird, muss die Zinkung nicht perfekt sein.

Wenn man die Verbindung zusammensteckt, erkennt man den Wert der Fälze und wie sie dazu beitragen, den Korpus im rechten Winkel zu halten.

Legen Sie die Seitenwände mit den hinte-

Eine breite Zinke an der Hinterkante des Deckels bietet genügend Platz für die Enden der Fälze an den Seiten, ohne dass die Fälze von außen sichtbar sind.

Der kleine Falz an den Enden des Korpusdeckels erlaubt es, die Verbindung durch Profilleisten in voller Materialstärke abzudecken.

Die Nuten sitzen nicht an den gleichen Stellen der beiden Seitenwände. Arbeiten Sie beim Anreißen entsprechend sorgfältig.

Die geraden Nuten werden mit einem Nutfräser mit Kugellager an einer einfachen Führung geschnitten.

Eine zweite einfache Führung – die im Winkel angesetzt wird, der für den zweiten Satz Nuten genau umgekehrt wird – wird für die schrägen Nuten in den Regalböden für die Fräser verwendet.

Fälze lassen sich mit zwei einfachen Schnitten an der Tischkreissäge herstellen: Zuerst liegt das Material mit der Fläche auf, dann wird es hochkant am Anschlag geführt.

ren Kanten aneinander und den Innenseiten nach oben auf die Hobelbank. Reißen Sie die Lage aller Regalböden und des Korpusbodens an. (Die Bretter für die Fräser sind 10 mm stark, alle anderen Teile 20 mm.) Beachten Sie, dass sich die Anordnung in den beiden Schrankhälften unterscheidet. Auf der linken Seite befinden sich ein rechtwinklig eingepasster Regalboden und fünf Bretter für Fräser, die um 15° nach unten geneigt sind. Rechts werden einfach drei Nuten mit 20 mm Höhe nach Maßgabe der Zeichnung angerissen.

Schneiden Sie jetzt die Trennwand auf die berechnete Breite (lassen Sie sie mit Überlänge) und den langen Regalboden auf Länge und Breite. Die senkrechte Trennwand wird in 6 mm tiefe Nuten im Deckel und dem langen Regalboden eingeschoben. Jetzt ist ein guter Zeitpunkt, um diese Nuten an den beiden Bauteilen anzureißen.

Am besten mit Führung

Dann werden die 6 mm tiefen Nuten geschnitten. Am besten lässt sich das meines Erachtens mit zwei einfachen Führungen erledigen. Sie werden aus Sperrholzresten zusammengeschraubt. Die eine Führung ist in der Größe auf einen stirnschneidenden Nutfräser mit 20 mm Durchmesser abgestimmt. (Mein Fräser hat eine Schneidenlänge von 30 mm, wenn ich also eine 6 mm tiefe Nut schneiden möchte, muss die Führung mindestens 25 mm stark sein.) Legen Sie drei Stück 12-mm-Sperrholz übereinander und verschrauben Sie sie miteinander. Bringen Sie ein weiteres 12 mm starkes Stück an einem Ende an, das am Werkstück angelegt wird, um die Führung rechtwinklig zur Kante zu halten. (Kontrollieren Sie auf Rechtwinkligkeit und arbeiten Sie den Anschlag gegebenenfalls nach.)

Legen Sie die Führung links vom Schnitt an und spannen Sie sie am Werkstück fest. Dafür genügt eine einzelne Zwinge. Führen Sie das Kugellager des Fräsers an der Führung entlang, um die Nut zu schneiden. Setzen Sie die Nuten etwa 12 mm vor der Vorderkante des Werkstücks ab.

Die schrägen Nuten werden auf die gleiche Weise geschnitten. Bei der dafür verwendeten Führung ist der Anschlag allerdings in einem passenden Winkel an der Führung angebracht. Ich verwende dabei einen Fräser mit 10 mm Durchmesser, den ich in eine zweite Handoberfräse einsetze, um mir das Umrüsten zu ersparen. Schneiden Sie die schrägen Nuten so in die Korpusseitenwände, dass die obere Kante der Nut 112 mm lang ist.

Am besten lassen sich die schrägen Nuten auf den beiden Seiten der Trennwand anreißen, indem man ihre Position von den Seitenwänden abnimmt.

Bis auf die Regalböden für die Fräser müssen alle Teile, die in die Nuten eingelegt werden, an den Enden ausgeklinkt werden. An der Tischkreissäge ist das eine einfache und saubere Arbeit.

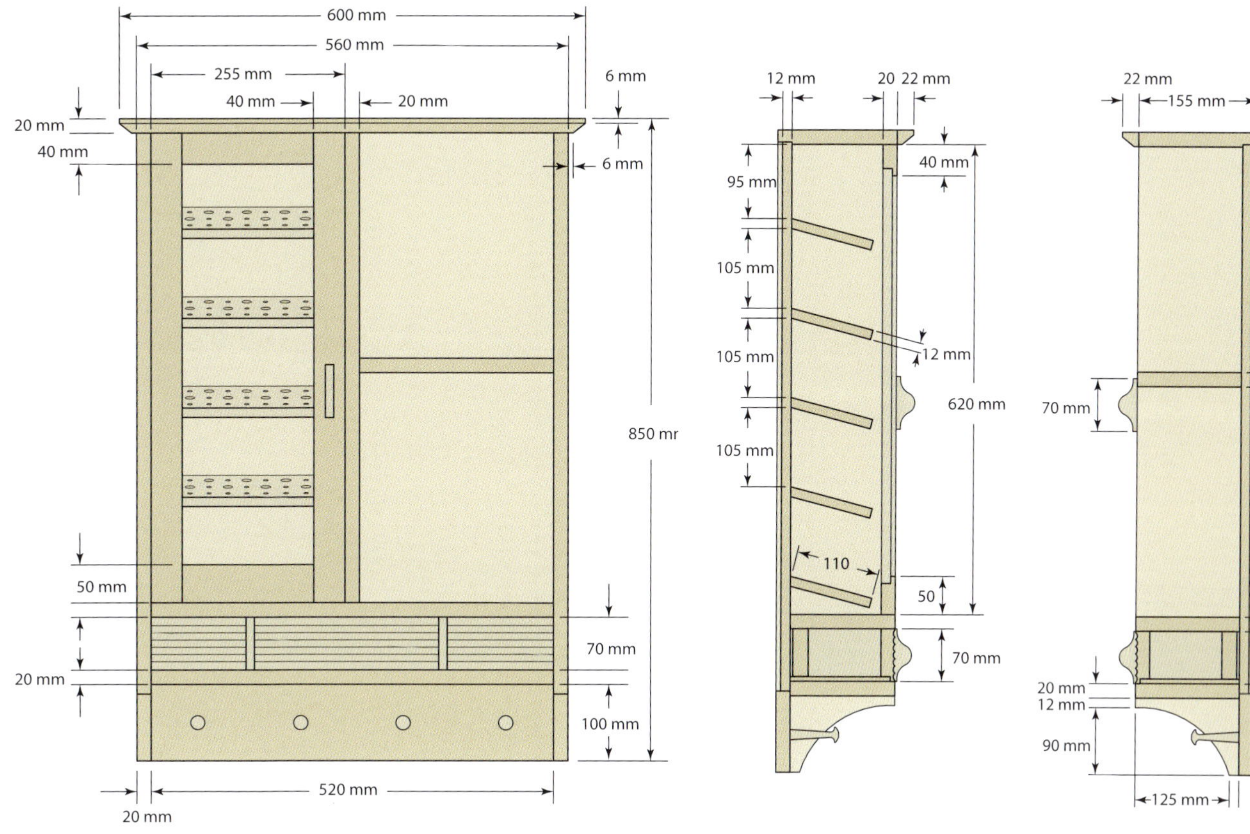

Vorderansicht **Querschnitt links** **Querschnitt rechts**

Wegen der kleinen Nacharbeiten, die eventuell nötig sind, um die geneigten Regalböden auszurichten, ist es besser, die einzelne Nut für den Regalboden für die Handoberfräse direkt von der Seitenwand her anzureißen. Messen Sie aus, reißen Sie an und fräsen Sie dann.

Schneiden Sie jetzt auch die Fälze für die Rückwand und das Halterungsbrett. Die Nuten (20 mm breit, 10 mm tief) habe ich mit zwei Schnitten an der Tischkreissäge angeschnitten. Ich habe auch einen 6 mm tiefen Falz an der hinteren Deckelkante angeschnitten, um das Einschieben der Trennwand zu erleichtern. (Dadurch entsteht an den Seiten eine kleine Lücke, die aber vom Kranzgesims verdeckt wird.)

Richten Sie dann die Trennwand an der linken Seitenwand aus und übertragen Sie die Lage der Fräserregale. Markieren Sie sowohl die Ober- als auch die Unterkante der Nuten, um die Führung richtig platzieren zu können – immer zur linken Seite des Schnitts. Bevor die Nuten geschnitten werden, muss der Winkel der Führung umgekehrt werden. Nehmen Sie den Anschlag von der Führung ab, legen Sie sie an den neuen Rissen an und bringen Sie dann den Anschlag in der neuen Position an. Schneiden Sie die Nuten wie zuvor.

Fräsen Sie dann im rechten Winkel Nuten in den Deckel und ens langen Regalboden, um die senkrechte Trennwand aufzunehmen. (Verstehen Sie jetzt, warum ich zwei Handoberfräsen aufgerüstet habe?)

Die Teile fügen sich zusammen

Um die Innenausstattung des Schranks anzubringen, schneiden Sie die Regalböden auf Länge und klinken sie aus, um sie in die Nuten einlegen zu können. Ich verwende dafür die Tischkreissäge. Stellen Sie den Parallelanschlag auf eine Schnittbreite von 6 mm ein (berücksichtigen Sie dabei auch die Stärke des Sägeblatts), heben Sie das Blatt auf eine Schnitttiefe von etwas mehr als 12 mm an und schneiden Sie die Ausklinkungen in mehreren Durchgängen.

Handoberfräsenschrank						
Anzahl	**Bezeichnung**	**Länge**	**Breite**	**Dicke**	**Material**	**Anmerkung**
2	Seite	850	155	20	Nussbaum	
1	Deckel	580	155	20	Nussbaum	
1	Boden	545	140	20	Nussbaum	
1	Regalboden, lang	545	140	20	Nussbaum	
1	Trennwand	635	140	20	Nussbaum	
1	Regalboden für Handoberfräse	265	140	20	Nussbaum	
5	Regalboden für Fräser	265	110	15	Nussbaum	eine Kante angefast
1	Halterungsbrett	555	105	20	Nussbaum	
1	Rückwand	725	555	12	Sperrholz	
2	Längfries für Tür	620	40	20	Nussbaum	
1	Querfries oben	235	40	20	Nussbaum	Zapfen an beiden Enden
1	Querfries unten	235	50	20	Nussbaum	Zapfen an beiden Enden
1	Schubladenvorderstück	530	70	20	Kirsche	
1	Schubladenhinterstück	525	65	12	Pappel	
2	Schubladenseitenstück	125	65	12	Pappel	
1	Schubladenboden	530	140	6	Pappel	
3	Griff	25	70	10	Nussbaum	
1	Kranzgesims	1220	22	20	Nussbaum	
4	Haken	90	12		Nussbaum	

* Vorder- und Hinterkante auf 15° gesägt

Wegen der verringerten Höhe des Kreisbogens ist es am besten, ein Stück Restholz am unteren Ende der Seitenwand anzulegen, auf dem man mit dem Zirkel einsticht.

Das obere Kranzgesims verdeckt am Korpus die Schwalbenschwanzzinkungen. Die Wahl des Profils bleibt Ihnen überlassen.

Diese gefederte Verbindung ist bei kleinen Schubladen erstaunlich belastbar. Das ‚kurze Holz' ist zwar vor der Montage etwas anfällig, wenn die Teile ineinandergesteckt sind, ist die Verbindung jedoch stark genug.

Stecken Sie die Schwalbenschwanzverbindungen zusammen und schieben Sie den langen Regalboden zwischen den Seitenwänden ein. Setzen Sie ein paar Zwingen an und passen Sie die Trennwand ein. Achten Sie darauf, dass die schrägen Nuten aneinander ausgerichtet sind (kleinere Anpassungen sind leicht auszuführen). Klinken Sie die Enden an der Tischkreissäge aus und schieben Sie die Trennwand in die Nuten.

Markieren Sie dann die Lage des Regalbodens für die Handoberfräse an der Trennwand. Wenn man die Maße vom zusammengebauten Korpus abnimmt, kann man die Regalböden besser waagerecht ausrichten. Schneiden Sie den Regalboden auf Maß und klinken Sie die Enden aus, bevor Sie die Passung überprüfen. Wiederholen Sie diese Schritte, um den Korpusboden einzupassen.

Nehmen Sie den Korpus wieder auseinander und legen Sie die Seitenwände mit den hinteren Kanten aneinander und den Innenseiten nach oben auf die Hobelbank. Als letztes werden die Viertelkreise an den unteren Enden der Seitenwände angerissen und ausgeschnitten. Der Radius beträgt 125 mm, die Höhe 80 mm. Um das Anreißen mit dem Zirkel zu erleichtern, legt man ein Stück Restholz an die Unterkanten der nebeneinanderliegenden Seitenwände und reißt dann einen Halbkreis an, wie oben rechts zu sehen. Schneiden Sie die Viertelkreise und verputzen Sie die Schnittkanten.

Schleifen Sie die Innenflächen des Korpus und bauen Sie ihn dann zusammen. Die beiden waagerechten Regalböden, die Trenn-

Hier schneide ich einen Falz am Hinterstück der Schublade an. Beachten Sie die Zulage, mit der das Werkstück am Nutsägeblatt ausgerichtet wird.

Mit dem letzten Schnitt des Nutsägeblatts wird die Nut für die Enden der Seitenstücke geschnitten. Der Schnitt sollte an der oberen Wandung des Falzes erfolgen.

Die erste Hohlkehle für die Strukturierung des Schubladenvorderstücks sollte genau in der Mitte des Werkstücks geschnitten werden. (Es reicht, wenn man so genau wie möglich schneidet, dann das Stück umdreht und in Gegenrichtung noch einmal nachschneidet.)

wand und der Korpusboden werden in die entsprechenden Nuten geschoben und mit Schrauben und Dübeln gesichert. (Ein einfaches Verfahren, aber es ist schließlich ein Schrank für die Werkstatt...) Geben Sie Leim an die Schwalbenschwanzzinkungen und stecken Sie sie zusammen. Legen Sie den langen Regalboden ein und bohren Sie an jedem Ende zwei versenkte Schraubenlöcher für den Boden in die Seitenwände. Wiederholen Sie diese Schritte für die Trennwand und den Regalboden für die Handoberfräse.

Falls Sie Querholzplättchen in die Trennwandlöcher im langen Regalboden einsetzen möchten, tun Sie das, bevor Sie den Korpusboden anbringen. Später ist unter dem Regalboden nur wenig Platz, um zu arbeiten. Setzen Sie Querholzplättchen in die versenkten Bohrlöcher, und schleifen Sie die Flächen, wenn der Leim getrocknet ist.

Der Schrank wird oben mit einem einfachen Kranzgesims abgeschlossen, an das ein klassisches Karniesprofil angefräst ist. Das Kranzgesims wird mit Leim und Drahtstiften befestigt. (Vergessen Sie nicht, auch an die Gehrungsschnitte Leim anzugeben.)

Verstellen Sie den Anschlag, um die nächste Hohlkehle zu fräsen. Das Anreißen der Hohlkehlen ist sehr viel einfacher, wenn man sich für eine ungerade Anzahl entscheidet.

Jetzt ist eine gute Gelegenheit, das hintere Halterungsbrett anzubringen, das mit gedrechselten Haken ausgestattet wird. Es wird in die gleichen Fälze wie die Rückwand eingelegt. An den beiden Enden wird sie mit jeweils zwei Schrauben befestigt. Reißen Sie die Löcher für die gedrechselten Haken an und bohren Sie sie, bevor Sie das Brett anbringen.

Die Tür

Anfänger stellen den Rahmen für eine Tür mit Füllung oft her, indem sie die Friese mit Schlitz-und-Zapfen-Verbindungen zusammenfügen und dann an der Rückseite einen umlaufenden Falz anfräsen. Dabei ergibt sich an jeder Ecke ein kleines Stück sichtbares Hirnholz. Es gibt eine bessere Methode.

Mit nur wenigen zusätzlichen Schritten kann man den Falz vorher anschneiden. Das Verfahren wird auf S. 142 unter „Bessere Rahmen" beschrieben.

Wenn die Verbindungen an den Friesen angeschnitten sind, geben Sie Leim an, spannen die Rahmen ein und lassen den Leim trocknen. (Nach der Oberflächenbehandlung wird eine durchsichtige Acrylglasscheibe eingelegt, die mit 6 mm starken Glasleisten gesichert wird.)

Verbindungen an der Schublade

Da die Schublade nur Kleinteile und Zubehör aufnehmen soll, müssen die Verbindungen nicht immensen Kräften widerstehen können. Ich habe sie schnell und einfach zusammengebaut: mit einer genuteten Eckverbindung, die ich an der Tischkreissäge angeschnitten habe (der Schlüssel zu genauen Schnitten ist das genaue Einstellen der Säge).

Schneiden Sie die Teile der Schublade auf Stärke, Länge und Breite. Richten Sie die Tischkreissäge mit einem Nutsägeblatt für einen 6 mm breiten Schnitt aus und stellen Sie die Schnitttiefe auf 6 mm ein. Bringen Sie den Parallelanschlag in 6 mm Entfernung vom Nutsägeblatt an und schneiden Sie dann an beiden Enden der Schubladenseitenstücke Nuten ein.

Fälzen Sie dann die Enden des Hinterstücks aus. Ich habe eine Zulage am Parallelanschlag verwendet, um das Nutsägeblatt an den Enden des Vorder- und des Hinterstücks auszurichten. Man kann aber auch mit einem Anschlag aus Holz arbeiten, in den man hineinschneidet. Bringen Sie das Sägeblatt auf 12 mm Höhe und fälzen Sie dann das 20 mm starke Vorderstück der Schublade aus.

Belassen Sie das Sägeblatt bei 12 mm Höhe und wechseln Sie zu einer Zapfenschneidevorrichtung, um die Spünde anzuschneiden, die in die Nuten gesteckt werden. Bringen Sie die Vorrichtung und das Nutsägeblatt so in Position, dass 6 mm Material auf der Innenseite stehen bleiben, wie es im Foto unten zu sehen ist.

Wenn diese Schnitte ausgeführt sind und die Passungen gut sind, wird die Unterkante des Vorderstücks für den 6 mm starken Schubladenboden ausgefälzt. Der Boden wird mit Drahtstiften angebracht, aber mit Überlänge belassen. Später wird er so auf Länge geschnitten, dass er als Anschlag an der Korpusrückwand dient.

Profiliertes Vorderstück

Ein Novum für mich war die Strukturierung des Schubladenvorderstücks. Mit einer Reihe von Hohlkehlen wird es optisch aufgewertet. Ich habe sie mit einem 12-mm-Hohlkehlfräser am Handoberfräsentisch so angeschnitten, dass sich eine Wellenoberfläche ergab.

Das Geheimnis (falls es eines geben sollte) liegt darin, von der Mitte des Vorderstücks her anzureißen und zu fräsen. Reißen Sie die erste Hohlkehle genau mittig auf dem Vorderstück an (kleinere Korrekturen sind beim zweiten Durchgang allerdings noch möglich). Drehen Sie nach dem ersten Schnitt das Vorderstück um und machen Sie einen zweiten Durchgang. Dadurch wird die Hohlkehle zwar vielleicht etwas breiter, aber das fällt nicht auf und sie stellen so sicher, dass die Fräsung mittig verläuft. (Wie immer gilt auch hier, dass man sich das Einrichten durch Probeschnitte erleichtern sollte.)

Bringen Sie den Anschlag für die zweite und dritte Hohlkehle näher an den Fräser. Zwischen den Hohlkehlen sollten keine Platten stehen bleiben. Wiederholen Sie diese Schritte für die vierte und fünfte Hohlkehle (eine ungerade Anzahl von Hohlkehlen macht die Anordnung sehr viel leichter.) Schleifen Sie die Hohlkehlen nach dem Fräsen, indem Sie das Schleifpapier um eine passende Rundstange wickeln, und verleimen Sie die Schublade.

Ich habe, während der Leim trocknete, ein paar kleine Griffe für die Tür und die Schublade gestaltet. Von einem 10 mm breiten Holzstück ausgehend, habe ich eine schlichte Bogenform angerissen. Die Schnitte wurden an der Bandsäge ausgeführt, die Schnittkanten an der Spindelschleifmaschine geglättet und die Kanten mit Schleifpapier gebrochen.

Die Schubladengriffe werden in Nuten im Vorderstück eingesetzt. Legen Sie die Position der Griffe fest (ich habe sie mittig in den beiden Hälften des Schranks angeordnet) und markieren Sie dann Anfangs- und Endpunkt der Nuten an der Kante des Vorderstücks.

Stellen Sie die Schnitttiefe der Tischkreissäge so ein, dass sie ein klein wenig größer ist als der tiefste Teil der Schubladengriffe, und richten Sie das Sägeblatt an den Markierungen aus. Verwenden Sie den Queranschlag der Tischkreissäge, um sich mit vorsichtigen Schnitten der Stärke der Schubladengriffe anzunähern – kontrollieren Sie Ihren Fortschritt nach jedem Schnitt, wenn Sie sich dem zweiten Riss nähern. Wiederholen Sie die Schnitte für den zweiten Griff und leimen Sie dann die Griffe in die Nuten.

Stellen Sie die Schublade fertig, indem Sie den Boden mit Drahtstiften am Schubladenrahmen befestigen.

Einpassen und Oberflächenbehandlung

Passen Sie die Tür in die vorgesehene Öffnung ein, indem Sie eventuell notwendige Veränderungen an Höhe und Breite vornehmen. Ich habe einfache Aufschraubbänder und eine selbst hergestellte Schließe mit zwei Seltene-Erden-Magneten angebracht, einer im dreieckigen Türanschlag, einer in der Tür selbst (überprüfen Sie die Polarität der Magneten vor dem Einkleben). Der Türgriff wird einfach angeleimt.

Reißen Sie die Bohrungen in den Regalböden für die Fräser an. Schneiden Sie die Hinterkante der Böden im Winkel von 15° an, damit sie bündig an der Rückwand anliegen, und schieben Sie sie in die Nuten ein. Sie werden durch die Rückwand an Ort und Stelle gehalten.

Die Rückwand besteht aus Sperrholz. Befestigen Sie es nach der Oberflächenbehandlung mit Schrauben am Korpus.

Bei der Oberflächenbehandlung bin ich ebenfalls etwas von meiner üblichen Methode abgewichen. Anstatt Schellack habe ich einen wasserbasierten Lack verwendet. Um zwei unterschiedliche Verfahren zu probieren, habe ich die erste Schicht mit dem Pinsel aufgetragen, die zweite aber nach einem gründlichen Zwischenschliff mit 320er Papier dann aufgesprüht. (Ich war kaum überrascht, dass mir die gesprühte Schicht besser gefiel.)

Als ich den fertigen Schrank betrachtete, ging mir durch den Kopf, dass er gut seinen Weg in mein Haus hätte finden können, wenn ich die Regalböden für die Fräser nicht schräg angebracht hätte. Da sie aber nun einmal so saßen, habe ich einen schönen Schrank für die Werkstatt, der nicht aus Sperrholz gebaut ist. Außerdem hatte ich während der Arbeit daran Gelegenheit, mit einigen neuen Arbeitsverfahren zu experimentieren. Und endlich herrscht unter meinen Fräsern und dem anderen Zubehör für die Handoberfräse einmal Ordnung.

Ein einfacher Anschlag mit einem eingeklebten Seltene-Erden-Magnet wird mit Leim und Drahtstiften in der Türöffnung angebracht, einen zweiten Magneten befestigt man in der Tür.

Bessere Möbeltüren in Rahmen-und-Füllung-Bauweise

Je mehr Erfahrung man bei der Arbeit mit Holz gewinnt, desto häufiger lernt man neue Verfahren kennen, mit denen die eigene Arbeit besser wird. Eine großartige Lösung, um bessere Möbeltüren zu bauen, sind Rahmen, die mit nur wenigen zusätzlichen Arbeitsschritten von vornherein mit Fälzen versehen werden, in die man Glasscheiben oder Holzfüllungen einlegen kann. Man muss nach dem Verleimen dann keine Fälze mehr anschneiden.

Dazu geht man folgenderweise vor: Die Quer- und Längsfriese werden auf Länge, Breite und Stärke geschnitten, dann reißt man an den Längsfriesen die Schlitze an. Die Brüstungen meiner Zapfen sind 6 mm breit. Schneiden Sie die 6 mm breiten und 30 mm langen Schlitze mittig in der Stärke der Längsfriese an.

Fälzen Sie dann die Innenkanten an allen vier Rahmenfriesen aus. Die 10 mm breiten Fälze werden so tief geschnitten wie die vordere Wandung der Schlitze (12 mm). Ich fälze am liebsten an der Tischkreissäge, man kann aber auch andere Methoden verwenden.

Beim Fälzen der Querfriese zeigt sich der wichtige Unterschied gegenüber dem geläufigen Verfahren. Die Schnitttiefe wird auf 6 mm eingestellt und der Parallelanschlag für eine Zapfenlänge von 30 mm. Berücksichtigen Sie dabei auch die Stärke des Sägeblatts. Legen Sie die Vorderseite des Querfrieses auf den Arbeitstisch der Tischkreissäge und schneiden Sie den Querfries ein.

Lassen Sie die Schnitttiefe unverändert und stellen Sie den Parallelanschlag für einen 20 mm langen Zapfen ein (30 mm- 10 mm für den Falz). Schneiden Sie mit dieser Einstellung an der Rückseite der Querfriese an allen vier Ecken ein. Bevor Sie weitermachen, drehen Sie den Querfries so um, dass die Außenkante zum Arbeitstisch weist, und machen einem weiteren Schnitt. (Die Innenkante muss nicht geschnitten werden – sie wurde beim Fälzen abgenommen.)

Der Unterschied beim Anschneiden der Wangen liegt darin, dass man mit zwei unterschiedlichen Schnitttiefen arbeitet: 20 mm für die Rückseite und 30 mm für die Vorderseite. Außerdem muss man den Verschnitt an den Brüstungen mit der Bandsäge oder einer Handsäge entfernen.

Wenn die Verbindung zusammengesteckt wird, kommen die breiteren Brüstungen an den hinteren Außenkanten der Querfriese im Falz zu liegen, während die Vorderseite dicht am Längsfries anliegt. Der Falz für die Füllung oder eine Glasscheibe ist angeschnitten – und nirgends ist unansehnliches Hirnholz zu sehen.

1

Wenn die Schlitze geschnitten sind, werden an den Friesen Fälze angeschnitten, die bündig mit der vorderen Wandung der Schlitze abschließen.

2

Der Parallelanschlag wird für einen 30 mm langen Zapfen eingestellt. Die Schnitttiefe reicht gerade bis zum Falz.

► Wenn die Verbindungen zusammengesteckt werden, füllt der längere Zapfen hinten den Falz aus, während der vordere Zapfen am Längsfries anliegt.

An der Rückseite des Querfrieses wird ein 20 mm langer Zapfen angeschnitten.

Schneiden Sie die Brüstungen mit zwei unterschiedlichen Schnitttiefen – eine für die Vorderseite, eine für die Rückseite.

Der Nagelschrank von Roy Underhill ist eine umgebaute Transportkiste. Der Schrank hat viel hinter sich und den Belastungen gut standgehalten.

Kapitel Zwanzig

Roy Underhills Nagelschränkchen

Christopher Schwarz

Eine bekannte US-amerikanische Fernsehsendung zum Thema Holzwerken ist „The Woodwright's Shop" von Roy Underhill. Zu den Erkennungszeichen der Sendung gehört das Werkstattinnere, ein Durcheinander aus alten Werkstücken, Bauteilen, Werkzeugen und Holzvorräten. Mein Lieblingsrequisit ist der Schrank für die Nägel – ein Kiefernschränkchen, das in einer versteckten Ecke an der Wand hängt.

An der Innenseite der Schranktür hat Roy einen Druck aufgehängt, der eine schöne Dame mit einem Bockbier und einem Ziegenbock zeigt. Das ist ein schönes Detail für die Fernsehkameras, aber mich interessieren die 21 Schubladen viel mehr, die im Schrank untergebracht sind. Für einen Ehemann ist das Interesse daran auch angebrachter als das an Damenbildern...

In traditionellen Werkstätten unterschiedlicher Gewerke findet man häufig Nagelschränke und sie werden auch in Büchern über traditionelle Werkstätten abgebildet und besprochen. In ihnen werden all die Schrauben, Nägel und Muttern aufbewahrt, die man in der Werkstatt benötigen könnte. Und da diese Beschläge ihren Wert hatten, wurden die Schränke oft mit einem Schloss versehen.

Als ich Roy das letzte Mal besuchte, bat ich ihm um Erlaubnis, die Maße von seinem Nagelschrank abzunehmen, um ihn nachzubauen. Als ich den Schrank ausmaß, den er bei einer Haushaltsauflösung in Washington, D.C., gekauft hatte, stellte ich fest, dass er eine ungewöhnliche Konstruktion aufwies – der Korpus war an den Ecken mit Fingerzinken versehen und von außen mit aufgenagelten Leisten verkleidet.

Roy zeigte mir dann den Grund: Der Schrank bestand aus einer alten Verpackungskiste für Ohio Blue Tip Matches, die von 1895 bis 1987 von der Ohio Match Co. in Wadsworth, Ohio hergestellt wurden. Dadurch gewann das Vorhaben für mich noch an Reiz. Ich musste zuerst eine Kiste bauen und diese dann in einen Hängeschrank umwandeln.

Das ist auch der Grund für manche Konstruktionsdetails, die sonst vielleicht etwas merkwürdig wirken mögen. Wenn sie Ihnen nicht gefallen, steht es Ihnen natürlich frei, sie abzuändern. Mein Ziel war es, einen annehmbaren Nachbau des schönen Schränkchens anzufertigen, das ich in Roys Sendung schon so lange bewundert hatte.

Überblick der Konstruktion

Das Original bestand vollkommen aus Kiefernholz – vermutlich Weymouths-Kiefer –, aber jedes andere abgelagerte Nadelholz ist auch geeignet. Der Korpus der ursprünglichen Kiste war an den Ecken mit Fingerzinken verbunden, die ich in meiner Version durch Schwalbenschwanzzinkungen ersetzt habe. Die Rückwand besteht aus 10 mm starken Brettern mit Wechselfalz, die angenagelt wurden.

Außen am Korpus sind 25 mm breite, dünne Bretter angebracht, an denen man die ‚Kiste' greifen kann, um sie zu heben und zu transportieren. Die Bretter verbergen auch die Eckverbindungen am Korpus.

Wenn man die ‚Kiste' gebaut hat, kann man sie zu einem Schrank umbauen. Das Innere ist in 21 Fächer aus dünnen Kiefernholzplatten unterteilt, die mit Überblattungen verbunden sind. Die Schubladen sind einfach geleimt und genagelt. Das einzig Schwierige an ihnen ist ihre Anzahl: Sie müssen 21 Stück bauen.

Die Tür ist mit Rahmen und Füllung gearbeitet, die Friese sind auf Gehrung geschnitten. Die Füllung war beim Original einfach von innen in den Rahmen genagelt worden. Die Füllung war irgendwann gerissen, deshalb habe ich sie bei meinem Schrank in Nuten eingelegt, die ich an den Innenkanten der Friese angeschnitten habe.

Der Schrank ist mit Schellack lackiert und wird mit einer Hängeleiste an der Wand angebracht.

Die Wände der ‚Kiste'

Wie oben erwähnt, waren die Wände der ursprünglichen Kiste an den Ecken mit dünnen Fingerzinken verbunden (man kann die Verbindung an der Innenseite erkennen, weil sich leichte Fugen gebildet haben). Ich habe keine Vorrichtung oder Schablone, um schmale Fingerzinken zu schneiden, und mir fehlt auch die Lust dazu. Eine solche Maschinenverbindung mit der Hand zu schneiden halte ich für ausgesprochen abwegig.

Also habe ich die Seiten, den Boden und den Deckel mit offenen Schwalbenschwanzzinkungen verbunden. Die Verbindungen werden am Schluss mit Brettern verkleidet, das Ergebnis sieht also genauso aus wie das Original. Aus Belastbarkeitsgründen habe ich die Schwalben an den Seiten angeschnitten, die Zinken am Deckel und am Boden.

Wenn irgend möglich, schneide ich meine Schwalbenschwänze gemeinsam, weil es Zeit spart und (wie ich meine) es einfacher macht, die Säge im rechten Winkel zur Fläche des Bretts zu führen. Ein flacher Falz an jedem Schwalbenbrett erleichtert es, beim Übertragen im rechten Winkel zu bleiben.

Geben Sie sich besondere Mühe, den Korpus genau rechtwinklig zu verleimen. Dadurch ersparen Sie sich viel Mühe beim späteren Einpassen der Tür und der 21 Schubladen.

Die Wechselfälze an den Längskanten der Rückwandbretter verdecken alle Fugen, die beim Schwinden des Holzes sonst auftreten könnten.

Nägel biegen sich und erlauben der Rückwand deshalb zu arbeiten, ohne dass das Holz reißt. Die Nägel sollten einen breiten Kopf aufweisen, um die Rückwand an Ort und Stelle zu halten.

Verleimen Sie den Korpus, und achten Sie dabei darauf, dass die Ecken sowohl vorne als auch hinten im rechten Winkel stehen. Ich verwende für solche Verbindungen Glutinleim, weil er lösbar ist.

Falls der Korpus beim Verleimen nicht genau rechtwinklig geworden ist, hat man noch die Möglichkeit, ihn beim Anbringen der Rückwand grade zu ziehen. Die Rückwand besteht aus 10 mm starken Kiefernbrettern, die an den Längskanten ausgefälzt sind und an der Korpusrückseite angenagelt werden. Ich habe 30-mm-Nägel verwendet, aber 40-mm-Nägel tun es auch.

Wenn der Korpus nicht rechtwinklig ist, ziehen Sie ihn mit einer Schraubzwinge gerade und nageln Sie dann die Rückwand an. Das hilft meist, wenn der Korpus nicht allzu sehr verzogen ist.

Die Schubladenfächer

Die Fächer für die Schubladen des ursprünglichen Nagelschränkchens waren offensichtlich aus einem Sammelsurium von Holzresten hergestellt worden, die mit Leim und Nägeln schnell zusammengezimmert worden waren. Manche Teile zeigten noch Sägespuren; das Holz stammte von unterschiedlichen Arten.

Reißen Sie die Schlitze an einem Brett an, spannen Sie alle Unterteilungen zusammen und schneiden in einem Zug. Ich verwende hier an der Tischkreissäge den Gehrungsanschlag und eine hohe Anlage, um die Unterteilungen über das Sägeblatt zu schieben.

Die Überblattung sollte so eng geschnitten sein, dass man den Klüpfel benötigt, um sie zusammenzustecken. Die Verbindungsstellen werden mit 25 mm langen Stauchkopfdrahtstiften gesichert, die schräg eingetrieben werden.

Diese Lehre aus Restholz hilft, die genaue Lage der waagerechten Unterteilungen zu ermitteln. Sie besteht aus zwei dünnen Holzstreifen, die an einem 12 mm starken Stück Kiefernholz angenagelt sind. Man schiebt die Lehre über die Korpuswand und legt einen der Streifen an der Unterteilung im Korpus an. Dann wird seine Lage außen angerissen.

Wenn die Risse auf der Außenseite angebracht sind, kann man die Drahtstifte, deren Köpfe man abgeschnitten hat, in die Unterteilungen treiben. Die Drahtstifte werden anschließend 1 mm unter die Holzoberfläche versenkt.

Anstatt jedes einzelne Detail getreulich nachzuahmen, habe ich die Konstruktion vereinfacht, ohne das Aussehen und die Funktion des Originals zu verändern. Beim Original waren die waagerechten und senkrechten Unterteilungen überblattet, ich habe deshalb für meine Fächer die gleiche Verbindung verwendet.

Die Unterteilungen sind alle 10 mm stark und 150 mm breit. Die Schlitze in den Unterteilungen sind jeweils 10 mm breit. An den waagrechten Unterteilungen sind sie 72 mm lang, an den senkrechten 55 mm. Wenn die Unterteilungen zusammengesteckt werden, ergibt sich an der Vorderkante wie beim Original ein Versatz von 3 mm.

Reißen Sie die Lage der Schlitze nach Maßgabe der Zeichnungen an. Ich habe die Schubladengrößen mit dem Stechzirkel abgetragen und die Breite der Schlitze mit einer Lehre aus einem Stück des Materials für die Unterteilungen angerissen. Beachten Sie, dass die drei unteren Schubladen höher sind als die anderen.

Ich habe die Schlitze an der Tischkreissäge geschnitten, sie lassen sich aber auch leicht in Handarbeit oder an der Bandsäge schneiden. Wenn die Schlitze gesägt sind, steckt man die Unterteilungen zusammen und setzt an den Verbindungspunkten schräg genagelte Drahtstifte mit Stauchkopf ein.

Das fertige Fachraster wird in den Korpus geschoben. Die Vorderkante der waagerechten Böden sollte 30 mm hinter der Korpusvorderkante zurückspringen, um Raum für die Schubladengriffe zu lassen.

Die waagerechten Böden werden dann mit Nägeln am Korpus befestigt. Dazu verwendet man eine einfache Schablone, die es (fast) unmöglich macht, die Böden mit den Nägeln nicht zu treffen. (Siehe Foto oben für Details der Vorrichtung.)

Die Böden werden mit 40 mm langen Stauchkopfdrahtstiften am Korpus befestigt. Die senkrechten Trennwände müssen nicht befestigt werden, sie werden durch die Schwerkraft und Reibung gehalten.

Eine Kiste daraus machen

Das Vergnügen bei diesem Werkstück liegt darin, aus dem schönen Korpus eine Transportkiste zu machen. Dazu nagelt man außen 25 mm breite Bretter an, die etwas wie die Friese eines Rahmens aussehen. Die Bretter weisen keine angeschnittenen Verbindungen auf – sie sind lediglich mit Leim und Nägeln verbunden.

Schneiden Sie die Bretter anhand der Stückliste auf Maß. Am leichtesten lassen sie sich anbringen, wenn man zuerst die senkrechten an den Korpusseiten befestigt, ihre oberen und unteren Enden mit dem Korpus bündig verputzt und dann die Bretter auf der Ober- und Unterseite anfügt.

Wichtig ist es, dass die Bretter an der Vorderseite 12 mm (oder ein wenig mehr) über die Vorderkante des Korpus' hinausragen. Dieser Überstand von 12 mm bildet die Öffnung für die Tür. Prüfen Sie, ob die vorgesehene Position der Bretter das Anbringen der Scharniere erlaubt, die Sie für die Tür gekauft haben. Falls die Scharnierlappen breiter als 12 mm sind, müssen die Bretter am Korpus etwas nach vorne versetzt werden, damit sich das Scharnier öffnen und schließen lässt.

Die Bretter werden alle mit Nägeln und Leim befestigt.

Auf Gehrung

Wenn die Bretter angebracht sind, kann man die endgültigen Maße der Quer- und Längsfriese für die Rahmen-und-Füllung-Konstruktion der Tür festlegen. Wie beim Original sind auch hier die Ecken dieser Leichtbautür auf Gehrung geschnitten und mit Leim und Nägeln gesichert.

Wenn ich Gehrungen schneide, dann säge ich sie zuerst zu und verputze sie dann genau auf Länge und präzise auf 45° mit dem Handhobel in der Gehrungsstoßlade.

Auch wenn Sie Ihre Gehrungssäge lieben, sollten Sie es einmal auf diese Weise probieren. Ich habe bis jetzt keine leichtere Methode gefunden, Gehrungen zu schneiden. Wenn man die Gehrungen mit dem Hobel bestößt, kann man die Länge der Quer- und Längsfriese bis auf ein Zehntelmillimeter genau bestimmen. Und präzise Winkel von 45° sind auch kein Problem.

Die 45°-Einstellung an meiner Gehrungssäge ist um etwa ein halbes Grad falsch. Das stört mich jedoch nicht. Ich bestoße meine Gehrungsschnitte alle mit dem Hobel und dabei kann ich mich stückweise an den genauen Winkel und die genaue Länge heranarbeiten.

Wenn Sie die Gehrungen angeschnitten haben, fräsen Sie eine Nut mit 5 x 5 mm an die Innenkanten der Längs- und Querfriese an. An der 10 mm starken Füllung wird ringsum ein Falz angeschnitten, damit er in die Nut eingelegt werden kann. Schneiden Sie die

Explosionszeichnung

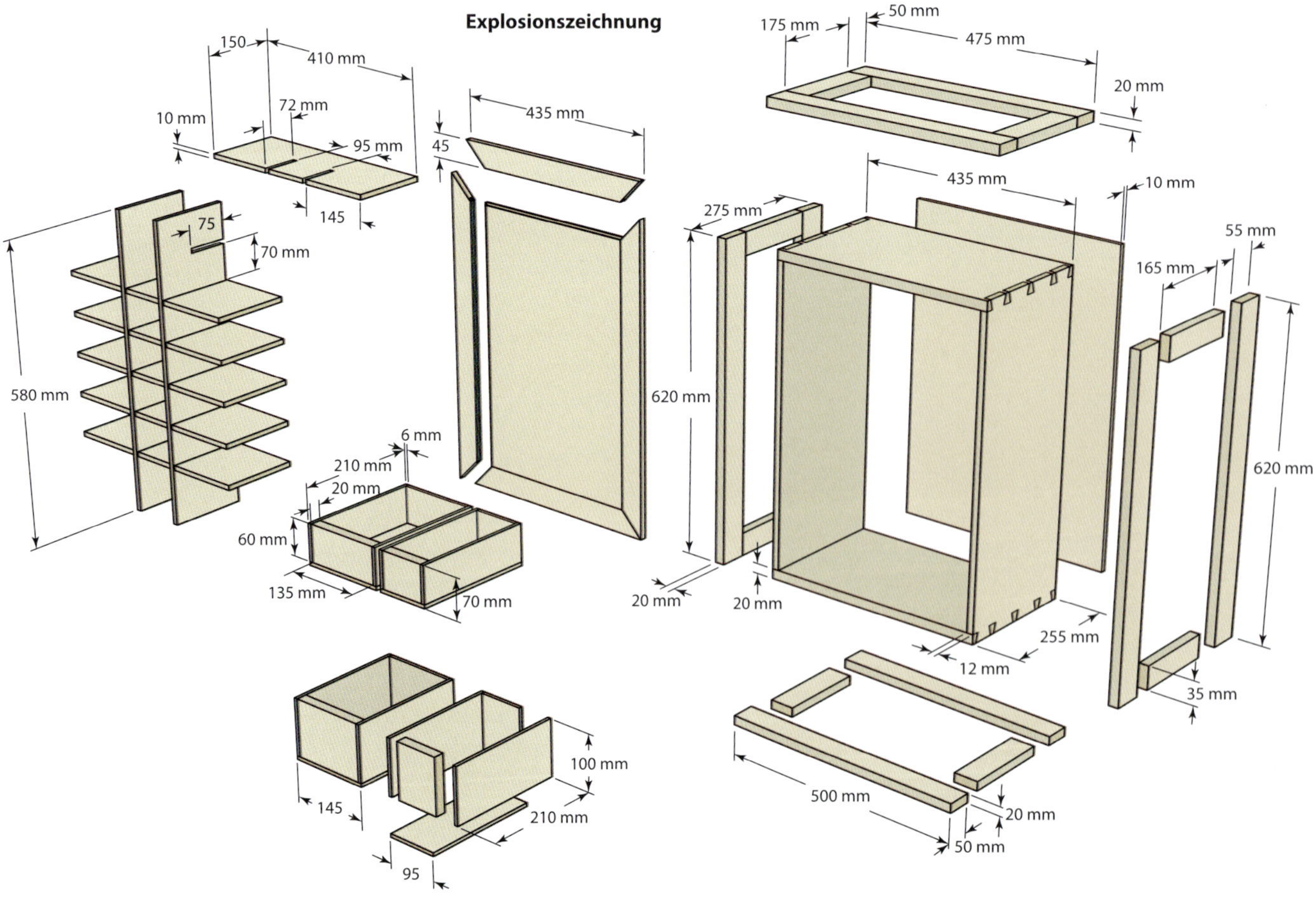

150 – 410 mm – 10 mm – 72 mm – 95 mm – 145 – 75 – 70 mm – 580 mm – 435 mm – 45 – 6 mm – 210 mm – 20 mm – 60 mm – 135 mm – 70 mm – 100 mm – 145 – 210 mm – 95 – 175 mm – 50 mm – 475 mm – 20 mm – 435 mm – 10 mm – 275 mm – 55 mm – 165 mm – 620 mm – 620 mm – 20 mm – 20 mm – 255 mm – 12 mm – 35 mm – 500 mm – 20 mm – 50 mm

Füllung so zu, dass sie genügend Platz hat, um in der Breite zu schwinden und quellen.

Ich habe keine aufwendigen Gehrungszwingen – die meisten Bandspanner sind recht mühsam im Gebrauch –, also verleime ich die Gehrungen Ecke nach Ecke.

Zuerst gebe ich etwas Leim an die beiden Schnittflächen der Gehrung an und lasse ihn eine Minute lang antrocknen. Dann gebe ich mehr Leim an die Verbindung, drücke die beiden Teile zusammen und treibe einen einzelnen Nagel durch den Längsfries in den Querfries.

Auf diese Weise werden alle vier Eckverbindungen hergestellt. Vergessen Sie nicht, die Füllung einzuschieben, bevor Sie den letzten Fries anbringen. Dann wird der Rahmen mit vier normalen Spannelementen eingespannt. Die Nägel sorgen dafür, dass sich die Gehrungen nicht verschieben, wenn man die Zwingen an den Ecken anzieht.

21 Schubladen

Da dies ein Schrank für Nägel ist, ist es nur passend, dass die Schubladen zusammengenagelt sind. Die Konstruktion ist einfach: Das Vorderstück und das Hinterstück werden zwischen den Seitenstücken befestigt. Dann wird der Boden angenagelt.

Die Schubladen sehen etwas merkwürdig aus – man sieht das Hirnholz der Seitenstücke und des Bodens an der Vorderseite der Schublade. Sie sind aber für ein Werkstattmöbel annehmbar und die Schubladen des Originals haben viele Jahre Gebrauch überstanden.

Mit einem einzelnen Nagel, der durch den Längsfries in den Querfries getrieben wird, verhindert man, dass sich die Bauteile verschieben, wenn man beim Verleimen Zwingen ansetzt. Übrigens war die ursprüngliche Tür genau auf diese Weise gebaut worden.

Nagelschränkchen

Anz.	Bezeichnung	Länge	Breite	Dicke	Material
2	Seitenwand	620	260	12	Kiefer
2	Deckel/Boden	435	260	20	Kiefer
1	Rückwand	620	440	10	Kiefer
2	Querfries, Tür	445	45	12	Kiefer
2	Längsfries, Tür	620	45	12	Kiefer
1	Füllung, Tür	535	350	10	Kiefer
Oberer Rahmen					
2	Längsfries	475	50	20	Kiefer
2	Querfries	175	50	20	Kiefer
Seitenrahmen					
4	Längsfries	620	60	20	Kiefer
4	Querfries	165	45	20	Kiefer
Unterer Rahmen					
1	Fries, vorne	500	50	20	Kiefer
1	Fries, hinten	475	50	20	Kiefer
2	Querfries	175	50	20	Kiefer
Inneneinrichtung					
2	Trennwand	580	150	10	Kiefer
6	Regalboden	415	150	10	Kiefer
12	Schubladenvorderstück, breit	135	65	20	Kiefer
6	Schubladenvorderstück, schmal	80	65	20	Kiefer
2	Schubladenvorderstück, breit, unten	135	100	20	Kiefer
1	Schubladenvorderstück, schmal, unten	80	100	20	Kiefer

Schneiden Sie zuerst die Schubladenteile für jedes Fach einzeln auf Maß. Ich versuche, diese Einpassarbeiten möglichst vor dem Zusammenbau auszuführen. Dadurch kann man sich meist das Nacharbeiten nach dem Zusammenbau ersparen. Zuerst schneide ich jeden Boden auf das Maß des Fachs zu. Dann schneide ich die Seitenstücke, das Vorder- und Hinterstück auf Maß. Danach beginne ich mit dem Zusammenbau der Schublade.

Stellen Sie dafür das Vorderstück und die Seitenstücke auf den Schubladenboden. Prüfen Sie, ob das Vorderstück gekürzt werden muss, damit die Seitenstücke bündig mit dem Boden abschließen. Falls es gekürzt werden muss, wird das Hinterstück um das gleiche Maß gekürzt.

Befestigen Sie die Seitenstücke mit Leim und Nägeln am Vorderstück. Bringen Sie dann das Hinterstück mit Leim und Nägeln an den Seitenstücken an. Abschließend leimen und nageln Sie dann den Boden an den Schubladenkorpus. Passen Sie jede Schublade in das entsprechende Fach ein, und kennzeichnen Sie Schubladen und Fächer jeweils mit übereinstimmenden Nummern.

Bringen Sie jeden Schubladenboden so auf Maß, dass er leichtgängig in sein Fach zu schieben ist und schneiden Sie erst dann die anderen Stücke zu. Wenn der Boden klemmt, wird auch die ganze Schublade klemmen.

Stecken Sie die Schublade trocken zusammen, um kontrollieren zu können, ob das Vorderstück zu lang ist.

Dass alle Teile aus Nadelholz bestehen, das nach dem Trocknen nicht mehr stark arbeitet, kann man diese Verbindung mit Leim und Nägeln sichern, obwohl hier Längs- auf Querholz trifft.

Beschläge und Oberflächenbehandlung

Wie beim Original habe ich Metallgriffe für die größeren Schubladen verwendet und runde Holzknäufe für die kleineren in der Mitte. Um die Metallgriffe an der richtigen Stelle anzubringen, habe ich eine Bohrlehre hergestellt, die jeweils am Schubladenvorderstück angespannt wurde. So lassen sich Anreißfehler leicht vermeiden.

Die Holzgriffe sind genau mittig am Vorderstück der kleinen Schubladen angebracht.

Wenn ich an diesem Schränkchen etwas ändern würde, dann wären es die Griffe. Mir gefallen die Metallgriffe zwar, aber Griffe für Karteikästen mit einem Einschub für kleine Kärtchen, auf denen der Inhalt vermerkt wird, wären noch nützlicher.

Roy hat dieses Problem gelöst, indem er den Inhalt einfach direkt auf den Schubladengriff geschrieben hat. Ich glaube, er hat dafür Bleistift verwendet – in den Kameraaufnahmen ist es kaum zu erkennen.

Eine weitere mögliche Änderung: Wenn man den Korpus 50 mm tiefer macht, kann man Hämmer, Schraubendreher und andere Werkzeuge zum Anbringen und Lösen von Beschlägen an der Innenseite der Tür anbringen.

Bringen Sie die Scharniere und den Griff an der Tür an. Ich habe einen Magnetschnäpper verwendet, um die Tür geschlossen zu halten. Da ich der einzige bin, der in meiner Werkstatt arbeitet, ist ein Schloss nicht notwendig.

Die Oberfläche des Nagelschränkchens wurde mit zwei Schichten hellem Schellack (und Zwischenschliff) behandelt. Das Schränkchen in meiner Werkstatt ist an einer Keilleiste aus 12 mm starkem Material aufgehängt.

Dann kommt der Teil, der Spaß macht: Die Sortimentskästen mit den Schrauben und Nägeln leeren und diese in ihren neuen Schubladen unterbringen, die sich in Griffweite über meiner Hobelbank befinden. Ach ja, und dann muss ich mich wohl noch nach einem Bild von einer Dame mit Ziegenbock umsehen.

Falls das Schubladenvorderstück zu lang ist, wird es in der Stoßlade genau auf Maß gebracht. Zählen Sie dabei die Anzahl der benötigten Hobelstöße und bringen Sie das Hinterstück mit der gleichen Zahl von Stößen auf die gleiche Länge. Voraussetzung ist natürlich, dass das Ausgangsmaß der beiden Teile identisch war.

Wenn ich den gleichen Arbeitsschritt 14-mal wiederholen muss, können Sie darauf wetten, dass ich mir eine Vorrichtung baue, um sicherzustellen, dass ich mich nicht ablenken lasse und kurz vor Schluss der Arbeit noch einen Fehler mache. Diese einfache Lehre sorgt für die korrekte Platzierung der Bohrlöcher, mit denen die Schubladengriffe an den Vorderstücken angebracht werden. Bei den größeren Schubladen am Boden versetzte ich die Lehre um 10 mm nach unten.

Kapitel Einundzwanzig

Säge- und Hobelschrank

Mike Siemsen

Vermutlich haben Sie schon einmal Fotos des H.O.-Studley-Werkzeugschranks gesehen – der Sixtinischen Kapelle unter den Werkzeugschränken. Ich denke, Studley hat es richtig gemacht. Natürlich ist sein Werkzeugschrank ein Kunstwerk. Viel wichtiger ist jedoch, dass es ein Schrank ist, dass er also an der Wand hängt.

Ich ziehe die Werkzeugaufbewahrung an der Wand den Werkzeugtruhen, die auf den Boden gestellt werden, vor, falls ich dort ausreichend Platz habe und falls ich das Werkzeug nicht transportieren muss. Ich sehe sofort, wo meine Werkzeuge sind und ich finde es auch leichter, auf sie zuzugreifen.

Dieser Sägen- und Hobelschrank ist offen, um den Zugriff zu erleichtern, er lässt sich aber leicht abändern, um Türen anzubringen und so die Luftfeuchtigkeit (und Unbefugte) draußen zu halten. Auch die Anbringung einer Rückwand ist kein Problem.

Dem Problem ins Auge sehen

Ich habe diesen Schrank für meinen ‚Gehülfen' Tod Twist gebaut (Lehrlinge haben wir nicht mehr). Tod brauchte eine Unterbringungsmöglichkeit für Werkzeug und ich brauchte Material für einen Zeitschriftenbeitrag.

Da Sie ein Buch über Holzwerken lesen, kann man vermutlich annehmen, dass Sie ein Problem mit der Unterbringung Ihrer Sägen oder Ihrer Hobel haben (oder beides).

In diesem Schrank lassen sich 21 Sägen unterbringen, alle Stanley-Hobel vom Nr. 1 bis zum Nr. 8 und ein halber Satz Profilhobel für Hohlkehlen und Halbstäbe. Er hat vier Schubladen für Ersatzteile, Schärfzubehör, Schränkwerkzeug, Feilen und ähnliches. Meine Sägefeilkluppe hängt an einem Nagel an der Seitenwand.

Man kann nur den Sägeschrank oder nur den Hobelschrank bauen oder beide kombinieren, wie wir es gemacht haben. Auch die Breite lässt sich an die eigenen Bedürfnisse anpassen.

Die Schubladen kann man nach Wunsch fortlassen. Man sollte aber auf jeden Fall auf Zuwachs bauen, so wie meine Mutter mir als Kind Schuhe und Kleidung 'zum Reinwachsen' gekauft hat.

Auf Maß gearbeitet

Wir haben uns für Bauholz (Kiefer) für unser Exemplar entschieden. Tod glaubte zuerst, eine Riegelmaserung im Holz zu erkennen, stellte dann aber fest, dass es nur die Hobelmesserschläge auf der Holzoberfläche waren. Wir kauften Bretter mit 25 x 250 mm, der fertige Schrank war dann 240 mm tief.

Ich begann, indem ich meine längste Säge auf ein Brett legte und die Lage der Rundstange markierte, auf denen der Sägegriff ruhen würde, und die Stelle kennzeichnete, wo ich die geschlitzte Blatthalterung anzubringen gedachte.

Ich legte verschiedene Sägen in unterschiedlichen Größen auf diese Zeichnung, um sicherzustellen, dass die Lage der Rundstange und Halterung für die meisten Sägen geeignet sein würde. Etwas weiter oben markierte ich die Lage einer zweiten Rundstange für kürzere Rückensägen.

Ich benutzte meinen längsten Hobel, um die Länge des Hobelschranks festzulegen und zu ermitteln, wo die obere gefälzte Halteleiste und die untere Trageleiste anzubringen wären.

Die Zeichnungen habe ich auf demselben Brett angefertigt, weil es leicht ist, die Teile für den Hobelschrank von jenen für den Sägeschrank zu unterscheiden.Der Korpus ist an den Ecken offen gezinkt und mit Nuten für die Regalböden und die Trennwand versehen.

Der Zuschnitt

Wenn Sie sich auf die Abmessungen festgelegt haben, schneiden Sie die äußeren Korpusteile zu.

Mit Säge, Stechbeitel und Grundhobel haben der Gehülfe Tod und ich die 6 mm tiefen Nuten in die Seitenwände, den Deckel und den Boden geschnitten. Dann wurden 3 mm tiefe Nuten auf beiden Seiten der Trennwand als Aufnahme für die Regalböden eingeschnitten.

Schneiden Sie dann den senkrechten Träger für die Rundstangen zu und klinken Sie ihn oben für das Befestigungsbrett aus. An den Seitenwänden und der Trennwand werden die gleichen beiden Ausklinkungen angeschnitten. Wenn ich einen Schrank wie diesen

Maßarbeit: Wenn Sie Ihre Werkzeuge als Schablone für die Maße des Schranks verwenden, können Sie sicher sein, dass sie hinterher perfekt passen.

Ich habe die Abmessungen der Werkzeuge auf einem einzigen Brettriss eingetragen, da sich Sägen und Hobel leicht auseinanderhalten lassen.

Säge- und Hobelschrank

Anz.	Bezeichnung	Länge	Breite	Dicke	Material
2	Seite	1070	245	20	Kiefer
1	Trennwand	1040	245	20	Kiefer
1	Deckel	1270	245	20	Kiefer
1	Boden	1270	245	20	Kiefer
2	Befestigungsbrett	1270	90	20	Kiefer
1	Rundstange	635		Ø 30 mm	Kleiderstange aus Holz
1	Rundstange	200		Ø 30 mm	Kleiderstange aus Holz
1	Sägehalterung *	605	65	38	Kiefer
1	Stütze für Rundstange	495	245	20	Kiefer
2	Regalboden	615	245	20	Kiefer
1	Platte für Hobellade	675	600	20	Kiefer
2	Leiste für Hobellade **	605	290	20	Kiefer
2	Verbindungsbrett	605	70	20	Kiefer
8 o. 9	Trennleisten für Hobelllade	610	12	12	Kiefer
4	Schubladenvorderstück	295	80	20	Kiefer
8	Schubladenseitenstück	215	75	12	Kiefer
4	Schubladenhinterstück	295	75	12	Kiefer
4	Schubladenboden	295	215	6	Kiefer

* Ausklinkungen 25 x 3 mm im Abstand von 25 mm; ** eine Leiste mit Falz (12 x 12 mm)

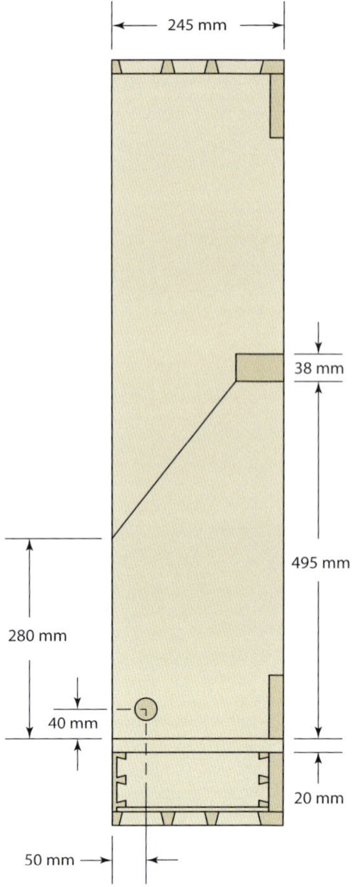

Querschnitt rechts

▲ Ein Regalboden wird durch Drahtstifte gesichert, die durch die Nut getrieben werden. Auf der anderen Seite werden die Stifte versetzt angeordnet.

◄ Bei dieser Explosionsansicht der Schrankbestandteile kann man die Sacklöcher für die Rundstangen, die Nuten und die Blatthalterung für die Sägen erkennen.

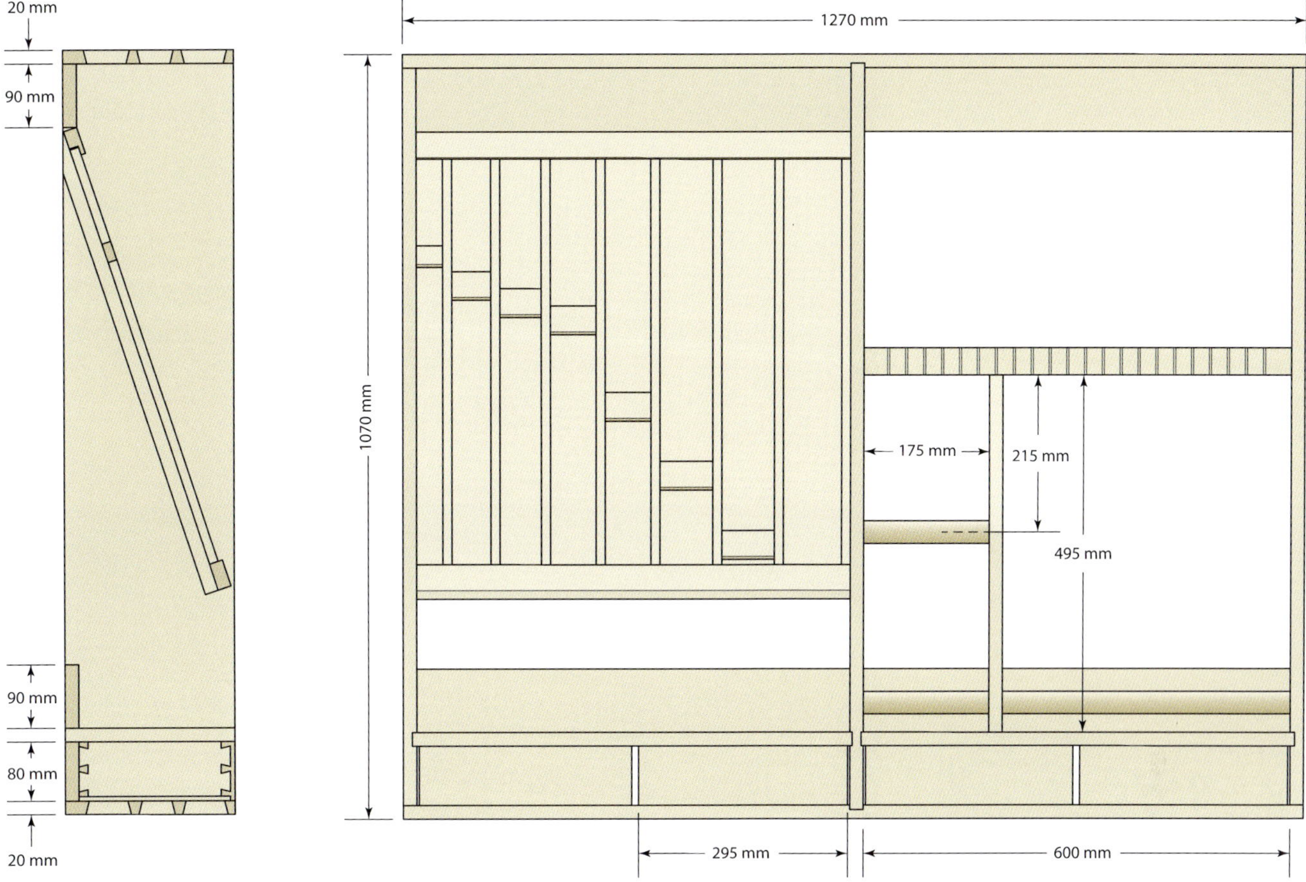

Querschnitt links

Explosionszeichnung

aufhänge, drehe ich einfach Schrauben durch Bohrlöcher in den Befestigungsbrettern und in die Wand, aber falls Sie möchten, können Sie auch eine Keilleiste anbringen.

Schneiden Sie jetzt die Schwalbenschwanzzinkungen an. Berücksichtigen Sie dabei die Ausklinkung von 20 x 90 mm für das Befestigungsbrett an der Oberseite. Die Zinken sollten sich im Deckel und Boden befinden, um den Zusammenbau zu erleichtern.

Bohren Sie dann die Löcher (Durchmesser 30 mm) für die Rundstangen, auf denen die Griffe der Sägen ruhen. Reißen Sie die Lage der 12 mm tiefen Sacklöcher in der Trennwand, der Seitenwand und der Stütze für die beiden Rundstangen an. Am unteren Ende der Stütze wird dann noch ein durchgehendes Loch für die lange Rundstange gebohrt.

Schneiden Sie die lange Rundstange auf Länge (25 mm weniger als die lichte Öffnung der linken Schrankhälfte). Schneiden Sie die beiden Befestigungsbretter auf Maß (die Länge sollte der Korpusbreite entsprechen).

Schleifen Sie das Korpusinnere sauber, bevor Sie ihn zusammenbauen. Hände waschen! Sie wollen doch die soeben geschliffenen Teile nicht wieder schmutzig machen.

Der Zusammenbau

Beginnen Sie den Zusammenbau, indem Sie einen der Regalböden in die Nut in der Trennwand schieben und von der Nut auf der gegenüberliegenden Seite einen 50-mm-Drahtstift hineintreiben. Schieben Sie den gegenüberliegenden Regalboden ein und sichern Sie ihn mit einem 50-mm-Drahtstift, den Sie von der Unterseite des ersten Bodens her einschlagen. Die Nägel werden schräg eingeschlagen und mit einem Nageltreiber versenkt.

Bringen Sie das untere Befestigungsbrett mittig hinter den Regalböden mit 65-mm-Nägeln an, die Sie von der Unterseite der Böden in das Brett treiben. Drehen Sie dann von der Rückseite des Befestigungsbretts eine 50-mm-Schraube in die Trennwand.

Bringen Sie das obere Befestigungsbrett an der Oberkante mit 65-mm-Nägeln an. Achten Sie darauf, durch die Oberseite des Deckels zu nageln, weil sonst die Zinken der Eckverbindung und die Nut nicht in das Korpusinnere weisen.

Schieben Sie die Trennwand in die Nut im Deckel und schrauben Sie den Deckel mit 40-mm-Schrauben an. Befestigen Sie das obere Befestigungsbrett mit 50-mm-Schrauben an der Trennwand. Schieben Sie die Trennwand in die Nut im Boden und schrauben Sie den Boden mit 40-mm-Schrauben an.

Schieben Sie die lange Rundstange durch das Loch in der Stütze und stecken Sie es in das untere Sackloch in der Trennwand.

Geben Sie Leim an die Schwalbenschwanzzinkungen und stecken Sie die Seitenwände mit Deckel und Boden zusammen. Die Rundstange muss in das zugehörige Sackloch und der Regalboden in die zugehörige Nut eingeschoben werden.

Befestigen Sie die Seitenwand mit 40-mm-Schrauben am Regalboden. Drehen Sie 50-mm-Schrauben durch die Befestigungsbretter in die Seitenwände. Stellen Sie sicher, dass der Korpus rechtwinklig ist und lassen Sie den Leim trocknen.

Sägehalterung

Während der Leim trocknet, fertigen Sie die Sägehalterung aus einem feingemasertem Stück Kiefer mit den Maßen 50 x 100 mm an. Die Länge sollte der lichten Weite der Öffnung entsprechen, in die sie eingesetzt wird.

Messen Sie die Griffstärke Ihrer Sägen und setzen Sie die Schlitze mit etwa 3 mm mehr Abstand von Mitte zu Mitte. Die Schlitze selbst sind 3 mm breit und 25 mm tief. Ich habe dafür eine Kapp- und Gehrungssäge verwendet, weil sie eine Fuge mit 3 mm Breite schneidet und über einen Tiefenanschlag verfügt.

Schieben Sie die Rundstange bis zur Stütze und markieren Sie oben die Lage der Sägehalterung, verschieben Sie sie zur Seite und markieren auch hier.

Platzieren Sie die Sägehaltung wie gewünscht, sodass auf jeder Seite der Stütze so viele Schlitze liegen, wie Sie glauben, für kurze beziehungsweise lange Sägen zu benötigen. Bringen Sie die Sägehalterung mit jeweils einer 50-mm-Schraube an der Seiten- und der Trennwand an.

Sägen Sie die kurze Rundstange auf 25 mm weniger als den Abstand zwischen Trennwand und Stütze zu (weil die Sacklöcher 12 mm tief sind). Bei unserem Exemplar waren das 200 mm, sodass für Tods Rückensägen 175 mm verblieben.

Die Stütze wird mittig bei einem Sägeschlitz platziert. Sie wird von unten durch den Regalboden mit einer Schraube, von hinten mit einer 50-mm-Schraube durch das Befestigungsbrett und von oben durch die Sägehalterung mit einer 75-mm-Schraube befestigt. Falls

Die Befestigungsbretter laufen oben und unten über die gesamte Korpusbreite und sind in Ausklinkungen in den Seitenwänden eingepasst.

Sie die Position der Stütze später verändern möchten, können Sie die Schrauben wieder herausdrehen und die Stütze Ihren Wünschen entsprechend verschieben. Sie müssen je nach Positionsveränderung die kurze Rundstange kürzen oder durch eine etwas längere ersetzen.

Jetzt ist es Zeit, Ihre Arbeit gebührend zu bewundern! Genießen Sie ein Kaltgetränk, sehen Sie sich in der Werkstatt um, räumen Sie etwas auf und genießen Sie Ihr Leben.

OK. Das reicht! Zurück an die Arbeit!

Schöne Schubladen

Suchen Sie für die Schubladenvorderstücke ein schönes, 20 mm starkes Brett aus, das so lang wie der Korpus und so breit ist wie die Schubladenöffnung.

Schneiden Sie vier gleich große Vorderstücke aus diesem Brett. Die Fuge zwischen den Vorderstücken in jeder Schubladenöffnung ist etwa 1,5 mm breit. (Nach dem Verputzen der Seitenstücke ergibt sich etwas mehr Spiel.)

Legen Sie die Vorderstücke in der richtigen Reihenfolge zurecht, damit die Maserung bei den fertigen Schubladen von einer Seite zur anderen durchgängig verläuft.

Die Ecken der Schubladen werden gezinkt, die Böden mit Nägeln angebracht.

Die Seiten- und Hinterstücke der Schubladen bestehen aus 12 mm starkem Material, sie sind 6 mm niedriger als das Vorderstück und die Schubladenöffnung. Die

Verwenden Sie ein einzelnes Brett für die Schubladenvorderstücke, damit sich die Maserung über die Breite der Vorderfront fortsetzt.

Tod brachte an seinem Schrank Griffe und ein Schild aus Leder an, auf denen er sein Herstellerzeichen gepunzt hatte. Sie können Ihren Schrank auf Ihre Weise individualisieren.

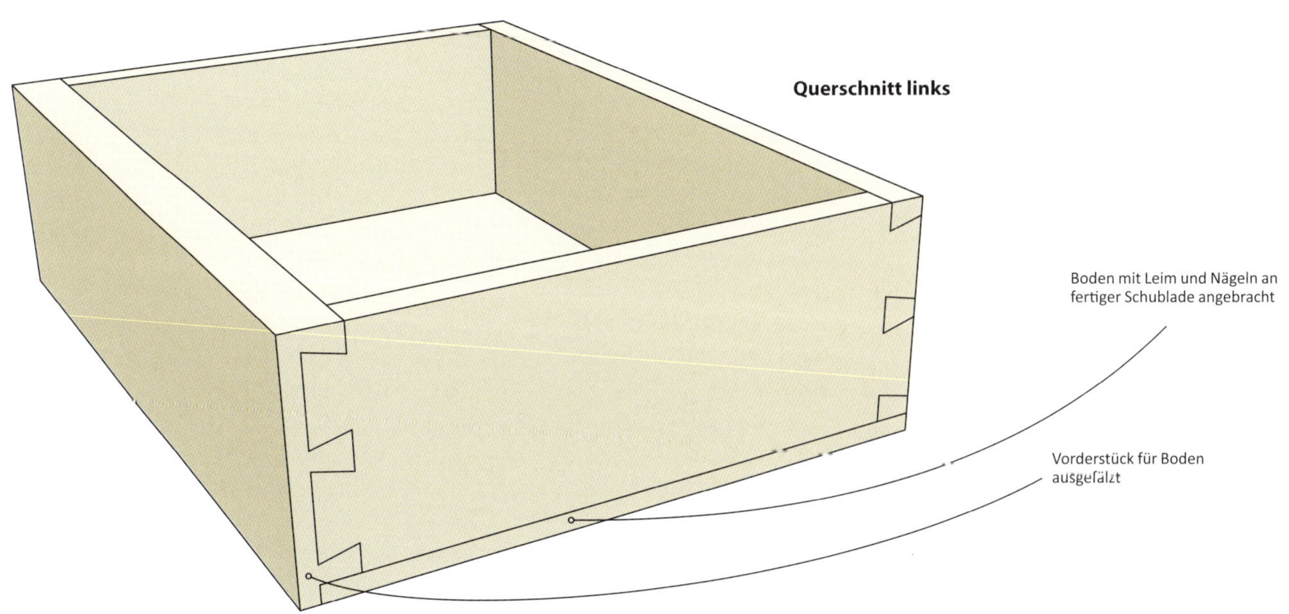

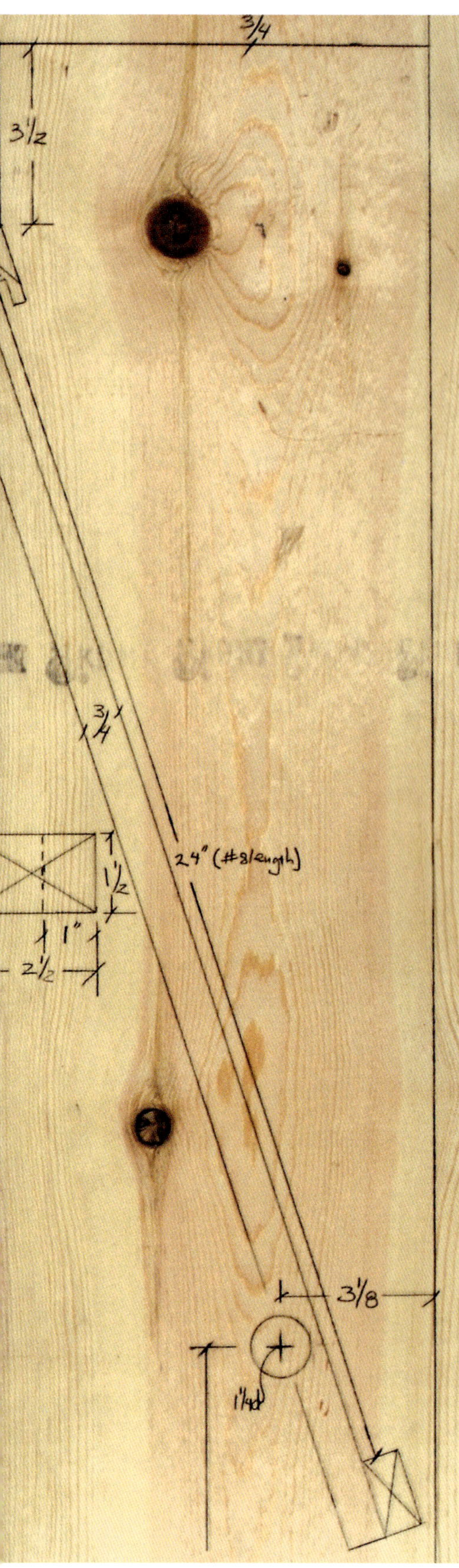

Der Brettriss hilft, den Winkel der Hobellade so zu bestimmen, dass er funktional ist und ansprechend wirkt.

Böden sind 6 mm stark, so breit wie das Vorderstück und 6 mm kürzer als die Gesamtlänge der Schublade.

Die Hinterstücke sind so lang wie die Vorderstücke. Jedes Seitenstück ist 6 mm kürzer als die Gesamtlänge der Schublade.

Die Schwalbenschwänze an den Seitenstücken, die halbverdeckte Zinkung am Vorderstück und die offene Zinkung am Hinterstück werden in einem Durchgang geschnitten.

Schneiden Sie an der hinteren Unterkante des Vorderstücks einen Falz mit 12 x 6 mm als Aufnahme für den 6 mm starken Boden an. Befestigen Sie die Böden mit Leim und 20 mm langen Nägeln an den Schubladen. Versenken Sie die Nagelköpfe.

Die Holzfaser im Schubladenboden verläuft in der gleichen Richtung wie im Vorderstück. Verleimen Sie den Spund am Vorderstück am Boden fest, damit er nicht abbricht.

Verputzen Sie die Seitenstücke, nachdem der Leim getrocknet ist, um sie in den Korpus einzupassen. Wenn Sie den Putzhobel schon in der Hand haben, können Sie auch gleich die Schwalbenschwanzzinkungen am Korpus verputzen.

In der richtigen Reihenfolge

Nummerieren Sie die Schubladen, damit sie in der richtigen Reihenfolge in den Korpus gesetzt werden. Ich verwende dafür gerne römische Ziffern auf der Oberkante der Vorderstücke.

Ein einzelner Schnitt des Stechbeitels ist eine I; ein doppelter ist eine II; und so weiter. Sehen Sie sich das Ziffernblatt einer älteren Uhr an, falls Sie Probleme mit den Zahlen haben. (Es gibt übrigens II Arten von Menschen: Solche, die römische Zahlen lesen können, und solche, die es nicht können.)

Die Schubladenführungen und Stoppklötze bestehen einfach aus vier Nägeln. Bohren Sie zuerst Löcher in den Regalboden, in die auf etwa 30 mm abgeschnittene dickere Nägel gesteckt werden. Ein Satz Löcher wird neben der Trennwand über der vorderen Innenecke der Schubladen gebohrt. Der zweite Satz Löcher wird analog neben den Seitenwänden gebohrt.

Die Löcher sollten etwa 20 mm von der Vorderkante und 13 mm von den Wänden liegen, sodass die Nägel als Führung und rudimentäre Stoppklötze dienen. Wenn man eine Schublade aus dem Korpus nehmen möchte, zieht man zuvor einfach den Nagel heraus.

Tod ist Lederarbeiter, er hat deshalb seine Schubladen mit Griffen aus Leder versehen, in die er sein Herstellerzeichen gepunzt hat.

Hobellade

Die Hobellade sollte so breit sein wie die lichte Öffnung in der linken Korpushälfte und so lang wie der längste Hobel, der darin untergebracht werden soll, zuzüglich 65 mm.Sie können Ihrem Brettriss entnehmen, wie groß der Winkel an der oberen Hinterkante der Lade sein muss, um sie möglichst lang machen zu können.

Unsere Lade war knapp unter 600 mm breit, wir haben sie also aus drei Kiefernbrettern gebaut, die 20 mm stark und 200 mm breit waren. Man könnte die Bretter mit Nut-und-Feder- oder Wechselfalzverbindungen zusammenfügen, wir haben sie aber einfach stumpf und ohne Leim aneinandergelegt.

Bringen Sie die obere gefälzte Leiste (30 x 20 mm mit einem 12 x 12 mm messenden Falz) an der Oberkante der Vorderseite der Lade mit Leim und kleinen Nägeln an. Der Falz liegt unten an der Rückseite der Leiste, so dass man die vordere Lippe des Hobels gut darunter schieben kann. Stellen Sie Ihren längsten Hobel auf die Lade und befestigen Sie die untere Halteleiste auf die gleiche Weise. Geben Sie etwa 2 mm Übermaß, damit der Hobel leicht eingelegt und wieder entnommen werden kann.

Drehen Sie die Grundplatte der Lade um und befestigen Sie das Verbindungsbrett (70 x 20 mm) mit 30-mm-Schrauben an der Rückseite. Das obere Brett sollte so flach sein, dass es nicht über die Rückseite des Korpus hinausragt und an die Wand stößt, wenn es angebracht ist. Das untere Brett wird mit der Korpusunterkante bündig angenagelt.

Legen Sie die Oberkante der Hobellade am oberen Befestigungsbrett an und die Unterkante direkt hinter der unteren Vorderkante des Korpus. Markieren Sie die Lage der Kanten mit Bleistift, damit Sie die Schraubenlöcher anreißen können, und entnehmen Sie die Lade wieder aus dem Korpus.

Bohren Sie auf der Innenseite der Bleistiftmarkierungen Löcher, sodass die Schrauben in die Bretter der Lade treffen.

Mehr als eine Lineal und einige Leisten benötigt man nicht, um die Lage der Trennwände zwischen den Hobeln festzulegen.

Drei 50-mm-Schrauben an jeder Seite sollten vollkommen ausreichen, jeweils eine in etwa 50 mm Entfernung vom Ende und eine in der Mitte. Eventuell müssen Sie die genaue Lage etwas variieren, um keine Probleme mit den Bestandteilen der Sägehalterungen auf der anderen Seite der Trennwand zu bekommen.

Trennleisten

Stellen Sie Trennleisten her, die senkrecht zwischen Ihren Hobeln angebracht werden. Wie viele Sie benötigen, hängt davon ab, wie oft Sie der Versuchung nachgegeben haben, einen neuen Hobel zu kaufen. Die Leisten müssen in den Falz der oberen Leiste passen, sollten also im Querschnitt knapp unter 12 mm im Quadrat messen.

Befestigen Sie jeweils eine der Leisten mit Nägeln an den Außenkanten der Hobellade.Legen Sie Ihren längsten Hobel auf die Lade, stellen Sie ein Lineal zwischen den Hobelkorpus und die nächste Trennleiste und befestigen Sie diese dann.

Wiederholen die den Vorgang für den nächsten Hobel, indem Sie den Hobel und das Lineal als Lehre für den Abstand verwenden. Schneiden Sie dann einen Holzklotz mit 30 x 20 mm Querschnitt auf die Länge dieses Abstand, und befestigen Sie ihn mit Nägeln unter dem Hobel, sodass genug Raum verbleibt, um den Hobel leicht einlegen und entnehmen zu können.

Falls Sie Hobel mit Holzkorpus besitzen, bringen Sie einen höheren, ausgefälzten Holzklotz oben an der Lade an.

Diese Arbeitsschritte sind leichter, wenn Sie die Lade waagerecht auf die Grundplatte legen.

Unsere linke Schrankseite war zufällig genau so breit, dass man alle acht Hobel von Nr. 1 bis Nr. 8* nebeneinander unterbringen konnte, was im Bild recht hübsch aussieht.

Fast fertig

Schleifen Sie alle Flächen und geben Sie eine Schicht Ihres Lieblingsoberflächenmittels an. Wir haben klaren Schellack verwendet.

Während die Oberflächen trocknen, können Sie sich überlegen, wie weit der Boden des Schranks über dem Fußboden liegen sollte.

Schneiden Sie zwei Kanthölzer auf diese Länge zu. Bitten Sie einen Helfer, den Schrank auf den Kanthölzern an der Wand zu halten, während Sie durch die Befestigungsbretter bohren, um die Lage der Schrauben in der Wand zu markieren. Hängen Sie den Schrank mit geeigneten Schrauben und Dübeln an der Wand auf.

Als der Schrank fertig war, stellten uns mehrere Betrachter die gleiche Frage: Wofür ist das Fach unter den kurzen Rückensägen? Das bleibt Ihnen überlassen. Sie können eine Büste Ihres liebsten Holzwerkers darin aufstellen, Verbandsmaterial hineinlegen, ein Notfall-Bier lagern oder einfach einen Haufen Streichmaße ablegen.

Ich habe die Action-Figur eines Tischlers hineingestellt. Mit scharfem Werkzeug und einer Schnittwunde, die wirklich blutet.

*) Die im englischsprachigen Raum üblichen Bezeichnungen nach den Stanley-Modellen

BOSCH

Kapitel Zweiundzwanzig

Der Werkzeugwagen für Tischler

David Thiel & Michael A. Rabkin

Während einer Deutschlandreise hat Steve Shanes, der ehemalige Verleger von Popular Woodworking, Fotos eines schlichten, aber auch durchdachten fahrbaren Werkzeugwagens gemacht, der in einer der Tischlereien verwendet wurde, die er besuchte.

Der Wagen sorgt für Ordnung unter dem Werkzeug, während man an der Hobelbank oder am Montagetisch arbeitet. Im Unterteil hat er Türen und Schubladen, oben befinden sich Klappladen mit drei Werkzeugablagen, die Ordnung halten und dafür sorgen, dass nichts versehentlich auf den Fußboden fällt. Wenn er nicht verwendet wird, macht sich der Wagen recht klein. Außerdem ist er abschließbar.

Wir fanden die Grundidee sehr gut, versahen sie jedoch noch mit einigen Details á la Popular Woodworking. Der untere Schubladensatz wurde noch etwas aufwendiger ausgestaltet und in der mittleren Werkzeugablage brachten wir eine Magnetleiste für Werkzeug an.

Außerdem stellten wir sicher, dass die Konstruktion einfach blieb. Die Belastungen werden alle von mechanischen Beschlägen aufgefangen. Der Wagen lässt sich leicht mit nicht mehr als einer Handkreissäge, einer Bohrmaschine und einer Handoberfräse bauen, sodass sie sich gleichermaßen gut für einen Anfänger wie einen professionellen Tischler eignet, der ihn in seiner Werkstatt herstellen kann.

Bezahlbarer Stauraum

Wir haben uns über die Kosten keine allzu großen Gedanken gemacht, aber es lohnt sich doch, kurz über die Gesamtsumme zu sprechen. Zwei Platten gutes Sperrholz mit 20 mm Stärke und eine Platte Birkensperrholz mit 12 mm für die Schubladen kosteten kaum mehr als 100 Euro. Die Beschläge (es sind mehr, als man vielleicht denken mag) kosten etwa 130 Euro, wenn man den Wagen genauso baut, wie hier dargestellt. Für etwa 230 Euro bekommt man also eine Menge Stauraum und im Gegensatz zu einem gekaufte Werkzeugschrank oder -koffer entspricht die Aufteilung des Innenraums genau den eigenen Vorstellungen.

Die Grundlagen

Der Wagen ist zwar ein rein zweckgerichtetes Arbeitsmittel für die Werkstatt, aber wir haben uns etwas Mühe gegeben (Kantenumleimer und verdeckte Schrauben), damit er ansprechender aussieht, ohne bei der einfachen, belastbaren Konstruktion Abstriche zu machen.

Die Teile des Wagens sind stumpf auf Stoß verbunden. Wir haben Stufendübel des amerikanischen Herstellers Miller für die Verbindungen verwendet. Sie werden anstelle von Schrauben verwendet und machen die Verwendung von Abdeckplättchen überflüssig. Mit dem zugehörigen Bohrer werden die entsprechend abgestuften Bohrlöcher in einem Zug gebohrt.

Die Rückwand besteht aus 20-mm-Sperrholz (Sperrholz ist gut für Kantenverleimungen, weil die Mittellage Längsholz als Leimfläche bietet). Eine Sperrholzrückwand dieser Größe ist hervorragend geeignet, um den Korpus auszusteifen, ohne sich Sorgen über das Arbeiten des Holzes machen zu müssen.

Die Nuten für die Schubladen werden vor dem Zusammenbau in die Korpusseiten geschnitten. Wir haben sie mit der Handoberfräse und einer gekauften Führungsleiste geschnitten, die quer über das Sperrholz gespannt wird. Man kann aber genauso gut ein Brett als Anlage auf der Korpusseite anspannen. Schneiden Sie die Nuten in zwei Durchgängen auf volle Tiefe, um die Handoberfräse und den Fräser zu schonen.

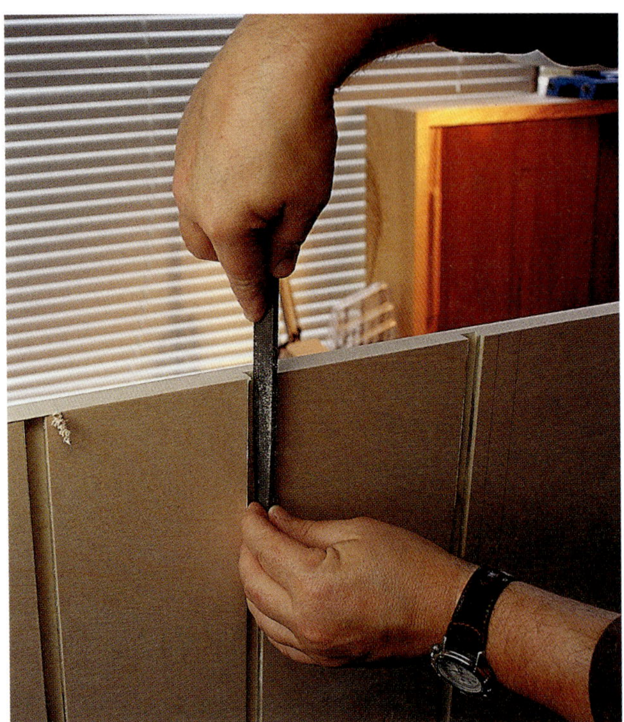

Die Furnierkante ist einfach anzubringen und verleiht dem Schrank schnell ein hochwertiges Aussehen. Wir haben den Schrank zwar abschließend lackiert, aber der Kantenumleimer nimmt den Lack besser an als eine rohe Sperrholzkante. Der Umleimer muss an der linken Korpusseitenwand mit einer Feile ausgeklinkt werden, wo die Nuten geschnitten worden sind.

Die Verbindungen an den Sperrholzschubladen im Inneren haben wir ausgefälzt, um sie belastbarer zu machen. Die Böden an drei der Schubladen sind angeschraubt, ragen über die Seitenstücke hinaus und laufen in entsprechenden Nuten in den (Trenn-) Wänden.

Mit der großen Kiste anfangen

Schneiden Sie zuerst die Sperrholzplatten nach Maßgabe der Stückliste auf S. 164 zu.

Als Führung für die drei kleinen Schubladen müssen Sie 12 mm breite und 10 mm tiefe Nuten in die Innenseite der linken Korpuswand und die linke Seite der Trennwand schneiden. Reißen Sie die Position der Nuten wie in den Zeichnungen angegeben an und schneiden Sie sie dann mit dem Nutsägeblatt an der Tischkreissäge, mit wiederholten Schnitten der Handkreissäge oder mit einem Nutfräser in zwei Durchgängen. Über den Schubladen liegt jeweils eine 12 mm hohe Fuge. Wir haben von unten nach oben gearbeitet und über der obersten Schublade eine etwas höhere Fuge belassen, um Platz für die Türschnäpper zu schaffen.

Dübel und Leim

Wie erwähnt haben wir die Kanten des Sperrholzes mit Furnierumleimern abgedeckt. Wir hatten jahrelang Umleimer zum Aufbügeln verwendet, aber kurz zuvor einen selbstklebenden Furnierumleimer entdeckt, der viel einfacher zu verwenden ist. Man muss sich keine Sorgen machen, ob der Kleber gleichmäßig schmilzt, und er haftet sehr gut am Werkstück.

Nachdem man alle offenen Kanten furniert hat, schleift man die Innenflächen bis zu einer Körnung von 150. Dann kann der Korpus zusammengebaut werden.

Spannen Sie zuerst die Trennwand zwischen dem oberen und mittleren Regalboden so ein, dass die Vorderkanten fluchten. Wir haben normale 4 x 40-mm-Schrauben verwendet, da sie im Korpusinneren nicht zu sehen sind. Bohren Sie versenkte 5-mm-Durchgangslöcher in die Regalböden und 2,5-mm-Führungslöcher in die Trennwand. Geben Sie Leim an und verschrauben Sie die Teilmontage.

Verwenden Sie dann Schrauben oder Stufendübel, um die Rückwand an dieser Teilmontage zu befestigen. Prüfen Sie die entstehenden Fächer auf Rechtwinkligkeit und befestigen Sie dann den unteren Regalboden an der Rückwand, sodass die Rückwand mit der Unterseite des Regalbodens bündig abschließt.

Spannen Sie die Mittelmontage zwischen den beiden Seitenwänden ein, bohren Sie die notwendigen Löcher, geben Sie Leim an und bauen Sie den Korpus vollständig zusammen. Es ist eine gute Idee, die Dübel mit einer Seitenwand bündig zu verputzen, bevor man den Korpus auf diese Wand stellt: Der Korpus steht dann stabiler und die Gefahr verringert sich, etwas zu beschädigen.

Befestigen Sie die Vorderwand so an den Vorderkanten der Seitenwände, dass sie bündig mit den Oberkanten abschließt. Die Vorderwand liegt am oberen Regalboden an, lässt aber 6 mm seiner Kante frei. Sie wird mit Drahtstiften an der Vorderkante des Regalbodens befestigt, der frei bleibende Teil der Vorderkante des Regalbodens dient als Türanschlag, wenn die Scharniere angebracht worden sind.

Die Ausleger werden wie einfachere Versionen des Korpus konstruiert. Die Seitenwände der Ausleger, die näher am Korpus liegen, sind jeweils 5 mm niedriger als die äußeren. So entsteht eine Auf-

◄ Bohren Sie zuerst Führungslöcher für die Schrauben und befestigen Sie dann die Trennwand mit versenkten Schrauben zwischen dem oberen und mittleren Regalboden.

◄ Bringen Sie die Rückwand mit Stufendübeln an der Mittelmontage an. Geben Sie Leim an die Hinterkanten der Teile der Mittelmontage an, legen Sie die Rückwand auf und setzen Sie Zwingen an. Bohren Sie mit dem zugehörigen Stufenbohrer die Löcher für die Stufendübel, geben Sie Leim an die Dübel und treiben Sie sie in die Bohrungen. Bringen Sie abschließend den Boden mit Stufendübeln an.

Als Nächstes wird eine der Seitenwände angebracht (es spielt keine Rolle, welche das ist). Winkeln Sie die Risse von der Rückwand auf die Seitenwand um und markieren Sie mit ihrer Hilfe die Lage der Dübel. Geben Sie Leim an, setzen Sie Zwingen an, bohren Sie Dübellöcher und treiben Sie die Dübel ein.

▲ Man sollte die Dübel an der ersten Seite bündig verputzen, bevor man die zweite Seitenwand anbringt. Ich verwende dafür eine japanische Dübelsäge, die auf Zug schneidet und kaum geschränkt ist, sodass kaum Gefahr besteht, die Holzoberfläche zu zerkratzen. Indem ich auf das Sägeblatt drücke, um es flach auf dem Holz zu führen, verringere ich diese Gefahr noch zusätzlich. Nach ein wenig Schleifarbeit kann man dann den Korpus umdrehen und erst die zweite Seite anbringen, dann das Vorderteil.

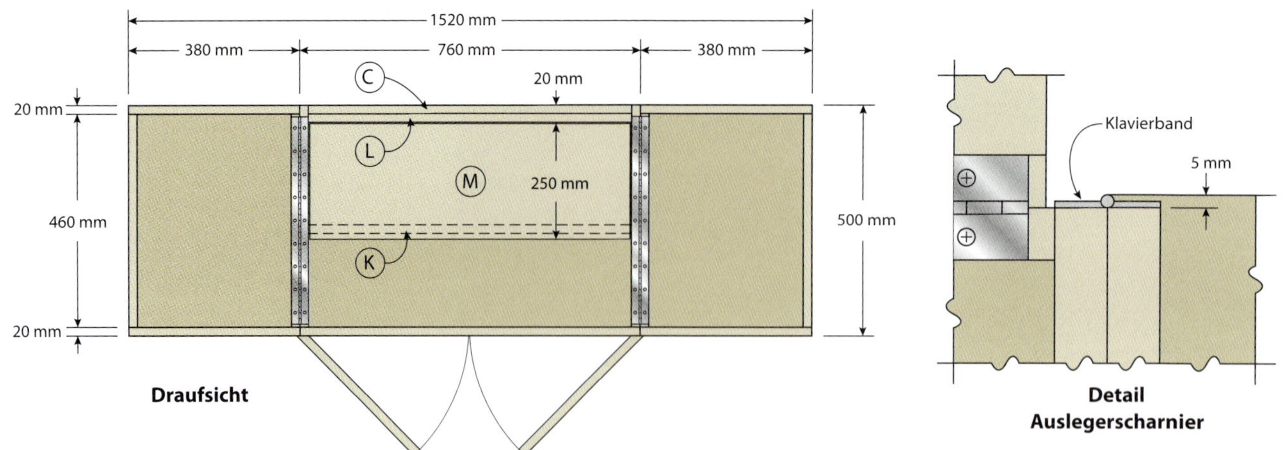

Draufsicht

Detail Auslegerscharnier

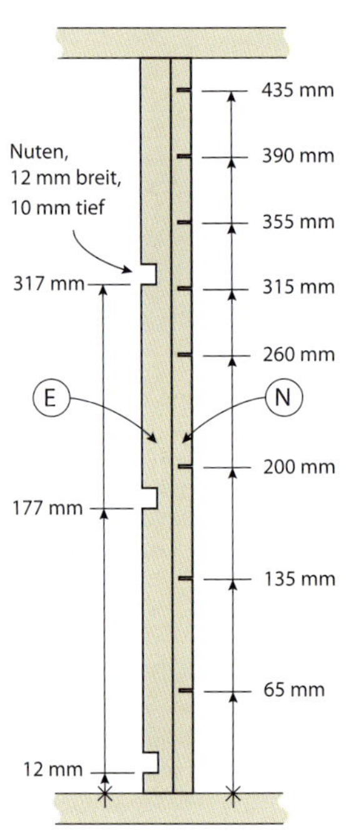

Position der Schubladenführungen
Die Maße sind summierend von unten nach oben angebenen.

Werkzeugwagen						
Anz.	**Buchst.**	**Bezeichnung**	**Länge**	**Breite**	**Dicke**	**Material**
Korpus						
2	A	Seite	815	490	20	Sperrholz
3	B	Regalboden und Boden	725	470	20	Sperrholz
1	C	Rückwand	815	725	20	Sperrholz
1	D	Vorderseite	760	175	20	Sperrholz
1	E	Trennwand	460	455	20	Sperrholz
2	F	Tür	635	380	20	Sperrholz
4	G	Ausleger – Vorder- und Rückseite	380	172	20	Sperrholz
2	H	Ausleger – Seite	470	172	20	Sperrholz
2	I	Ausleger – Seite	470	170	20	Sperrholz
2	J	Ausleger- Boden	470	345	20	Sperrholz
1	K	Trennwand (Stütze)	725	140	20	Sperrholz
1	L	Leiste	720	20	20	Ahorn
1	M	Deckel	720	255	20	Sperrholz
2	N	Schubladenfach- Seiten	460	300	12	Sperrholz
Schubladen						
2	O	Vorder- und Hinterstück	400	100	12	Birkensperrholz
2	P	Seitenstück	445	100	12	Birkensperrholz
2	Q	Vorder- und Hinterstück	400	110	12	Birkensperrholz
2	R	Seitenstück	445	110	12	Birkensperrholz
2	S	Vorder- und Hinterstück	700	125	12	Birkensperrholz
2	T	Seitenstück	445	125	12	Birkensperrholz
2	U	Vorder- und Hinterstück	400	140	12	Birkensperrholz
2	V	Seitenstück	445	140	12	Birkensperrholz
3	W	Boden	460	425	12	Birkensperrholz
1	X	Boden	685	445	12	Birkensperrholz

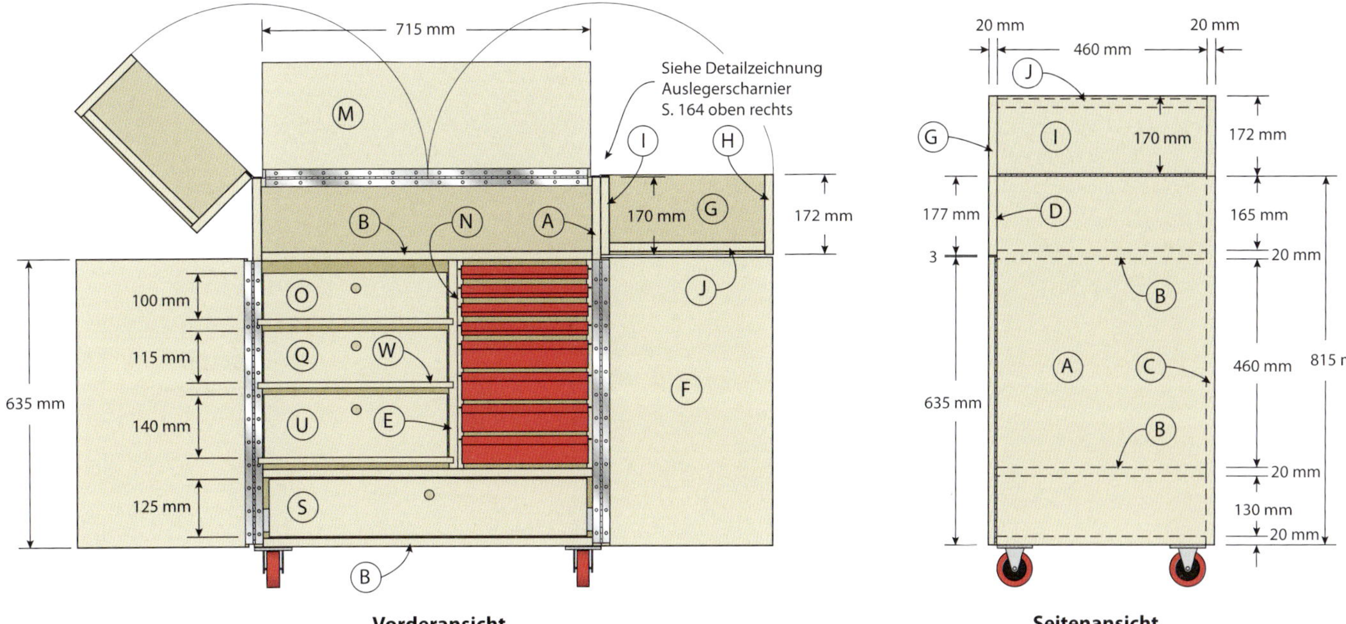

nahme für das Klavierband, mit dem die Ausleger am Korpus befestigt werden.

Wir haben die Seitenwände 6 mm hinter die Vorder- und Rückwände zurückspringen lassen, zwischen denen sie liegen. So muss man sie nicht aufwendig bündig ausrichten. Befestigen Sie die Seitenwände mit Stufendübeln an den Böden und dann die Vorder- und Rückseiten an diesen Teilmontagen, um die Ausleger fertigzustellen.

Zuerst wird der Deckel angebracht, dann die Ausleger. Diese schließen bündig mit dem Vorderteil ab und sitzen dicht an den Korpusseitenwänden. An dem zurückspringenden Seitenteil des Auslegers wird das Klavierband so angebracht, dass der Deckel bündig mit dem Korpusoberteil schließen kann.

Aufbewahrung im Detail

Befestigen Sie zuerst den Deckel mit Klavierband an der Korpusrückwand. Da das Klavierband auf der Korpusinnenseite angebracht werden muss, damit die Ausleger eingeklappt werden können, haben wir eine Ahornleiste mit einem Querschnitt von 20 x 20 mm im Abstand von 3 mm von der Oberkante der Rückwand angebracht. So lässt sich der Deckel bis zu einem Winkel von etwa 110° öffnen. Befestigen Sie den Deckel mit einem Stück Klavierband. Kontrollieren Sie die Passung, wenn der Deckel zwischen den beiden Seitenwänden hinuntergeklappt wird.

Bringen Sie dann die Trennwand, die den Deckel stützt, am oberen Regalboden an, indem Sie durch den Regalboden in die Trennwand schrauben. Die Trennwand springt 12 mm hinter der Vorderkante des Deckels zurück, damit man unter die Vorderkante greifen kann, um den Deckel anzuheben. Befestigen Sie die Trennwand mit Leim und ein paar Stufendübeln zwischen den Seitenwänden.

Dann müssen die Ausleger am Korpus befestigt werden. Auch dafür verwenden wir Klavierband. Spannen Sie die Ausleger in ausgeklapptem Zustand so an den Korpus, dass die Vorderseiten fluchten. Bringen Sie die Klavierbänder in dieser Stellung an.

Als letztes werden die Türen (auch wieder mit Klavierband) am Korpus befestigt. Damit die Türen einschlagend in der Korpusvorderseite sitzen, schneidet man einen flachen Falz (der Stärke des Klavierbandes entsprechend) an der Außenkante der Türinnenseite an. Der Falz ist so breit wie das zusammengeklappte Klavierband. Der Falz kann mit der Handoberfräse oder an der Tischkreissäge geschnitten werden.

Achten Sie auf die senkrechte Ausrichtung der Türen, wenn Sie sie anbringen. Ihre Oberkanten sollten in geöffnetem Zustand möglichst 3 mm unterhalb der Ausleger liegen, um das Zusammenstoßen zu vermeiden.

Es wird Ihnen auch auffallen, dass das Klavierband der linken Tür die Nuten für die Schubladen verdeckt. Anstatt das Klavierband an der Außenseite anzubringen, wo es sehr ins Auge fällt, haben wir einfach mit einer Feile das Klavierband an den Stellen ausgeklinkt, wo die Nuten sich befinden.

Die Schubladenaufteilung

Letztendlich werden Sie selbst entscheiden, wie Sie den Innenraum des Wagens aufteilen. Wir haben Schubladen eingesetzt, weil unsere Erfahrung zeigt, dass sich in niedrigen Regalfächern hinten immer Dinge ansammeln, die man nie sieht und auch nicht leicht erreichen kann.

Wir haben für diesen Schrank unterschiedliche Schubladentypen verwendet, sowohl selbst hergestellte als auch gekaufte. Sie können unserem Beispiel folgen oder sich nach Ihren eigenen Vorlieben entscheiden.

Die untere selbst hergestellte Schublade ist ein einfacher Kasten aus Birkensperrholz, der auf Vollauszügen läuft, die bis zu 50 kg belastet werden können. Es ist eine schöne, belastbare Schublade, die an den Ecken zusammengefälzt ist. Der 12 mm starke Boden liegt in Fälzen in den Seitenstücken. Normalerweise hätten wir eine Stärke von 6 mm vorgeschlagen, aber wir hatten noch 12-mm-Material und wollten nicht für eine einzelne Schublade eine ganze Platte 6-mm-Sperrholz kaufen.

Die gekauften Schubladen sind aus Metall: leichte, offene Tablare mit einer Höhe von 25 oder 50 mm, deren seitliche Flansche in Nuten in den Korpuswänden laufen. Die Vorderteile dieser Schubladen schlagen auf beiden Seiten des Korpus auf, verbergen die Führungsnuten und dienen gleichzeitig als Anschlag. Dadurch wären sie allerdings dem Türband im Weg. Deshalb haben wir zwei Innenwände aus 12-mm-Birkensperrholz in dieses Schubladenfach eingesetzt, die hinter der Korpusvorderkante 25 mm zurückspringen. Das erlaubt es auch, die Führungsnuten in die Innenwände zu schneiden, nachdem der Korpus zusammengebaut worden ist.

Die drei Schubladen auf der linken Seite machen das Beste aus beiden Welten, da sie aus noch vorrätigem Holz gefertigt sind und keine weiteren Kosten für Schubladenauszüge aus Metall verursachen, indem sie die gleiche Führung mit Spund und Nute verwenden wie die Metallschubladen. Als Griff dient bei allen Holzschubladen ein einfaches 25-mm-Loch im Vorderstück.

Abschlussarbeiten

Als Letztes werden noch die Oberflächen behandelt (die Innenseiten blieben unbehandelt, außen trugen wir zwei Schichten einer dunkelgrünen Latexfarbe auf) und stabile 60-mm-Lenkrollen unter dem Wagen angebracht. Dann kann man auch schon das Werkzeug einräumen. Die Fotos zeigen ein paar Hinweise zu möglichem Zubehör und zur Aufteilung.

Die oberen Schubladen sind entnommen, um die Nuten zu zeigen, in denen sie laufen. Beachten Sie auch die Ausklinkungen im Klavierband, durch die man die Schubladen bewegen kann.

In diesem Foto einer der Schubladen sieht man die gefälzten Verbindungen der Konstruktion. Beachten Sie auch, dass der Boden in der Breite so auf Maß gearbeitet wurde, dass die Schublade leichtgängig in den Nuten läuft.

Die Böden der Ausleger und der Mittellade sind mit Matten ausgelegt, um die Werkzeuge am Umherrollen zu hindern und um Staub einzufangen. Die Unterteilungen in der Mittellade können auf Maß für die Werkzeuge gearbeitet werden, die man unterbringen möchte. Die Magnetleiste im Deckel hält kleinere Werkzeuge aus magnetischen Metallen sicher. Kleinteile und Beschläge lassen sich gut in Magazinen aus Kunststoff unterbringen, die man mit Klettverschlüssen in einer der Metallschubladen befestigt.

Kapitel Dreiundzwanzig

Ein Holzlagerregal für kleines Geld

Christopher Schwarz

Den Tag, an dem mein altes Holzlagerregal zusammenbrach, wird in unserer Familie wohl niemand je vergessen. Ich war mit den Kindern oben, als unten plötzlich ein ungeheures Getöse ertönte. Die beiden Katzen stoben in vier unterschiedliche Richtungen davon; das Baby schrie wie am Spieß. Es war wirklich sehr laut.

Als ich die Treppe in die Werkstatt hinabstieg, sah es aus, als hätten Riesen Mikado gespielt. Die Metallkonsolen, die ich an die Wand geschraubt hatte, waren an ihre Grenzen gekommen. Eine Konsole hatte den Geist aufgegeben und alle Holzvorräte folgten dem Gesetz der Schwerkraft.

Als ich mich also an den Neubau machte, wollte ich etwas, das stabil, einfach und billig ist. Ich sah Bücher und Zeitschriften durch, um mich inspirieren zu lassen, ‚borgte' einige Ideen, und steuerte einige eigene bei. Das Ergebnis sieht so aus:

Rohre und Kanthölzer

Das Rückgrat des Regals besteht aus Kanthölzern mit einem Querschnitt von 50 x 100 mm, die mit der Schmalkante zur Wand oben und unten an einer Werkstattwand angeschraubt werden. Die unteren Enden der Kanthölzer sollten auf einer belastbaren Grundlage stehen. In den meisten Werkstätten wird das der Fußboden sein. Die untere Hälfte der Wände in meiner Werkstatt besteht aus Betonschalsteinen, also setzte ich die Kanthölzer auf diese auf. Um die Holzvorräte zu lagern, bohrte ich 22-mm-Löcher in die Kanthölzer. Der Abstand zwischen den Löchern betrug 100 mm und sie waren um 5° nach oben geneigt. In diese Löcher setzte ich verzinkte ½-Zoll-Rohre ein, die ich auf 300 mm Länge zugeschnitten hatte. Diese Rohre aus der Installationsabteilung des Baumarkts haben einen tatsächlichen Außendurchmesser von knapp über 21 mm, passen also gut in die Bohrungen.

Bevor Sie anfangen, gibt es einige Dinge, die Sie beim Bau bedenken sollten. Zum einen habe ich 300 mm lange Rohre verwendet, weil ich selten Holz einlagere, das breiter als 200 mm ist. Breiteres Material erfordert auch längere Rohre. Zum anderen hängt das Regal bei mir direkt über der Abrichthobelmaschine, ich wollte also alles vermeiden, was mehr als notwendig in den Raum ragt.

► Spannen Sie alle Teile zusammen, um die Lage der Löcher anzureißen. Das ist schneller und genauer.

Die Vorbereitung des Holzes

Ich habe eine einzelne Bohle aus Weymouths-Kiefer in den Maßen 50 x 200 x 2500 mm für das Regal gekauft. Daraus sägte ich vier Stücke mit den Maßen 50 x 100 x 1250 mm. Falls Sie keine Weymouths-Kiefer bekommen können, ist auch Kiefer oder jedes andere Bauholz geeignet.

Ich habe die Kanthölzer abgerichtet und auf Dickte gehobelt, dadurch ergab sich ein Endmaß von 35 x 75 mm.

Durchgehende Bohrungen

Als Erstes werden die Enden der Kanthölzer verjüngt und die Löcher gebohrt, durch die sie an der Wand angeschraubt werden. Ich habe 110 mm lange Sechskantschrauben mit 35 mm großen Unterlegscheiben verwendet. Der Durchmesser der Löcher in den Kanthölzern sollte so gewählt werden, dass die Schrauben frei hindurch passen. Das Gewinde greift nicht ins Holz, sondern erst dahinter in die Wand (oder Dübel).

In den Zeichnungen ist zu erkennen, dass sich dies am leichtesten erreichen lässt, wenn man die Enden so wie gezeigt verjüngt. Ich habe die Verjüngungen mit der Bandsäge geschnitten und mit dem Hobel die Sägespuren verputzt.

Die Löcher für die Schrauben sollten bei Leichtbauwänden so gesetzt werden, dass sie eine waagerechte Strebe treffen. Die Platzierung der Löcher in der Zeichnung muss eventuell dementsprechend geändert werden.

Da der Arbeitstisch um 5° geneigt ist, ist es leichter, die Lage der Löcher anhand des Randes am Forstner-Bohrer festzulegen als anhand der Führungsspitze.

Bohren Sie Sacklöcher mit 35 mm Durchmesser als Aufnahme für die Unterlegscheiben. Sie müssen nicht tiefer als die Stärke der Unterlegscheiben sein. In die Mitte des Sacklochs bohren Sie dann durchgehende Löcher mit einem Durchmesser von 12 mm. Wiederholen Sie den Vorgang an beiden Enden aller vier Kanthölzer.

Noch mehr Arbeit an der Ständerbohrmaschine

Bohren Sie dann die Löcher für die Zinkrohre. Spannen Sie einen 22-mm-Forstner-Bohrer in die Ständerbohrmaschine ein und neigen Sie den Arbeitstisch auf 5°. Diese leichte Neigung sorgt dafür, dass Ihre Holzvorräte dank der Schwerkraft im Regal bleiben.

Holzlagerregal

Anz.	Bezeichnung	Länge	Breite	Dicke	Material
4	Kanthölzer	1250	75	35	Weymouths-Kiefer
16	Rohre	300		½"	verzinktes Rohr
8	Sechskant-schrauben	110			
8	Unterleg-scheiben			Ø 35 mm	

Richten Sie die Enden der Kanthölzer bündig aneinander aus, spannen Sie sie zusammen, und reißen Sie alle 100 mm eine Linie quer über alle vier Kanthölzer.

Bohren Sei dann die durchgehenden Löcher. Da der Arbeitstisch um 5° geneigt ist, fällt es schwer, mit der Spitze des Bohrers den Riss zu treffen. Also lassen Sie es. Richten Sie stattdessen die Umfangsschneide des Forstner-Bohrers am Riss aus. Das ist viel einfacher.

Rohre und Anbringung

Ich habe lange Zinkrohre gekauft und mit der Metallsäge auf Länge geschnitten. Entgraten Sie die Enden mit der Schleifmaschine oder einer Feile. Reißen Sie mit der Wasserwage senkrechte und waagerechte Montagelinien an der Wand der Werkstatt an. Markieren Sie die Stellen für die Schrauben und bohren Sie Führungslöcher oder Dübellöcher. Drehen Sie die Schrauben mit einer Knarre in die Wand.

Ich denke, Sie werden bald feststellen, wie angenehm ein derartig flexibles Lagerregal ist. Man kann ein oder zwei Ebenen für kurze Reststücke reservieren, oder nach Bedarf weitere Rohre oder auch Kanthölzer mit neuen Fächern hinzufügen, wenn einem die Holzvorräte über den Kopf wachsen.

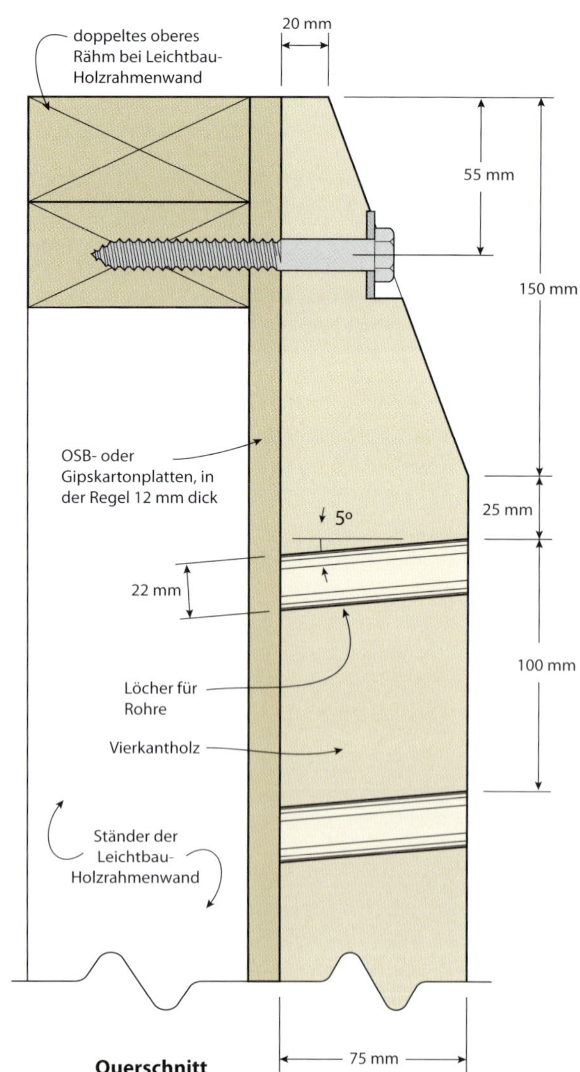

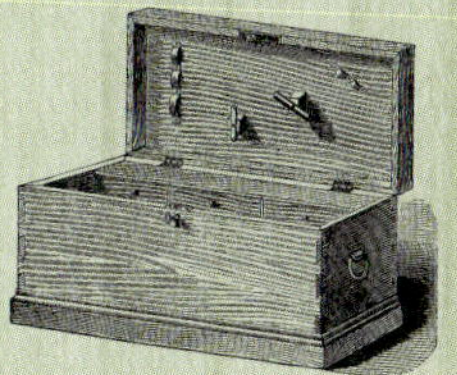

Register

Register

Bezugsquellen

Im Folgenden nennen wir einige Online-Shops, die qualitativ hochwertiges Werkzeug anbieten. Es gibt vielerorts auch noch lokale Werkzeughändler. Dies gilt auch für das Thema Beschläge, welches von den im Folgenden genannten Händlern nicht abgedeckt wird. Erkundigen Sie sich diesbezüglich vor Ort, z. B. bei anderen Holzwerkern, Tischlereibetrieben oder Holzhändlern.

Falls Sie im Internet bestellen wollen, finden Sie u. a. bei den folgenden Qualitäts-Anbietern eine große Auswahl an Werkzeugen, Schärfzubehör, Oberflächenmitteln etc.:

Feine Werkzeuge, Berlin
https://www.feinewerkzeuge.de/

Dictum, Metten
https://www.dictum.com/de/

Wolfknives, Landshut
https://www.feines-werkzeug.de

Sauter Shop, Inning
https://www.sautershop.de/

Magma Tools, Aurolzmünster (Österreich)
https://www.magma-tools.com/de

Das Magazin für den Holzwerker:
HolzWerken
Wissen. Planen. Machen.
Lust auf mehr HolzWerken?
7 Ausgaben im Jahr – auch als
Kombi-Abo Print + Digital!
Lesen Sie auf 64 Seiten, was in der Werkstatt hilft – von Grundlagen bis zu fortgeschrittenem Handwerk mit Holz:
• Anleitungen und Pläne zum Bau von Möbeln und Vorrichtungen
• Werkzeug-, Maschinen- und Materialkunde
• Tipps und Tricks von erfahrenen Praktikern
• Reportagen aus den Werkstätten kreativer Holzwerker
• Veranstaltungstermine und Produktneuheiten
Jetzt bestellen!
T +49 (0)6123 9238-253
www.holzwerken.net
Schwebende Kuben
Neues vom Multidübler: Jetzt wird's groß!
Schnell gebaut, gerne verschenkt
Alles drin
für Ihre Werkstatt!
Vincentz Network GmbH & Co. KG HolzWerken 65341 Eltville · Deutschland